U0553819

测绘地理信息蓝皮书

BLUE BOOK OF CHINA'S
SURVEYING & MAPPING &
GEOINFORMATION

测绘地理信息供给侧结构性
改革研究报告（2016）

REPORT ON STRUCTURAL REFORM OF THE SUPPLY FRONT OF
SURVEYING, MAPPING AND GEOINFORMATION (2016)

主　　编／库热西·买合苏提
副 主 编／王春峰　陈常松
执行主编／徐永清

社会科学文献出版社
SOCIAL SCIENCES ACADEMIC PRESS（CHINA）

图书在版编目（CIP）数据

测绘地理信息供给侧结构性改革研究报告. 2016 /
库热西·买合苏提主编. －－北京：社会科学文献出版社，
2016. 12
　（测绘地理信息蓝皮书）
　ISBN 978 - 7 - 5201 - 0198 - 1

　Ⅰ. ①测… 　Ⅱ. ①库… 　Ⅲ. ①测绘 - 地理信息系统 -
管理体制 - 体制改革 - 研究报告 - 中国 - 2016 　Ⅳ.
①P208

中国版本图书馆 CIP 数据核字（2016）第 305563 号

测绘地理信息蓝皮书
测绘地理信息供给侧结构性改革研究报告（2016）

主　　编 / 库热西·买合苏提
副 主 编 / 王春峰　陈常松
执行主编 / 徐永清

出 版 人 / 谢寿光
项目统筹 / 王　绯
责任编辑 / 曹长香

出　　版 / 社会科学文献出版社·社会政法分社（010）59367156
　　　　　　地址：北京市北三环中路甲 29 号院华龙大厦　邮编：100029
　　　　　　网址：www. ssap. com. cn
发　　行 / 市场营销中心（010）59367081　59367018
印　　装 / 三河市东方印刷有限公司

规　　格 / 开　本：787mm × 1092mm　1/16
　　　　　　印　张：27.25　字　数：414 千字
版　　次 / 2016 年 12 月第 1 版　2016 年 12 月第 1 次印刷
书　　号 / ISBN 978 - 7 - 5201 - 0198 - 1
定　　价 / 128.00 元

皮书序列号 / B - 2009 - 123

测绘地理信息蓝皮书编委会

主要编撰者简介

库热西·买合苏提　国土资源部副部长、党组成员，国家测绘地理信息局局长、党组书记。

王春峰　国家测绘地理信息局副局长、党组副书记，博士。

陈常松　国家测绘地理信息局测绘发展研究中心主任，博士，副研究员。

徐永清　国家测绘地理信息局测绘发展研究中心副主任，高级记者。

摘　要

今后一个时期，推进供给侧结构性改革是我国经济发展的一项重要任务。为此，国家测绘地理信息局测绘发展研究中心组织编辑出版第八本测绘地理信息蓝皮书——《测绘地理信息供给侧结构性改革研究报告（2016）》一书。该蓝皮书邀请测绘地理信息行业的有关领导、专家和企业家撰文，深入分析测绘地理信息行业如何更好地推进供给侧结构性改革。

本书包括主报告和 5 个篇章的专题报告。

前言分析了供给侧结构性改革的重要意义，指出测绘地理信息供给侧存在的主要问题，提出了推进测绘地理信息供给侧结构性改革的重点任务。

主报告分析了供给侧结构性改革的背景和内涵，从基础地理信息成果供给、地理国情普查监测、地理信息产业发展、测绘地理信息公共服务、测绘地理信息科技创新等方面总结了测绘地理信息供给侧改革取得的成绩，以及存在的问题和不足；分析了测绘地理信息供给面临的机遇和挑战；提出了测绘地理信息供给侧结构性改革的主要任务，包括改善基础地理信息资源供给、加强地理国情监测工作、大力发展地理信息产业、加强科技创新、加强测绘地理信息公共服务、提高测绘地理信息监管水平等。

专题报告由新型基础测绘体系篇、地理国情监测篇、公共服务篇、产业产品篇和保障篇组成，从不同方面和角度分析了如何推动测绘地理信息领域供给侧结构性改革。

关键词：供给侧结构性改革　测绘　地理信息　现状

Abstract

In the future period, promoting structural reform of the supply front is an important task for China's economy. The Development Research Centre of Surveying and Mapping of the National Administration of Surveying, Mapping and Geoinformation edited the blue book *Report on Structural Reform of the Supply Front of Surveying, Mapping and Geoinformation* (*2016*), which is the eighth of the Blue Book of China's Surveying & Mapping & Geoinformation" (abbreviated as SM&G). Officals, experts and entrepreneurs were invited to write articles about how to promote structural reform of the supply front of SM&G.

The book includes keynote article and special reports.

The preface analyzed the significance of structural reform of the supply front. Then the main problem of the supply front of SM&G was put forward. Finnally, the main tasks of structural reform of the supply front of SM&G were given out.

The keynote article introduced the background and connotation of structural reform of the supply front. The main progress and problem of supply front of SM&G were concluded. It analyzed the challenges and opportunities for supply of SM&G. The main tasks of structural reform of the supply front of SM&G were analyzed, i. e. improving supply of fundamental geoinformation resources, improving geographic national condition monitoring, promoting the development of geoinformation industry, enhancing science and technology innovation, improving public service, and enhancing supervision standard.

Special reports consist of new fundamental surveying and mapping system section, geographic national condition monitoring section, public service section, industry and product section, and support section. These reports illustrated how to promote structural reform of the supply front of SM&G from different aspects.

Keywords: Structural Reform of the Supply Front; Surveying and Mapping; Geoinformation; Status

目　录

Ⅳ　公共服务篇

Ⅴ　产业产品篇

Ⅵ 保障篇

皮书数据库阅读**使用指南**

CONTENTS

Ⅲ National Geographical Condition Monitoring

Ⅳ　Public Service

Ⅴ　Geoinformation Industry and Products

Ⅵ   Support Issues

测绘地理信息蓝皮书

前　言
推进供给侧结构性改革　优化测绘地理信息服务

库热西·买合苏提 *

2015 年底的中央经济工作会议提出，推进供给侧结构性改革，是适应经济发展新常态、体现新发展理念的战略性抉择。测绘地理信息事业同样面临推进供给侧结构性改革的任务。我们要站在全局的高度，深入分析测绘地理信息需求与供给之间存在的主要矛盾与问题，理清思路，明确方向，采取措施，切实推动测绘地理信息供给侧结构性改革实现突破。

准确把握供给侧结构性改革的总体要求

需求和供给是市场经济正常运转的两个重要因素，是对立与统一的两个方面。需求是催生和促进供给的源泉，供给是满足需求并催生新需求的动力。在宏观经济管理中，通常通过调节供给侧和需求侧以实现基本的平衡。与 1998 年以来我国长期以调节总需求刺激经济发展不同，当前中央提出供给侧结构性改革，有重要的历史背景、深刻的现实意义。

供给侧结构性改革的提出有独特的历史背景。十八大以来，我国经济保持运行总体平稳，实现中高速增长，迈向中高端水平，取得世所瞩目的成就。同时，受国际国内因素影响，存在需求结构深刻变化、供给结构少有变

---

* 库热西·买合苏提，国土资源部副部长、党组成员，国家测绘地理信息局局长、党组书记。

化，需求和供给不平衡等问题。一方面，全球经济深度调整，我国对外供给出现相对过剩现象；另一方面，随着居民可支配收入的提高，国内消费者对于高品质产品和服务的需求非常旺盛，市场潜力巨大但难以释放，而这些需求通过我国当前相对低端水平的供给难以得到满足。适应当前发展形势，党中央提出推进供给侧结构性改革这一重大举措，就是要利用改革的办法，对供给侧结构进行调整，实现供需再平衡，建立供需匹配的新经济结构，助推经济提质增效。

推进供给侧结构性改革要突出问题导向。当前我国需求与供给的总体状态是：一方面，我国产品和服务对应的需求结构同时发生了"量"和"质"的变化，国际市场需求数量降低，国内市场需求质量提升；另一方面，供给侧不适应需求结构变化，无效和低端供给过剩，有效和中高端供给不足。因此，要解决供需错位问题，必须全面深入分析影响供给的生产组织方式、生产要素（包括技术、劳动力和资本投入），以及产品和服务等各类因素，并提出相应改革措施，从而减少低产能、低需求的生产，提高生产的适应性、灵活性。同时，要通过改革破除体制机制约束，促进生产要素从无效需求领域向有效需求领域、从低端领域向中高端领域配置。

推进供给侧结构性改革要做好需求管理。推进供给侧结构性改革并不仅仅是在供给侧作单项、孤立的调整，而是更加强调需求管理，更好地掌握、调控、引导需求，并依此对供给侧结构性改革进行总体部署，把握好时间窗口和推进节奏，以保持供给侧结构性改革期间的稳定有序，逐步实现供给和需求的动态平衡。

推进供给侧结构性改革要多管齐下。供给侧结构性改革的核心在于解决经济增长的动力问题。从长期看，经济增长的质与量取决于资本、劳动力和科技进步等诸多方面。其中，科技进步尤为重要。推进供给侧结构性改革，需要通过"加、减、乘、除"法推进资本、劳动力和科技的全面升级。"加"即通过培育新兴技术促进行业产业转型升级，形成新的经济增长动力；"减"即减少无效供给，包括相关的生产组织和资本、劳动力等投入；"乘"即强化创新驱动，通过加强科技创新投入、知识产权保护制度建设、科技成果向生产力转化激励机制建设等，提高科技对经济增长的贡献率；"除"即提高单位要素产出率，主要做法包括提高生产者的受教育程度和劳动技能、加强高水平科技及装备的引入力度等。

推进供给侧结构性改革要更好地发挥政府的作用。许多需求侧的问题源于供给体制的不合理、不完善。因此，供给侧结构性改革的一项重要任务是制度创新，要深入推进"简政放权、放管结合、优化服务"的行政审批制度改革，一方面优化合法经营、公平竞争、高度法治的市场环境，另一方面强化政府的公共服务职能。

测绘地理信息供给侧存在的主要问题

测绘地理信息领域推进供给侧结构性改革，需要明确哪些是过剩的无效供给、哪些是短缺的有效供给，进而明确改革的目标、思路，有的放矢地制定相应措施。

测绘地理信息供给侧存在的问题主要体现在以下几个方面。

在产品和服务体系方面，测绘地理信息产品服务的内容和形式仍然沿袭模拟纸质地图时代的规范和标准，被动式、标准化的服务方式占主流，不适应当前灵活多变、多样化的技术及服务需求环境。测绘地理信息生产服务事业单位布局严重滞后于相关技术和服务需求，要提升服务质量，更好地满足需求缺乏机制保障。

在信息资源方面，现有信息资源主要覆盖我国陆地国土，覆盖全球、海洋的地理信息资源严重匮乏。我国边境、西部等欠发达地区测绘工作深度严重不足，难以满足战略性和现实需求。

在生产组织方式方面，生产性事业单位现实生产服务内容与其法定职责脱节；传统生产服务能力过剩，现代生产服务能力短缺，事业单位之间业务雷同，恶性竞争，事企不分现象较为严重。

在科技创新和产业发展方面，科技创新和成果转化力度不足，产学研用一体化机制尚不完善，对于推动测绘地理信息供给侧结构性改革难以形成有

效支撑。一线企业缺乏核心竞争力，一些关键的软硬件产品仍然依赖国外，具有颠覆性创新特点的商业模式缺乏。

在数据资源共享方面，中央和地方财政投入资金相对紧缺，而重复生产、重复建设的现象又较突出，宝贵的数据资源形成信息孤岛，难以实现资源共享。

推进测绘地理信息供给侧结构性改革的重点

加强测绘地理信息领域供给侧结构性改革，要在创新、协调、绿色、开放、共享五大理念指引下，适应测绘地理信息生产力发展水平，着重构建新型基础测绘、地理国情监测、应急测绘、航空航天遥感测绘、全球地理信息资源开发五大公益性保障服务体系，着重完善测绘地理信息供给体系，推进数据资源共享，增加产品和服务的有效供给；着重推进生产组织结构调整和事业单位改革，优化测绘地理信息生产服务体制机制；着重优化政策环境，促进产业繁荣发展，提升地理信息产业对于经济社会发展的贡献率。

一是调整测绘地理信息资源供给侧结构。加快现有地理信息数据库结构改造升级，逐步向对象型、要素级数据库过渡，建立要素级增量更新方式。大力贯彻"走出去""一带一路""国家总体安全观"等国家战略部署，及时调整现有地理信息资源结构，加强全球和海洋地理信息资源建设，加快基础测绘由陆地走向海洋、由国内走向全球。加强国家地理信息公共服务平台"天地图"和智慧城市等的建设，积极推进大数据、云计算、物联网等新技术在测绘地理信息发展中的应用。

二是加强地理国情监测工作。高度重视围绕满足国家战略性需求开展专题性地理国情监测。加快建立常态化按需监测的体制机制，形成稳定的地理国情监测需求征集、分析、转化、生产、交付服务的工作流程和体系。当前，要根据国家及有关部门关于生态文明体制改革、资源环境生态红线管控、自然生态空间用途管制、领导干部对资源生态环境的责任审计和追究等部署和举措，有的放矢地开展相关监测，并以此探索地理国情监测常态化实现途径。

三是大力培育应急测绘、航空航天遥感测绘等新业态。履行国家突发事件应急体系和国家综合防灾减灾工作体系赋予的重要职责，全面加强应急测绘保障能力建设，完善应急测绘联动机制，提升应急测绘快速响应能力。推动航空航天遥感测绘技术创新和装备建设，构建航空航天遥感测绘数据快速获取、处理、服务为一体的新型业务体系，理顺航空航天遥感测绘相关体制机制，提供优质高效的遥感影像产品和服务，以快速、精确的优势逐步补足传统测绘手段的短板。

四是加强科技创新。适应科技发展潮流，针对测绘地理信息发展改革的薄弱环节，超前部署、提前谋划一批重大科技项目，增强我国测绘地理信息科技原始创新、颠覆性创新的能力。深化科技体制改革，完善科技创新制度体系，改革科研项目设置、生成、管理、绩效评价等制度。立足自身实际和长远发展，瞄准国际前沿，有计划、有重点地推进关键技术攻关，全面提升地理信息数据获取、处理、服务的能力和效率。加强人才队伍建设，优化人才结构，加强各类高层次、复合型人才的培养。加强标准创新，加快行业通用、军民通用标准体系建设，完善标准研制机制。

五是完善产业政策。进一步强化市场在资源配置中发挥决定性作用的意识，围绕激发地理信息企业开拓创新潜能这一目标，深化产业政策研究，为产业发展出实招，进一步深化测绘地理信息领域改革，创新管理措施，优化产业发展环境。完善测绘地理信息领域军民融合政策，研究建立促进企业参与军民融合的机制和制度规范。

六是加快生产组织结构调整和事业单位布局改革。以形成新型基础测绘、地理国情监测、应急测绘、航空航天遥感测绘、全球地理信息资源建设等公共服务格局的组织保障为目标，加快对现有生产组织结构和事业单位布局进行调整，不断适应大数据、云计算、物联网等新技术融合应用的趋势，不断满足市场经济对测绘地理信息事业改革的要求，不断提高测绘地理信息对经济社会发展的服务质量和水平。

七是健全管理体制机制。充分考虑新时期测绘地理信息事业的新特点、

新要求，科学设计和划分中央和地方事权。进一步强化国家对规划计划、技术标准等的统一管理，加强制度建设和立法工作，不断提高全国统筹能力，推进数据资源共享。将海洋测绘、全球测绘等新业务纳入测绘地理信息管理体制。加紧研究适应新时期业务格局的规划计划管理办法，完善基础测绘规划管理体制，探索地理国情监测、全球测绘等业务的规划计划管理措施。

测绘地理信息领域供给侧结构性改革是一项长期任务，必须做好顶层设计，分步骤、有计划地推进、落实。我们编辑出版这本"测绘地理信息蓝皮书"《测绘地理信息供给侧结构性改革研究报告（2016）》，期望吸收借鉴业内有关专家的智慧，推进测绘地理信息领域供给侧结构性改革落到实处，收到实效，使测绘地理信息不断为经济社会发展提供高效、优质的保障服务。

2016 年 10 月

总 报 告

General Report

B.1

测绘地理信息供给侧结构性
改革研究报告

徐永清　乔朝飞　刘 芳　熊 伟　桂德竹　贾 丹*

摘　要：　本文遵循党中央推进供给侧结构性改革的重大决策，归纳了
　　　　　测绘地理信息供给侧现状和结构性改革取得的进展，以及存
　　　　　在的问题和不足；分析了测绘地理信息供给面临的机遇和挑
　　　　　战；提出了测绘地理信息供给侧结构性改革的六大主要任务：
　　　　　构建新型基础测绘、开展常态化地理国情监测、加快发展地
　　　　　理信息产业、坚持科技自主创新、加强测绘地理信息公共服
　　　　　务、提高测绘地理信息监管水平。

* 徐永清，国家测绘地理信息局测绘发展研究中心副主任，高级记者；乔朝飞、熊伟、桂德竹、
贾丹，国家测绘地理信息局测绘发展研究中心，副研究员；刘芳，国家测绘地理信息局测绘
发展研究中心，助理研究员。

测绘地理信息蓝皮书

关键词： 供给侧结构性改革　测绘地理信息　新型基础测绘体系

地理国情监测　地理信息产业　科技创新　公共服务

推进供给侧结构性改革，是近年来以习近平同志为总书记的党中央综合研判世界经济形势和我国经济发展新常态作出的重大决策。2016 年 5 月 16 日，习近平总书记在中央财经领导小组第十三次会议上的讲话中强调："供给侧结构性改革关系全局、关系长远，一定要切实抓好。要深刻理解时代背景，当前我国经济发展中有周期性、总量性问题，但结构性问题最突出，矛盾的主要方面在供给侧。要准确把握基本要求，供给侧结构性改革的根本目的是提高供给质量满足需要，使供给能力更好满足人民日益增长的物质文化需要；主攻方向是减少无效供给，扩大有效供给，提高供给结构对需求结构的适应性，当前重点是推进'三去一降一补'五大任务；本质属性是深化改革，推进国有企业改革，加快政府职能转变，深化价格、财税、金融、社保等领域基础性改革。"国务院总理李克强在十二届全国人大第四次会议作政府工作报告时指出："今年要加强供给侧结构性改革，增强持续增长动力。围绕解决重点领域的突出矛盾和问题，加快破除体制机制障碍，以供给侧结构性改革提高供给体系的质量和效率，进一步激发市场活力和社会创造力。"

供给侧结构性改革的要旨，是从提高供给质量和效率出发，用改革的办法推进结构调整，矫正要素配置扭曲，扩大有效供给，提高供给结构对需求变化的适应性和灵活性，提高全要素生产率，更好满足广大人民群众的需要，促进经济社会持续健康发展。

供给侧结构性改革旨在调整经济结构，使要素实现最优配置，提升经济增长的质量和数量。实施供给侧结构性改革，必须分别在劳动力、资本、创新、政府四条主线上推进结构性改革，打赢四个"歼灭战"：一是要促进过剩产能有效化解，促进产业优化重组；二是要降低成本，帮助企业保持竞争优势；三是要化解房地产库存，促进房地产业持续发展；四是要防范化解金融风险，加快形成功能健全的股票市场。

我国测绘地理信息行业同样面临推进供给侧结构性改革的任务，需要深入分析存在的主要矛盾与问题，实施有力、有效的改革举措，切实推动测绘地理信息供给侧结构性改革实现突破。

一 测绘地理信息供给侧现状

（一）当前进展

"十二五"期间，测绘地理信息行业积极适应经济发展新常态，确立了"加强基础测绘，监测地理国情，强化公共服务，壮大地理信息产业，维护国家安全，建设测绘强国"的战略方向，紧扣经济、政治、生态、社会、文化各领域建设需求，不断加大供给服务保障力度。

1. 基础地理信息成果供给情况

"十二五"期间，测绘地理信息部门为经济建设各领域提供了多样的基础地理信息成果，包括纸质地形图、专题地图、数字线画图等数字成果、测绘基准成果、航摄成果、地图图书等。

图 1 是 2011~2015 年纸质地形图的提供情况。2011~2014 年，地形图的提供数量呈现下降趋势，但是 2015 年则大幅提升，主要原因是这一年国家测绘地理信息局向各省份集中分发了 1:5 万地形图，使得提供量大幅增加。扣除该项工作，其他行业和部门对地形图的使用量仍呈现下降趋势。在各行业用户中，城乡建设与规划部门是地形图使用的主要力量，使用量占到 37.3%（2014 年数据）。大比例尺地形图凭借其应用广泛的优势，对外提供所占比重依然较大，1:1 万及以上大比例尺地形图提供数量占到提供总量的 84.9%（2014 年数据）。

图 2 显示了专题地图的提供情况。可以看出，除了 2012 年专题地图提供量大幅上升外，其他年份专题地图的提供量基本保持平稳。

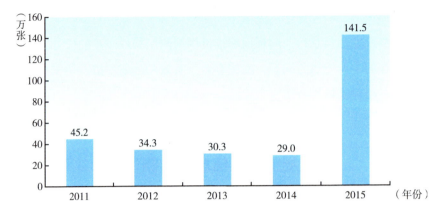

图1　2011~2015年地形图提供情况

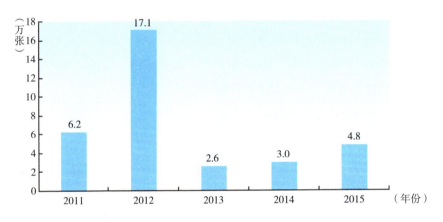

图2　2011~2015年专题地图提供情况

图3~6显示了4D产品的提供情况。可以看出，数字线划图（DLG）的提供量逐年下降；数字高程模型（DEM）的提供量先升后降；数字正射影像（DOM）的提供量在2014年最大，2015年虽有所下降，但仍然远远高于2011~2013年的数量；数字栅格图（DRG）的绝对数量在4D产品中占的比例最小，数量先降后升。

图7显示了测绘基准成果的提供情况，在五年中呈现先增长后下降趋势。2014年和2015年测绘基准成果的提供量明显下降，是由于各省区地理国情普查的外业项目已基本完成和CORS数据的广泛使用。

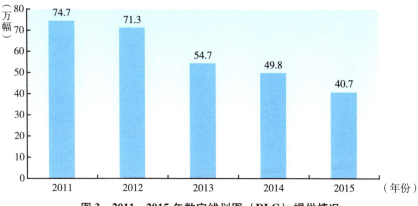

图 3　2011～2015 年数字线划图（DLG）提供情况

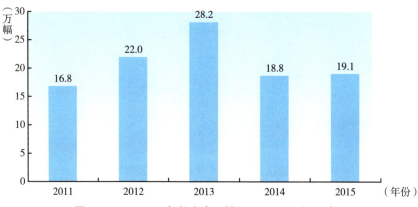

图 4　2011～2015 年数字高程模型（DEM）提供情况

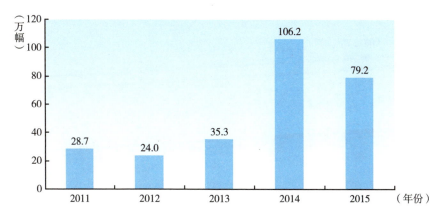

图 5　2011～2015 年数字正射影像（DOM）提供情况

图6　2011～2015年数字栅格地图（DRG）提供情况

图7　2011～2015年测绘基准成果提供情况

图8显示了航摄成果的提供情况。由于高分辨率卫星影像的广泛应用，航摄成果的使用率大幅下滑。

图8　2012～2015年航摄成果提供情况

图 9 显示了卫星遥感影像的提供情况。近两年获取和提供的卫星影像多数为优于 1 米的高分辨率影像。

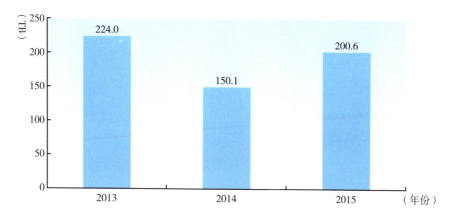

图 9   2013 ～ 2015 年卫星遥感影像提供情况

注：2013 年以前卫星影像提供量以平方千米为单位，从 2013 年开始以 GB 为单位。

图 10 和图 11 分别显示了 2011 ～ 2015 年地图图书出版品种和总印数。近年来地图图书的出版品种在稳步上升，总印数略微有所下降。

总体上看，基础地理信息成果提供呈现以下几个特点。

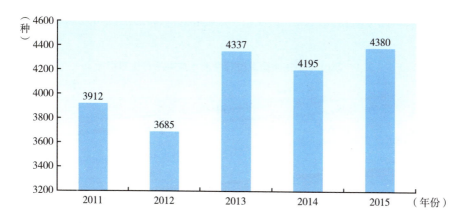

图 10   2011 ～ 2015 年地图图书出版品种

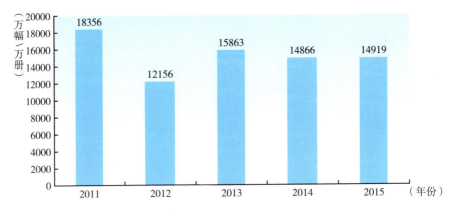

图11　2011～2015年地图图书总印数

一是数字成果应用更为广泛。数字成果品种越来越丰富，更新速度越来越快，很多利用测绘成果进行再加工的企事业单位不再自己生产原始数据，而是更倾向于直接使用已有的数据。同时，互联网地图已成为各种应用系统的必备功能，大部分系统运营商地图数据的获取途径都是测绘地理信息部门，也是数字成果提供量增长的原因之一。

二是行政事业单位是测绘成果的主要使用者。从测绘成果的领用单位类型来看（见表1），行政事业单位领用"4D"成果、航摄成果、卫星影像等测绘成果的比例均在九成以上，领用测绘基准成果的比例也接近七成。

表1　2014年不同类型单位领用测绘成果所占比重情况

单位：%

单位类型	地形图	"4D"成果	测绘基准成果	航摄成果	卫星影像
党政机关	10.3	7.4	1.5	22.9	57.2
事业单位	25.1	84.8	65.4	73.9	41.6
企业	62.1	5.2	30.8	2.2	1.2

注：数据来源于国家测绘地理信息局《2014年测绘地理信息统计年报》，2015。

三是基础地理信息成果以无偿提供为主。从测绘成果的使用方式来看（见表2），无偿使用测绘成果的比例较高，"4D"成果、航摄成果、卫星影像无偿提供使用比例均超过九成。行政事业单位是测绘成果的主要使用者，且多用于政府决策、社会公益事业、涉及公共利益的项目等。

表2 2014年基础地理信息成果按提供方式所占比重情况

单位：%

提供方式	地形图	"4D"成果	测绘基准成果	航摄成果	卫星影像
有偿提供	85.2	4.3	50.4	5.2	0.5
无偿提供	14.8	95.7	49.6	94.8	99.5

2. 地理国情普查及监测顺利开展

我国已经进入工业化后期，新型城镇化步伐加快，与此同时，资源环境约束日益趋紧。准确掌握各类自然资源状况、城镇化发展状况，需要准确的地理国情的支撑。2010年以来，测绘地理信息部门秉承围绕服务大局宗旨，及时开展地理国情普查和监测，为提高政府科学决策水平和生态文明建设成效提供了有力支撑。

2013年2月，国务院印发《国务院关于开展第一次全国地理国情普查的通知》，启动了第一次全国地理国情普查工作。地理国情普查在我国尚属首次，3年来，在5万名普查人员的共同努力下，第一次地理国情普查各项任务顺利实施，完成预期目标。通过普查，查清了我国山水林田湖等地表自然资源的现状和分布情况、人工设施空间分布情况、公共服务设施分布情况；编制了地理国情普查系列图集，直观地反映我国的地理国情状况。

同时，测绘地理信息部门按照"边普查、边监测、边应用"的要求，加快推进地理国情普查成果的应用，共开展了100多个地理国情监测示范应用项目，成效显著。此外，国家测绘地理信息局还围绕国土空间开发、生态环境保护、资源节约利用、城市空间发展变化、区域总体发展规划等国家重点工作，组织开展了多项地理国情监测试点，形成了一批很有价值的监测成果。

3. 地理信息产业保持高速发展

当前，我国经济发展进入新常态，经济增长速度由高速转为中低速，经

济结构优化升级，经济发展方式由要素驱动、投资驱动转向创新驱动。新常态下，地理信息产业保持高速发展，全国地理信息产业产值连年保持 25% 以上的增速。

地理信息产业不仅在国土资源管理、环境保护、城乡建设、交通运输、水利、林业、旅游等传统服务领域广泛开展服务，而且在调整经济结构、转变发展方式、推进生态文明建设等战略中的作用也日益凸显。

云计算、物联网、大数据、虚拟现实等高技术的使用及其与地理信息的深度融合，使得地理信息的实时获取、快速传输和综合处理能力极大提高，地理信息服务效能不断提升，地理信息技术创新和市场开拓取得新进展。地理信息新产品、新服务不断涌现。产业影响力不断扩大，百度、阿里巴巴、腾讯、华为、中兴、中国移动等大型企业纷纷涉足地理信息产业。

4. 测绘地理信息公共服务范围继续扩大

近年来，测绘地理信息系统始终坚持"服务大局、服务社会、服务民生"的宗旨，公共服务范围继续扩大。

测绘地理信息部门利用地理信息资源优势和技术优势，先后为经济普查、水利普查、林业普查、地名普查、不动产登记、土地确权等重大国情国力调查，以及南水北调、高铁建设等国家重大工程项目提供测绘地理信息保障服务。

在玉树地震、舟曲泥石流、陕西山阳滑坡、北京特大暴雨、天津滨海新区爆炸、深圳光明新区滑坡等重大自然灾害和突发事件处置中，开展了积极有效、全方位的测绘应急保障服务。

截至 2015 年底，全国 333 个地级以上城市全部开展了数字城市建设，262 个已建设完成；建设成果在 30 多个领域得到广泛应用。在数字城市基础上，国家测绘地理信息局积极探索智慧城市的建设，已经启动了 27 个智慧城市时空信息云平台建设。

通过构建国家地理信息公共服务平台"天地图"，形成了国家、省、市（县）三级互联互通的架构体系，"天地图"公众版、政务版和涉密版基本建成。在政府管理决策、重大工程建设、企业增值服务、公众日常生活等方面基于"天地图"开发了1000多个业务化应用项目。

开发了新版公益性标准地图以及丰富多彩的政区、交通、旅游、生活和文化创意类地图。手机地图、车载导航地图、互联网地图给大众生活带来了诸多便利。

5. 测绘地理信息科技创新能力提高

"十二五"时期,测绘地理信息部门大力实施"科技兴测"战略,不断健全测绘地理信息科技创新体系,切实提高自主创新能力,强化基础研究和原始创新,推动核心和关键技术攻关,信息化测绘技术体系基本建成。

地理信息获取技术装备创新实现重大突破。资源三号01和02号卫星相继成功发射,实现双星在轨运行,打破了外国立体测图卫星垄断的局面,开启了我国自主航天测绘的新时代。北斗卫星导航系统全面组网,成功研制高精度定位芯片,结束了我国高精度卫星导航定位产品"有机无芯"的历史。自主研发成功机载雷达测图系统、航空数码相机、倾斜相机、无人飞行器航摄系统、移动测量系统等一大批技术装备。

地理信息处理技术装备创新取得较大进展。自主研发了大规模集群化遥感数据处理系统,生产效率提高5～10倍。基于新一代地理信息平台软件的操作系统和数据库实现国产化。攻克了基础地理信息大范围快速更新的技术难题。

(二)存在的问题

1. 基础测绘成果与现实需求之间有较大差距

在基础测绘和公益性服务方面,低效或无效供给仍然存在,高端产品和服务的比例较少。

基础测绘产品与应用的对接不够好。基础测绘产品的内容和形式仍然沿袭模拟纸质地图时代的规范和标准,地形图上要素的表达形式仍然沿用传统的分类体系和符号语言,基础测绘的生产计划和组织基本还是以特定比例尺的图幅为基本统计和作业单元。用户使用基础测绘产品时,经常需要对数据进行改造处理,花费在数据改造上的时间有时甚至达到生产这些数据时间的

一半，显示产品使用效率不高。经济欠发达省份的基础地理信息数据更新周期较长，数据较为陈旧。现代化测绘基准服务的水平有待大幅提升。

在服务方式上，"互联网＋"的潜力还没有很好地得到发挥，基本仍停留在传统的柜台式、面对面服务方式上。

地理国情普查和监测方面，对于获取的大量普查和监测数据的分析和信息挖掘十分欠缺，数据的价值没有充分得到体现。

2. 地理信息产业竞争力不够强

与发达国家相比，我国地理信息产业的竞争力依然不够强。地理信息企业多数为小微型企业，创新实力较弱。地理信息产业一些关键的软硬件产品仍然依赖国外。地理信息企业同质化竞争明显，具有颠覆性创新特点的商业模式十分缺乏。

二 测绘地理信息供给侧面临的机遇和挑战

（一）国家经济结构调整新政策倒逼测绘新供给结构的形成

在世界经济进入后危机时代和我国经济处于"新常态"的背景下，党中央提出了"一带一路"战略、京津冀协同发展战略、长江经济带战略、海洋强国战略、"走出去"战略、大数据战略、《中国制造2025》等一系列重大战略与举措。这些战略的提出，体现了我国在新常态下推进经济结构战略性调整的方向和措施，体现了十八大报告提出的"改善需求结构、优化产业结构、促进区域协调发展、推进城镇化"要求。

在新时期，新的发展战略对测绘地理信息产品和服务的需求量将达到前所未有的高峰。与此同时，各行业各部门对新的测绘地理信息产品和服务的需求也快速增加。生态文明体制改革的深入开展，对资源环境及生态、国土空间的合理利用等刚性约束越来越强，对地理空间开发利用、资源环境及生态等的监测评估等事项也提出了明确要求，这些对地理国情监测服务的需求也更加强烈。随着突发事件频发，应急测绘工作的重要性和需求量也大大提升，在测绘地理信息服务中占有重要地位。国家总体安全观的提出、"走出去"步伐的加快以及中国参与国际事务的日益增多，各行各业对全球地理信息资源的需求也极其迫切。这些都要求测绘地理信息供给体系尽快进行调整，改变过去"基础测绘＋地理信息产业"的单一的二元结构，尽快形成多元化格局。

（二）国家创新驱动发展战略为测绘地理信息供给能力的提升提供动力

党的十八大明确提出要坚持走中国特色自主创新道路、实施创新驱动发展战略。2016 年 5 月，中共中央、国务院印发的《国家创新驱动发展战略纲要》指出，要按照"坚持双轮驱动、构建一个体系、推动六大转变"进行布局，构建新的发展动力系统。2016 年 9 月，习近平总书记在 G20 峰会演讲中指出，"将坚定不移实施创新驱动发展战略，释放更强增长动力"，并在金砖国家领导人非正式会晤中倡议，"共同创新增长方式。要抓住中方推动制定二十国集团创新增长蓝图的契机，加快实施创新驱动发展战略，保持总需求扩大力度，深化结构性改革，改造提升传统比较优势，提升中长期增长潜力"。

在国家加快实施创新驱动发展战略背景下，物联网、云计算、大数据等众多高新技术将出现前所未有的快速发展和深度融合。这些技术与地理信息技术的有机结合，将带来测绘地理信息领域生产组织体系和产品服务的全面变革和升级调整，为测绘地理信息供给能力的提升提供了强劲动力。网络通信技术和地理信息技术的变革必将进一步催生更多符合大众需求的新产品、新内容。国家创新驱动战略的实施，网络技术、信息技术的加速渗透和深入应用，将激发以智能、泛在、融合和普适为特征的新一轮信息产业变革，推动测绘地理信息服务向个性化、智能化、知识化方向发展，将大大提升测绘地理信息保障服务能力。

（三）政府职能优化释放测绘地理信息市场供给活力

《中共中央关于全面深化改革若干重大问题的决定》明确指出，要加快

转变政府职能。李克强总理多次在政府工作会议上强调，"深化简政放权、放管结合、优化服务改革是推动经济社会持续健康发展的战略举措"。中央将推进"放管服"作为宏观调控的关键性工具，充分调动市场主体的积极性，以此推动结构性改革尤其是供给侧结构性改革。

测绘地理信息系统贯彻落实中央决策部署，积极推进和下放行政审批事项，推动简政放权向纵深发展，清理中央指定地方实施的行政审批事项，规范了行政审批行为，清理规范行政审批设计的中介服务事项，削减行政审批过程中的繁文缛节，简化优化公共服务流程，深入推进监管方式创新，这一系列举措方便了企业，提高了政府服务效率，提升了企业活跃度，使得地理信息产业发展市场环境得到大大优化，测绘地理信息领域大众创业、万众创新蓬勃兴起，地理信息市场供给活力得到进一步释放。

（四）发展和监管的新问题、新挑战

随着测绘地理信息技术的发展，测绘地理信息产品和服务变得越来越复杂，而这直接关系供给结构、结构性改革的对象。产品和服务内涵的不确定为改革带来了难度，也向行业监管提出了极大挑战。

随着测绘地理信息产品从二维走向三维、四维，从静态走向动态，测绘地理信息服务从后台走向前台，从独立走向融合，原有对测绘地理信息的界定受到挑战，地理信息产业与其他产业间原有的边界已经变得模糊。同时，测绘技术的进步使得其技术方法通用化、管理对象普适化，这使得监管出现难度。

在新的技术条件下，测绘工作更加便捷，地理信息数据获得更加容易，对测绘行为的界定变得更加困难，而这又直接关系到对非法测绘的监管，为地理信息安全保密带来了隐患。

在全民测绘的时代，测绘行为的界定也成为关键的理论问题，这涉及哪些属于测绘管理对象。如何解决管理对象空前庞大而极不稳定的问题，如何应对网络和虚拟世界中的测绘行为，都与是否可以实现有效供给密切相关。

（五）测绘地理信息供给结构性改革任务艰巨

测绘地理信息新型多元化服务布局蓝图已经铺开，公益性和市场化并重、保障性与特色性并存的测绘地理信息供给结构正在形成。同时也要看到，目前的供给结构远未满足变化的需求。要实现供给结构的转型，将是一场时间长、任务重、情况复杂的持久战。

实现生产组织模式和业务体系的全面变革难度很大。从观念上说，不管是模拟时代还是数字化时代，测绘的理念仍然是以地形图制图为核心，并未实现理论和理念的创新。而到了信息化时代，以地理信息为核心理念的新型基础测绘，强调鲜活的实时化数据，而并非只将地形图由纸质变成电子。这首先要改变目前国家和地方基础地理信息数据库分离的局面。新的地理信息数据库，需要融合国家级和地方基础地理数据库，需要模糊比例尺和要素的分级分类，构建一个综合性强的跨尺度、跨区域、有机融合的全国统一的国家基础地理信息数据库。而要从现有数据库升级到新的数据库，从数据库的逻辑结构到地理信息的采集规范都有极大的区别，工作量极大。

测绘地理信息新业务急需建立常态化体制机制。地理国情监测、全球地理信息资源建设等业务作为全新的业务，没有经验可循，没有老路可走，完全靠在实践中摸索和总结。要使新业务尽快形成与传统业务一样常态化开展，需要建立稳定的财政投入机制，需要解决预算问题，还需要用法定形式确定其成果的权威性，这些体制机制方面的问题取得了一定进展，但仍有很多工作要做。虽然已有的人才队伍能为新业务的开展提供坚实基础，但是符合新业务要求的新技能人才、统计分析人才培养、吸收都需要从长远考虑，这都需要更长的时间。

组织结构不适应供给侧结构性改革的要求。虽然测绘地理信息部门根据国家的要求，对事业单位组织结构进行了调整优化，部分同类同质事业单位得到整合，少数事业单位已经撤销。但是总体上来看，支撑地理国情监测、测绘应急保障、全球地理信息资源建设等方面的事业单位仍不健全。目前的事业单位布局并不能体现新技术、新方法、新工艺流程改造的要求，不符合

测绘地理信息事业科学发展的规律。同时，在深化改革过程中，因为收入分配制度、单位编制以及相关配套保障措施的滞后和不合理，进一步改革的难度大。

三　测绘地理信息供给侧结构性改革的主要任务

（一）构建新型基础测绘，改善资源供给

基础地理信息资源作为重要的产品和测绘地理信息服务的基础，在测绘地理信息整个供给结构中占有极其重要的地位。构建新型基础测绘，改变现有基础地理信息资源供给与需求脱节问题，去除无效供给，增加符合未来需求趋势的有效供给，是下一步改革的重点。

1. 升级整合现有基础地理信息资源

（1）加快基础测绘业务的转型升级。

基础测绘长期以建设为主导的理念，一定程度上造成对经济社会发展的实际需求及其变化应对不足，使得基础测绘的供给与实际需求存在较大差异。新型基础测绘的建设，就是要解决这个突出的问题，实现以应用和服务为主的转型。

新型基础测绘的目标，是实现测绘地理信息生产服务技术体系的升级改造及运营管理；构建、维护和运营全国统一的测绘基准体系和综合性强的跨尺度、跨区域、有机融合的国家基础地理信息数据库；构建全国统筹、协同合作、信息共享的新型基础测绘管理制度。要实现这个目标，需要从现代基准建设、基础数据库的升级、基础地理信息要素拓展、需求对接机制建设等方面实现供给结构的全面升级。

一是开展现代基准体系的建设和维护应用。第一，要充分利用测绘地理信息部门建设完成的基准站资源，通过资源统筹、技术融合，构建一个坐标统一、功能完备、无缝链接、服务高效的全国卫星导航定位基准服务系统。第二，开展全国不同省份大地水准面成果的融合研究，建设新一代全国高精

度大地水准面。高精度大地水准面对于国防、科研和生产建设都具有重要意义，目前已获得的我国海域精度优于 8 厘米，但西部地区大地水准面精度仍停留在几十厘米，因而要利用先进的理论和计算技术，有效利用不同类型的重力场相关信息和数据，建设新一代高精度大地水准面。第三，建设全国超高阶重力场模型和新一代国家重力基准。我国大陆目前仍有 10% 左右的重力空白区，且实施地面重力测量难度很大，因此要通过卫星重力、航空重力手段以及全国重力加密数据资源，建立超高阶重力场模型，不断提高重力基准精度。通过调研 21 省的基础测绘"十三五"规划可知，各省都将建设和完善卫星定位服务系统作为"十三五"发展重点，提出了具体目标和推进措施，以提供高精度的卫星定位应用服务。河北、江苏等 7 省（自治区）规划在主要任务中提出加密部分地区重力点，开展对空白区重力测量，约占调查省样本总量的 33.3%。有 9 省计划在"十三五"期间完成大地、高程、重力三网融合，约占调查样本总量的 42.9%。

二是开展新型基础地理信息数据库的建设和应用。新型基础地理信息数据库建设以地理信息采集和可视化或制图表达相互分离为基础，基于地理实体编码建库，按照"能采尽采"的原则进行采集，根据应用时的不同要求对要素进行选择、综合和可视化表达而形成不同系列产品。第一，要升级数据库体系。改变传统数据库根据出图要求对要素进行取舍、采集和建库的原则，模糊比例尺的分级分类，扩充地理要素内容，主要根据影像数据或者其他资料的信息来确定采集内容。按照以上要求对国家和省级数据库结构进行融合设计，构建综合性强、跨尺度、跨区域、有机融合的全国统一的基础地理信息数据库。第二，创新基础地理信息更新技术，建立部门数据汇交、测绘集成融合、上下级联动更新、社会众筹参与的共建共享采集更新的新方式。实现基础地理信息的定期更新向适时动态更新转变，不断增强数据库的现势性，保持数据鲜活度。第三，拓展基础地理信息要素。随着技术条件的发展，获取和表达更多的要素信息变得可行，而需求的多样化和个性化使得获取更多要素信息成为必然，因而未来对基础地理信息要素的拓展将成为重要任务。对各地"十三五"规划调研发现，有 19 个省将地下管线、水下地

形等作为基础地理信息要素进行采集，占样本的90％。

三是建立长效需求对接机制，不断丰富基础地理信息服务和产品。真正实现"按需测绘"的要求，提供丰富多样、体系完整的基础地理信息产品，提供传统窗式服务、网络化服务、定制化服务等多种方式并存的服务模式，实现需求与供给的动态平衡，建立需求与供给对接的长效机制。要实现基础地理信息与外部需求的对接，定期调研相关应用部门和社会大众对基础地理信息产品和服务的现实需求和潜在需求，分析不同产品的需求走势，根据需求调整产品体系，丰富产品种类。要实现基础地理信息与内部需求的对接，不断获取和吸纳地理国情监测、应急测绘等其他业务的新要求，丰富基础地理信息产品，并利用其他业务数据资源来充实基础地理信息自身，提取应用频次高、应用领域广的地理要素数据和产品，充实基础地理信息数据库。

（2）提高航空航天遥感测绘的自我供给能力。

随着科学技术的发展，航空航天遥感影像的应用范围和领域越来越广。过去，航空航天遥感影像主要作为基础地理信息数据建设、重大测绘工程实施的基础数据来源。现在，航空航天遥感数据还可以与地质、地球物理、地球化学、地球生物、军事应用等多个领域信息进行复合，用于更多的综合分析，服务于政府部门管理决策，在国土调查、环境资源、水利建设、交通规划、城市建设、粮食估产、灾害评估、防灾减灾和国防安全等方面发挥重要作用。随着地理信息产业的蓬勃发展，航天航空影像的增值开发和应用越来越多，对遥感影像的需求也越来越大。航空航天遥感测绘已成为一项独立的业务，发挥着越来越重要的作用。提高航空航天影像的自给自足水平，是改善基础地理信息资源供给的重要内容。

一是加强航空航天遥感影像获取能力建设。随着我国国产民用光学立体测绘卫星资源三号01星、02星的成功发射，加上天绘一号、高分一号、高分二号等中高分辨率遥感卫星相继投入使用，我国卫星影像获取能力大大增强。为保持卫星数据源的连续、稳定，仍需要积极筹备资源三号03、04星的发射，积极研制高七科研星，以及加快干涉雷达卫星、激光测高卫星和重力卫星的技术攻关、科研论证和立项研制。同时，要大力推进航空航天遥感数据处理软件的研发，尤其要重视高性能遥感数据自动化处理等核心基础软件的产业化。

二是统筹开展航空航天遥感工作，实现光学影像定期覆盖。要建立国家基础航空摄影定期分区更新机制，科学制定航摄分区、影像尺度、更新频次，按规划、计划获取不同尺度的航空航天光学影像。"十三五"期间，要实现优于 2.5 米分辨率卫星影像每年覆盖陆地国土一遍；完成我国 500 万平方千米优于 1 米分辨率影像的获取。

三是大力开展非光学影像获取工作。有计划、有步骤地开展机载 LIDAR 影像获取，为建立、更新高精度 DEM 提供数据源。开展航空重力数据获取，为建立全国高精度重力网提供保障。有针对性地开展合成孔径雷达数据获取，充分发挥其不受天气条件限制的优势，填补影像获取困难区域的空白。

2. 拓展开发新的基础地理信息资源

（1）获取海洋基础地理信息资源。

随着经济全球化、世界多极化的发展以及对可持续发展的推崇，世界各国都认识到了海洋的重要性，极力拓展海洋发展空间。当前，"海洋强国"战略目标已被纳入我国国家大战略中。"提高海洋资源开发能力""发展海洋经济""保护海洋生态环境""坚决维护国家海洋权益"等海洋强国目标的实现，其前提是要掌握丰富的海洋地理信息资源。

一是加强海洋地理信息资源开发建设研究和规划编制。要深入开展相关研究，合理谋划海洋地理信息资源开发建设的主要内容及任务分工。制定海洋地理信息资源开发利用科技发展计划，加大科技经费投入，加强基础理论、关键技术、标准建设等方面的研究。通过编制海洋地理信息资源开发建设规划，明确开发建设的内容、主要任务和相关保障措施，保障海洋地理信息资源建设有序开展。

二是持续推进海岛礁测绘工程。在海岛礁一期工程完成的基础上，完成我国 80 海里以外至大陆架、外大陆架区域的所有海岛（礁）地形图测绘。

三是要获取沿海滩涂、近海海域基础地理信息。全面开展海岸带地形图

测绘，测图范围以海岸线为准，向内陆延伸 10 千米，向海洋延伸平均大潮低潮线外 5 千米或至 15 千米等深线；测图比例尺为全国范围 1:5 万，重点省份 1:1 万。对已有资料进行整理分析和编辑，进行海底地形图补测。对现有资料中精度不满足要求、现势性差的海底区域，联合有关部门进行重测。有步骤完成我国领海和专属经济区的海底地形测绘工作。

（2）开展全球地理信息资源建设和维护。

随着经济全球化进程的加快和我国"走出去""一带一路"战略的实施，我国经济日益融入国际经济体系，政府、企业、公民愈来愈多地参与国际性事务。党和国家领导人在深入分析我国面临的发展阻力和安全风险的新形势下，提出了坚持总体国家安全观的决定。在此形势下，尽快获取全球地理信息资源，是积极有效地保障国家利益、维护国家主权与安全、彰显负责任的大国风范、提升我国的国际地位的重要举措。

全球地理信息资源建设计划到 2030 年完成全球地理空间信息数据生产与建库。利用国产测绘卫星影像和相关参考资料，生产高分辨率正射影像、数字地表模型、数字高程模型、地形框架要素数据、地表覆盖等数据，其中高分辨率正射影像、数字地表模型和核心矢量要素数据覆盖全球（约一亿平方千米）；数字高程模型、地表覆盖和较详细矢量要素数据覆盖"一带一路"重点区域（约 2000 万平方千米）。近期重点围绕"一带一路"战略开展中亚（重点是巴基斯坦）、东盟、非盟区域的地理信息资源建设。

（3）开展边境地理信息资源建设。

我国与 14 个国家接壤，是边界问题最复杂的国家之一，开发建设边境地区地理信息资源，具有重要的战略意义和经济意义。针对国防建设、反恐维稳、国际河流争端、能源战略输入通道安全、西部大开发和振兴东北等老工业基地、构建丝绸之路经济带、建设孟中印缅经济走廊等的战略需求，统筹设计获取范围，差异化获取地理信息资源。同时整理利用国家基础地理信息数据库和其他相关专题信息资源。其中，中等精度地理信息资源覆盖周边全部区域；高精度地理信息资源覆盖边境地区重点城镇、经济活动区、口岸等重点地区。

3. 提升特色保障型地理信息资源

应急测绘是国家突发事件应急体系的重要组成部分，是应急救援队伍的重要力量。应急测绘保障业务已成为测绘地理信息部门的特色保障型基础业务，成为测绘地理信息供给结构的重要组成部分。"十三五"时期，应急测绘保障要实现4小时抵达80%陆地国土和重点海域，并基本建成覆盖全国的应急测绘体系。提升测绘应急保障的有效供给能力，需要从装备能力建设、孕灾环境基础地理信息建设、应急响应机制建设等方面着手，形成反应迅速、运转高效、协调有序的专业化应急测绘保障体系。

一是全面提升应急测绘装备能力。要从信息获取、处理、传输等各个环节加强提升应急测绘装备水平。加强有人机航空应急测绘系统、无人机航空应急测绘系统以及相关配套处理装备建设，建立覆盖我国陆地国土和沿海重点海域应急现场光学影像和多源遥感图像的能力，提高突发事件发生后第一时间获取现场航空影像的能力。加强各类应急测绘快速处理软件、处理用集群服务器等设备建设，建立多源应急测绘数据的快速应急测绘产品制作能力，提高对突发事件现场信息处理和综合分析能力。加强国家应急测绘数据采集、生产、服务的有关有线和无线网络设备建设，建立与中办、国办、各级救援指挥部门、各区域航空应急测绘中心等部门和机构有线应急测绘数据的传输能力，与各区域航空应急测绘中心、各级救援力量、前线指挥部等机构无线应急测绘数据的传输能力。

二是重视孕灾环境基础地理信息建设。防灾减灾重在预防，要在应急保障工作中化被动为主动，需要重视对孕灾环境的信息获取和积累。要充分发挥地理信息的基础性和保障性作用，推动各部门应急资源共享，建立国家应急测绘资源数据共享网络及平台。根据地质灾害、气象灾害、环境污染灾害、火灾等自然灾害的特点和易发条件，选定重点地区获取高分辨率遥感影像和大比例尺地理信息，并结合其他部门的专题信息，开展孕灾环境监测、灾害预测、抢险救灾方案选择、灾后重建方案评估等工作，更好地预防和减轻灾害对人民生产生活造成的影响。

三是完善应急响应机制建设。科学制订应急测绘预案，有利于统筹管理、科学调度体系内的各项应急资源，要重点加强应急测绘指挥调度能力建设。通过加强应急测绘指挥平台、视频会议等相关设备的建设，建立高度集成、与国家各个应急测绘力量互联互通的国家应急测绘指挥系统。加强应急测绘平战结合的运营维护组织，保障常年应急保障能力的日常应急值守。应急测绘技术人员与装备在日常值守期间，采用平战结合的方式，保障国家应急测绘装备的可靠性和应急队伍的先进性。

（二）开展常态化地理国情监测，推进转型升级

党的十八大后，经济社会发展和测绘地理信息转型都对地理国情监测提出了迫切需求。一方面，经济发展新常态、国家总体安全新布局、全面深化改革新举措、国家"走出去"战略等对地理国情监测的需求越来越强烈和深入。资源生态环境保护、国土空间合理保护利用已成为制定经济社会发展战略的重要考量要素，正逐步走出"务虚"式的理论讨论阶段，而步入"务实"式的政策落地新阶段。新修订的《国家安全法》加强了生态、资源、信息等领域的安全管控。生态文明体制改革的相关制度、措施和具体工程项目正在加紧制定并相继出台。推进"一带一路"建设，参与全球治理，也需要及时、准确掌握自身地理国情和外部地理世情。地理国情监测体现新时期测绘地理信息的职能定位、服务方式、生产工艺、组织模式等方面的深刻变革，当前宜充分利用国家高度重视地理空间利用和资源生态环境这一契机，强化监测服务，彰显测绘地理信息服务经济社会主战场的作用。按照供给侧改革要求和适应经济社会发展对地理国情监测多元化的需求，构建起由"两个类型、三个层级"组成的监测任务，"规划编制、需求项目征集、项目论证、组织实施、提供服务"五个工作环节组织实施的地理国情监测业务体系（见图12）。

1. 形成"两种类型、三个层级"监测任务布局

"两种类型"指基础性地理国情监测和专题性地理国情监测，"三个层级"指国家级、省级及省级以下地理国情监测业务。

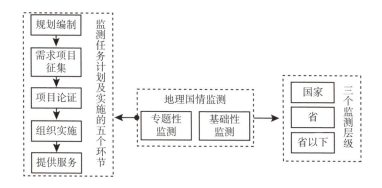

图 12　地理国情监测业务框架

（1）基础性地理国情监测和专题性地理国情监测。

基础性地理国情监测的目的是对地理国情普查成果进行持续更新，保持地理国情普查成果的现势性。从应用的角度来看，基础性地理国情监测的主要任务是，通过对地理国情普查成果进行更新以及集成相关信息进行统计分析，从而形成反映基本国情的指标信息，并建立每年对基本地理国情进行研究、分析的常态化工作机制。专题性地理国情监测主要围绕国土空间开发利用、资源环境及生态管理、空间规划编制与实施、区域协调发展战略、重大自然灾害防治、生产力优化布局等方面的管理决策需要，确定监测重点内容。

（2）国家级、省级及省级以下三个监测层级。

按照中央和地方事权划分改革方向，地理国情监测可分为三个层级。

国家级地理国情监测主要围绕如下需求确定监测内容：一是党中央、国务院确定的重大战略实施、重大工程建设、重要政策的论证和执行效果评估等事项；二是《生态文明体制改革总体方案》中确定的大江大河大湖和跨境河流、生态功能重要湿地草原、海域滩涂和部分国家公园等的管理、国家主体功能区规划实施与评估、资源生态环境承载力监测预警等；三是有关部门的年度重点工作；四是基础性地理国情监测，主要包括地理国情普查数据库及基础地理信息数据库的更新工作。

省级地理国情监测任务主要围绕如下需求确定监测内容：一是本地区的

重大战略、重大工程建设实施监测评估；二是体现本地区发展特色的区域性监测；三是省级有关部门的年度重点工作；四是基础性地理国情监测，主要包括地理国情普查数据库及基础地理信息数据库的更新工作；五是国家测绘地理信息局安排的相关监测工作。

省级以下地理国情监测任务由省级测绘地理信息部门指导市县测绘地理信息部门研究确定。

2. 构建地理国情监测系统

构建由地理国情监测技术体系、标准规范、质检体系、成果体系等组成的监测系统。技术体系指支撑地理国情监测实施的技术方法、技术手段等。标准规范指对地理国情监测重点环节、关键技术、管理方式等的相关规定。质检体系指保证地理国情监测数据准确、质量可靠的制度、标准、技术等。成果体系及服务模式指地理国情监测成果形式、服务对象、服务方式等成果服务活动的组成要素及相互关系的描述。

一是完善技术体系。按照《信息化测绘技术体系建设技术大纲》要求，在不断提高现有测绘地理信息生产服务体系的信息化、智能化水平的基础上，强化信息整合和信息分析能力，探索将信息分析纳入测绘地理信息生产服务环节，并促进地理国情信息获取、处理、分析、应用、管理等环节之间基于网络的高度协同。信息分析环节是信息化条件下测绘地理信息生产服务体系中的新成员，其主要任务包括两个方面。首先，对用户的地理国情监测需求进行调研、汇总、分析、归类并进行标准化处理，使其分解为满足测绘地理信息规范化、标准化生产模块的生产指令，以便相应环节的生产组织机构处理。其次，根据需求，对通过规范化、标准化的环节和流程生产出来的成果运用数据挖掘和空间分析等技术进行定向加工、分析和提炼，形成满足用户个性化需要的地理国情信息产品和服务，并向用户提供。

二是健全标准规范。要充分认识标准规范统一是监测成果能够广泛应用的重要前提，加强地理国情监测标准化建设力度。参考现有测绘地理信息标准，通过试点示范推广，并加强与相关部门资源环境生态监测标准的衔接，形成包括"定义与描述""获取与处理""检验与测试""成果与服务""管理"等组成的地理国情监测标准体系。进一步强化地理国情监测标准统一，保证不同层级地理国情监测的信息共享、业务协同、互联互通。

3. 加强监测质量管控

在细化《测绘地理信息质量管理办法》和完善《测绘安全生产管理暂行规定》等工作中，纳入地理国情监测工作。同时，完善地理国情监测质检标准，总结、提炼、完善地理国情监测试点中的经验和方法，加强已有地理国情信息质检标准和测绘地理信息质检标准的衔接。加强地理国情信息质检技术、工程质量控制技术、成果和服务的检验测试等技术研究。

4. 形成监测成果体系

将基础性地理国情监测成果纳入重要地理信息数据统一管理，规范其审核与公布程序，使其成为代表国家意志的基本国情，从而使基础性地理国情监测成果具有法定性和权威性，确保这些成果成为相关活动中使用与地理空间相关信息的标准。

根据领导决策、部门管理、社会化应用等不同服务对象，研制公众类、政务类地理国情监测产品。开展地理国情普查监测产品的应需设计和个性化设计，形成面向监测主题的报告、数据、信息系统、图件等组成的产品集。基于基础地理信息数据，有效利用地理国情普查监测、数字城市等成果，并主要依托"天地图"提供相关数据的应用开发、分析服务等。

5. 优化组织队伍

根据构建以新型基础测绘、地理国情监测、应急测绘为核心的测绘地理信息服务链条的要求，在现有测绘地理信息事业单位布局的基础上，针对地理国情监测相对于基础测绘工作强调"数据分析"的特点，近期主要依托基础地理信息中心和航测遥感院等事业单位开展地理国情监测分析工作，以发挥其丰富的信息资源或先进的技术装备等优势。随着今后地理国情监测的业务日趋成熟、任务日趋饱满，设立专门的地理国情监测机构，其主要任务包括：开展地理国情监测需求调研，收集地理国情监测基础数据，开展地理国情监测信息处理与分析，制作地理国情信息产品，提供地理国情信息服务等。同时，测绘地理信息生产单位要加强对人文、环境、生态等专业人员的

招聘、人才引进与交流。

6. 按业务进行组织实施

按照"规划编制、需求项目征集、项目论证、组织实施、提供服务"五个工作环节来组织实施地理国情监测。将多样化的需求规范化纳入测绘地理信息生产服务体系，并在提供服务环节注重个性化，形成"两端多样化，中间标准化"的组织模式。

一是编制规划。建立地理国情监测规划管理制度，滚动编制地理国情监测规划，并做好地理国情监测规划与基础测绘规划之间的衔接。主要任务是：分析规划期内专题性监测需求形势，明确专题性监测的原则；按年度明确基础性地理国情监测任务和专题性地理国情监测重点。

二是需求项目征集。地理国情监测常态化的关键在于构建稳定的应用平台。基础性和专题性监测需要分别建立稳定的平台。其中，基础性地理国情监测每年对全国进行一次普遍性监测，监测对象和内容与地理国情普查相同，主要包括地表覆盖和地理国情要素监测。专题性地理国情监测所面对的是行业或局部性应用的个性化要求，需要根据国家和地方管理决策以及部门业务需要确定监测重点并实施。专题性监测的"需求驱动"体现得更为具体，一个监测项目的提出一般要从具体业务需求开始"自下而上"才能更容易找到焦点。由测绘地理信息部门与用户进行紧密的需求对接，需求对接有很多方法，如采用问卷调查、专家座谈、召开部门联席会议等方式进行，但存在需求收集不全面、需求获取不及时、需求来源不稳定等问题。因此，要创新需求对接方法，规范需求管理。

三是项目论证。基于社会化参与的方式遴选高质量的监测项目。对征集到的需求项目建议，从项目目标任务、组织实施计划、技术方法可行性和项目经费预算等方面进行可行性研究和论证。建立地理国情监测需求项目库，支持开展延续项目和有配套资金的项目，按照优先顺序列入监测年度计划。

四是生产组织。将地理国情监测纳入现有一线生产事业单位常规化生产体系的工作环节。在项目实施的主体上不应局限于测绘地理信息部门，而是需求提出部门与测绘地理信息部门的结合。全国要树立一盘棋思想，国家层面加强监测工作的统筹安排、组织协调与监督指导，做好顶层设计，制定和完善相关技术标准，推动全国基础监测的整体开展。各省份按照国家的统筹安排，参与涉及本地区的国家级专题性监测，并组织实施好本行政区内的基础性监测，其更新范围、更新周期、采用的分辨率根据本地区经济社会发展程度、国土空间开发强度等因素确定。

五是成果服务。将基础性地理国情监测成果纳入重要地理信息数据统一管理，规范其审核与公布程序，使其成为代表国家意志的基本国情，为行政管理、新闻传播、对外交流、教育科研等活动使用地理空间相关信息提供标准。按需要向用户提供专题性监测成果服务，将标准化的产品按照用户的需求进行加工和包装，形成符合各部门要求的产品。利用专题性监测成果对地理国情普查数据库和基础地理信息数据库进行更新。统筹考虑地理国情监测成果与基础测绘成果的汇交、管理、分发等工作，形成统一管理地理国情普查监测数据库与基础地理信息数据库的技术支撑和机制保障。将地理国情监测数据纳入现行测绘地理信息成果目录，提供相关数据的应用开发、分析服务等。

（三）加快发展地理信息产业，实现地理信息价值的最大化

加快发展战略性新兴产业是实施供给侧结构性改革、调整产业结构、培育经济新增长点的重要方向和举措。地理信息产业是高技术服务业和战略性新兴产业，在近些年高速发展的同时，也存在一些亟待解决的问题，主要是：产业分工不明确，有同质化趋势，产业融合化程度和创新度不高，产业园区内空间布局分散，与区域优势、产业基础、制度环境不完全契合等。

在国家供给侧结构性改革的大背景下，加快发展地理信息产业，需要政策支持、市场导向，完善地理信息产业的产业结构，优化产业布局，提高供给体系的质量和效率，实现地理信息价值的最大化。

1. 政府要为地理信息产业转型升级创造良好的政策法规环境

在地理信息产业资源配置中要更好地发挥政府的作用。政府的主要职责是为产业和企业创造良好的制度和政策等软硬环境。一是健全法制环境，即

制定和完善法律、法规和标准，严格执法。以新修订的《测绘法》为依据，修订涉密地理信息使用管理、共享管理、安全保护、地理信息市场监督管理等方面的法规制度。依据《地图管理条例》的规定，加强地图工作的统一监管，强化互联网地图服务监管。二是构建适应市场经济的地理信息产业支撑体系。完善测绘地理信息企业资质、地理信息成果使用、质量监督、市场准入、工程监理等市场政策。建立健全地理信息资源采集、处理、分发、增值开发等规章制度。明确企业使用基础地理信息资源的权利和责任。完善地理信息质量监督、市场准入、工程监理、产品价格等方面的市场政策，推动建立和完善知识产权管理配套制度和相关措施。

2. 加大政府对地理信息产业生产要素的新供给

政府要做好基本公共服务的供给，为产业发展提供基础保障。要强化新型基础测绘、地理国情监测、航空航天遥感测绘等的公益性公共服务新产品的有效供给。推进基础地理信息资源的开放共享，通过建立共建共享机制和平台，促进地理信息行业之间、军地之间的数据资源共享。在保证国家安全的情况下，简化审批程序，最大限度地推动地理信息数据的社会开放，降低消费成本，提高效率，刺激消费需求，推进地理信息资源的高效利用和增值开发。

消除供给壁垒，提高有效供给。重视企业在产品供给中的作用，鼓励、支持民营资本进入测绘地理信息领域，通过民营资本增加有效市场供给。在新型基础测绘、地理国情监测、全球地理信息资源开发建设等公益性服务方面，探索通过市场机制，引入社会资本开发建设，为产业企业发展提供市场机遇。

3. 强化地理信息企业的技术创新主体地位

依托地理信息企业、高校、科研院所建设一批国家测绘地理信息技术创新中心，在全国范围内形成若干具有较强带动力的测绘地理信息区域创新中心。针对我国地理信息企业研发机构数量少、规模小、创新能力弱的局面，支持企业建立研发机构，大幅提高大中型地理信息企业建立研发机构的比例。加大国家重点实验室、国家工程（技术）研究中心、国家工程实验室等在地理信息骨干企业的布局建设，提升企业研发机构的技术创新能力。产业技术创新战略联盟是产学研结合的重要组织形式。支持以地理信息企业为主导发展产业技术创新战略联盟，建立联合开发、优势互补、成果共享、风险共担的产学研用合作机制；支持联盟承担地理信息产业技术研发创新重大项目，制定技术标准，编制产业技术路线图；构建联盟技术研发、专利共享和成果转化推广的平台及机制。加强知识产权保护，更好地维护创新成果。完善企业创新的投资、融资体系，为企业特别是中小企业的科技创新提供渠道和资金支持。

依托测绘地理信息高等学校和领军企业，通过体制机制创新，整合相关科研资源，推动建设地理信息产业技术研发基地，加强技术研发和成果推广扩散。鼓励测绘地理信息科研院所和高等学校与企业共建研发机构，联合培养人才，实施合作项目。鼓励高层次人才通过博士后工作站等途径为企业提供技术服务，对服务企业贡献突出的科技人员采取优先晋升职务职称等奖励措施。加大国家建立的重点实验室、工程实验室、工程（技术）研究中心等向企业开放服务的力度，为企业创新提供支持。

4. 调整优化地理信息产业结构

针对地理信息产业链结构不平衡的问题，通过致力于价值链的改造升级和区域结构的调整，实现产业结构优化。加大企业的信息化改造，充分利用大数据、移动互联网等新技术，降低信息和生产成本，提高产品的附加值，提高生产率。加大对地理信息产业下游开发和应用服务的创新研发支持，推进面向政府管理决策、面向企业生产运营、面向人民群众生活的地理信息应用。加快推进现代测绘基准的广泛使用。结合北斗卫星导航产业的发展，提升导航电子地图、互联网地图等基于位置的服务能力，积极发展推动国民经济建设和方便群众日常生活的移动位置服务产品，培育新的经济增长点。促进地理信息与物联网、大数据等新兴产业技术加快融合，不断催生出新的商业模式和新的服务模式，形成新的业态。同时通过顶层设计和制度引导，优化地理信息产业不同地区之间的分工协作，推进区域之间的平衡发展。

要增加劳动的有效供给，就需要提高产业人才的素质和能力，通过加强教育培训、人才引进等，提升地理信息产业的人力资本，尤其是企业家的培养和管理，从而促进产业的转型升级。鼓励企业通过人才引进、技术引进、合作研发、委托研发、参股并购、专利交叉许可等多种方式开展国际创新合作。支持企业"走出去"设立海外研发机构，参与国际技术标准制（修）订，向国外申请知识产权。

5. 促进地理信息产业集群发展

产业集群是中小企业发展的重要组织形式和载体，对推动企业专业化分工协作、有效配置生产要素、降低创新创业成本、节约社会资源、促进区域经济社会发展都具有重要意义。在地理信息产业集群的培育和发展中，政府要按照布局合理、产业协同、资源节约的原则，做好规划，用"看得见的手"制定政策支持措施、营造产业发展环境，实现产业集群的可持续发展。

一是加强对园区企业的扶持。在地理信息产业园区建设中，要发挥龙头骨干企业的示范带动效应，并对其重点扶持。鼓励和引导中小企业与龙头骨干企业开展多种形式的经济技术合作，提高专业化协作水平，完善、打造创新和提升产业链，推动中小企业"专精特新"发展。对产业园区企业转型升级、公共服务平台建设、园区发展规划制定等优先给予资金支持。发挥测绘地理信息行业协会、龙头骨干企业和中小企业各自的作用，联合打造区域地理信息产业园区品牌。二是充分发挥新技术的支撑作用。深化移动互联网、云计算、大数据、物联网等新一代信息技术在地理信息产业园区中的应用。加快以信息技术改造传统产业，支持企业提升信息化应用能力。鼓励和支持地理信息产业园区与高校、科研机构建立产学研用协同创新网络，培育建设一批产业、产品协同研发平台。加强产业集群内企业科技创新人才、高技能人才培养。加大集群内"专精特新"企业经营管理人员培训。三是加强基础条件建设和服务。加强和改善产业园区中小企业金融服务，建立和完善产业园区企业信用体系，推动信用信息共享。鼓励金融机构、投资机构、中小企业信用担保机构与产业园区建立项目对接，搭建合作平台。

（四）坚持科技自主创新，引领能力提升

新的历史时期，我国经济进入新常态，国家提出加快供给侧结构性改革，大力推动"互联网＋"、《中国制造 2025》、"大数据发展"等行动计划，关键就是要发挥科技创新在全面创新中的引领作用，使各项科技创新成果切实转化为现实生产力，推动经济结构调整和发展转型。当前，加快测绘地理信息科技自主创新已成为推动测绘地理信息领域供给侧结构性改革的首要任务，通过科技创新全面提升生产服务能力，革新生产工艺流程和提高服务效率，使测绘地理信息生产和服务更加贴近现实需求、贴近生产生活。为此，必须进一步明确测绘地理信息科技创新的发展方向和主要任务，着力解决制约甚至阻碍科技创新的体制机制问题，积极培育和建立有助于提高广大测绘地理信息工作者积极性和创造性的创新环境，大幅提升科技创新对事业转型发展的贡献率。

1. 区分好公益性科研机构和地理信息企业的科技创新任务

首先，建议进一步明确测绘地理信息公益性科研机构和高等院校的科技创新责任或义务，加大基础研究投入，支持进入示范性工程项目，充分发挥好关键技术成果转化作用。其次，应发挥好国家测绘地理信息的战略规划政策导向作用，积极引导和鼓励地理信息企业加大科技创新投入，支持并帮助其将高新技术成果全面推向经济社会发展所需领域。

2. 大力加强高精尖测绘地理信息装备制造

建议加快研制重力卫星、机载绝对重力仪、星载三高传感器、高性能三维激光扫描仪、地面精密测量仪器等能够引领和体现国际发展水平的技术装备。一方面，从政策和人才培养等方面大力扶持测绘地理信息装备制造企业发展。另一方面，加强与各类光电机等领域生产制造机构的合作，加快相关测绘地理信息装备的实用化进程。

3. 研究设计测绘地理信息科技创新能力评价指标体系

坚持客观性、系统性、可获取性、关键性原则，选择能够全面科学反映事业在创新投入、创新产出、创新资源、创新环境等方面的发展指标或评价

指标，尽可能地细分各子类指标，特别注重能够反映关键地理信息技术创新突破进展的指标设计，并根据新的情况和形势不断更新完善创新能力指标评价模型。定期开展科技创新能力调查和评估工作，为准确掌握我国测绘地理信息科技创新发展现状以及存在的技术瓶颈和短板并制定行之有效的科技创新促进措施提供重要依据。

4. 进一步完善测绘地理信息科技创新平台

支持企业更多参与重大科技项目实施、科研平台建设，使地理信息企业真正成为研究开发投入的主体，推进企业主导的产学研协同创新。依托测绘地理信息高新技术企业组建无人驾驶领域高精度导航电子地图、测绘地理信息大数据等方面的科技创新平台。针对测绘地理信息发展战略规划政策问题研究、重大科学工程建设思路研究等领域，建立以由测绘地理信息发展研究机构为主体，相关高等院校、企业协同参与的软科学方面的创新平台，强化对事业宏观管理、发展战略和计划、科技成果转化及产业化等问题的研究。面向"一带一路"、京津冀协同发展、长江经济带等重大战略实施需要，加快建立政府部门引导、企业为主体、科研机构和高等院校广泛参与的地理信息产业技术创新联盟或测绘地理信息区域协同发展创新联盟，促进对外开发和区域协调发展。

5. 创新测绘地理信息科技项目管理模式

将测绘地理信息科技项目管理模式改革作为推动测绘地理信息科技体制改革的有力抓手。进一步完善国家和省级测绘地理信息年度科技计划项目分类体系，更有针对性地确立年度或某个时间段内重点支持的科技项目类别。既聚焦国家经济社会发展重大需求，也综合考虑基础前沿研究、战略高技术研究、社会公益研究和重大共性关键技术研究需要。创新国家和省级基础测绘科技经费支撑项目运作模式，在各类项目立项申请等方面探索引入市场竞争因素，完善科技项目考核机制，让有限的测绘地理信息科技经费资源发挥最大的经济和社会效益。加快构建全国科技项目管理和成果信息服务平台，建立科技成果及其转移转化统计和报告制度，建成项目完成情况评价数据库，科学评判科研项目申请单位的能力、信用等级，并以此作为后续不同类别项目申请评估的重要依据。

6. 加快制定适应改革发展需要的测绘地理信息科技创新发展政策

开展测绘地理信息科技体制改革的中长期战略研究，确立不同时期、不同阶段科技体制改革的目标和任务以及路线图。加快建立国家测绘地理信息科技项目管理、科技成果转化等配套改革制度，进一步健全省级测绘地理信息科技项目管理制度。将重大测绘地理信息专项和工程中用于支持关键技术攻关和生产性试验的科研经费比例不低于2.5%的要求制度化和责任化。鼓励支持利用资本运作、科研实体和企业联合投入等方式创新科技投入模式，以更好地支撑基础理论和前沿技术研究以及生产性技术试验研究和产品技术研发等。加大测绘地理信息领域政府采购对国产测绘地理信息高技术产品服务的支持力度。研究制定适应测绘地理信息领域基础研究、技术开发等不同类型科研工作的激励、考核评价政策。不断完善优秀测绘地理信息科技人才激励机制和奖励制度，丰富奖励内容和形式，最大程度地激发科技人员的创新热情和动力。

7. 进一步健全测绘地理信息科研机构管理体制机制

加强西部、东北、中部、东南沿海、京津冀等五大区域测绘地理信息科研机构建设，在全国范围形成布局合理、能够有力带动和促进地方科技发展的科研机构组织体系。在测绘地理信息科研机构内部组织机构的治理上，应根据科技创新活动的性质及其功能特点，按科技创新价值链和学科领域两个维度设置研究领域，不断优化资源配置，构建更加科学合理的科研管理体制，提高科研活动和科技创新的针对性。支持科研机构与企业、中介机构开展合作，着力推动先进科研成果转化为现实生产力。

（五）加强测绘地理信息公共服务，改进服务提供机制

《中共中央关于全面深化改革若干重大问题的决定》中明确提出，要加强各类公共服务提供。这也是供给侧结构性改革的重要目标。测绘地理信息公共服务是公共服务的重要组成部分，是以政府财政投入支撑，由测绘地理信息行政主管部门向社会直接或间接提供与测绘地理信息有关的各类产品和

服务的总称。从广义上说，它包括测绘业务活动产生的公共产品和服务、政务信息提供和公开等，主要有基础测绘产品服务系列、地理国情监测产品服务系列、航空航天遥感测绘产品服务系列、应急测绘产品服务系列四大类。加强测绘地理信息公共服务，发展多样化服务模式，不断改进服务提供机制，完善服务相关标准和政策。

1. 发展多样化公共服务模式

公共服务模式，是根据服务提供者与服务对象之间的不同关系来界定的。由于地理信息在国防安全方面的重要地位，长期以来，测绘地理信息服务模式都比较单一，主要是传递型链状模式。随着技术的发展和需求的变化，原有的传递式服务模式已经不能满足相关需要，只有根据不同用户的需求、不同产品的特点，发展多种有效的服务模式，才能实现供给结构的优化。

（1）提升传递型链状模式应用。

传递型链状模式是一种传统服务模式，也是目前主要的服务模式。主要强调信息的单向流动，由专业测绘人员进行基础地理信息的采集更新，处理和形成产品，然后通过一定媒介手段将信息传递到用户。根据终端信息流向又可分为：申请浏览模式（拉式）和主动推送模式（推式）（见图13）。申请浏览模式如传统窗口式服务，包括提供各种模拟地形图和数据产品，以及用户通过地理信息服务平台获取各种基础地理信息。主动推送模式如传统重要地理信息的发布等，通过新闻发布会、电视、广播、网络等媒介发布各类大众关心的重要基础地理信息数据，如珠穆朗玛峰高度、国土面积等。在新时期利用微博、微信等新的媒介手段进行各类政务信息公开也属于这种服务模式。

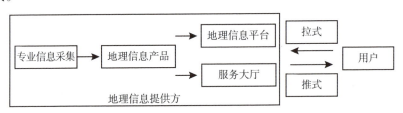

图13　传统传递型链状模式

传统传递型链状模式的应用主要是向专业地理信息数据生产单位和使用单位提供服务，以及提供基础地理信息数据（包括涉密地图、数据）等。今后，链状服务模式要制定更加简便的申请条件、审批流程，更加方便用户对地理信息产品的获取。

（2）拓展共建共享星状模式应用。

星状模式的典型特征是各专业部门共享各自拥有的地理信息数据，建立统一数据平台，持续更新共享。通过建立地理信息数据采集分工和交换机制，基于统一的空间定位基准，处理、整合、集成已有的与地理空间位置有关的信息数据，建立地理信息数据资源目录，形成标准统一、内容丰富、形式多样的地理信息及其相关数据库群，为各部门提供一站式在线访问和地理信息服务，大大提高了地理信息资源的共建共享效率（见图14）。测绘地理信息部门提供基础地理信息数据，负责对数据中心进行初期平台建设和数据统一，对平台进行长期维护。例如，浙江省就利用这种星状模式建立起全省的交换共享地理信息服务平台。

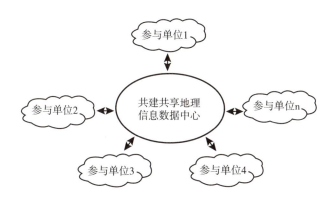

图14　共建共享的星状模式

共建共享的星状模式适用于部门级应用和地方性应用，科研单位之间、政府部门之间以及区域性省份之间都可以建立这种专业性平台应用。基于目前的网络条件，可以先以省为单位建立数据中心，提高省级测绘地理信息部门服务各部门各行业的能力，之后可以发展为全国范围的共建共享。

（3）推广平台式网状模式应用。

网状模式是基于网络化的基础地理信息服务（见图15）。这种模式强调用户作为信息的消费者和提供者的双重角色。用户不再单纯获得信息，还可以不断丰富空间信息内容，也可创建相关的应用。测绘地理信息部门负责提供专业基础数据的采集、处理和维护，大众用户通过平台的纠错功能提交数据的错误或变更线索。大众用户还可以根据兴趣不断增加相关的主题数据。网状模式主要应用于国家级或区域性的公众地理信息服务领域。这也是未来公众版"天地图"的发展方向。要加大"天地图"的推广应用力度，尝试采用社区论坛积分制手段，吸收地理信息志愿者的力量，利用市场机制来推动公众版"天地图"建设，惠及百姓的衣食住行娱。

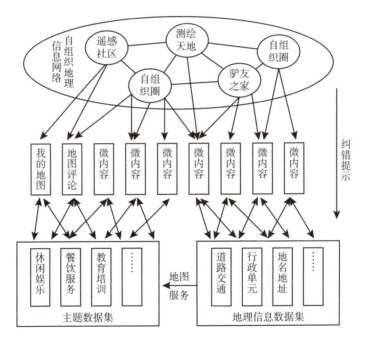

图15　平台式网状模式

（4）创新定制化模块式模式应用。

定制式服务是指，测绘地理信息部门基于基础地理信息数据开发各种基本应用模块，相关专业级用户根据自身需要下载相关应用模块，将基础测绘数据用于本部门的管理和决策（见图16）。测绘地理信息部门负责模块数据的更新。专业部门不需要前期大量的、大规模的数据采集，可以将更多精力放在部门内部数据分析和决策管理上。根据地理信息的不同性质，这种模式又可以分为多种。一种是前置服务。主要针对无法通过网络进行互联而对空间地理信息数据有迫切需求的用户单位。可以根据其应用的要求，为其定制相关系统和功能，并且负责定期更新地理信息数据，保持数据的现势性。一种是即时服务。主要针对的是可以通过网络开展工作的用户单位。用户可以利用测绘地理信息部门已经开发的各种功能插件，安装到各自的系统里，使其管理人员能方便地对各种地理信息进行可视化管理和决策分析。因为其系统搭载在政务版"天地图"上，所以可以保证地理信息的鲜活性。

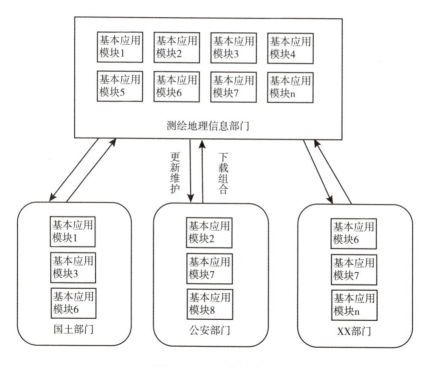

图16 定制化模块模式

定制服务主要面向各专业部门，测绘地理信息部门要积极获取部门的需求，创新应用模块，更好地贴近部门的应用需求，更好地服务国土、林业、

公安等部门。

2. 不断改进公共服务提供机制

改进公共服务的提供机制，是处理好政府和市场的关系，向社会和人民群众提供高质量公共服务的重要措施。改进测绘地理公共服务提供机制，需要总结现有经验，继续加大政府购买公共服务的力度，提高供给效率。积极探索在测绘地理信息领域引入政府和社会资本合作模式（Public – Private – Partnership，以下简称为 PPP 模式）提供公共服务，实现政府资源价值的最大化。

（1）适当加强政府购买公共服务力度。

政府购买公共服务，是指政府根据其法定职责，将为社会发展和公众日常生活提供服务的事项，交由有资质的社会组织及市场主体来完成，并根据其提供服务的数量和质量，按照一定的标准进行评估后支付服务费用的行为。

一是总结经验，积极开展相关研究。调研总结测绘地理信息领域已经采用政府购买服务方式的业务和项目，总结可以采用此方式的领域的特点，为推广此方式积累经验。研究测绘地理信息领域政府购买服务的具体内容，包括基础测绘、地理国情监测、应急测绘等公益业务中哪些细分业务可以采用政府购买服务的方式来进行。从理论上说，基础测绘、地理国情监测、应急测绘等测绘地理信息公益业务在数据获取环节比较适合面向社会采用招投标的方式开展，而基础测绘地理信息数据的整合分析、应用管理和分发服务工作等适合公益性生产队伍完成。根据购买内容，进一步研究承接主体、购买方式、运作方式等要求。按照《政府采购法》的有关规定，采用公开招标、邀请招标、竞争性谈判、单一来源采购等方式来进行，同时考虑到基础地理信息数据维护国家安全的特点，承接主体不仅要满足相关政策规定的具体要求，而且应至少具备甲级测绘资质等条件。

二是制定出台测绘地理信息主管部门购买测绘地理信息公共服务的指导目录。针对不同行政级别测绘地理信息主管部门承担公益服务职责的差异性，研究细化各级测绘地理信息主管部门购买服务的内容以及承接主体、购买方式等。

三是有步骤地扩大政府购买公共服务范围。具体某一项测绘地理信息业务是否适合采用政府购买公共服务方式来进行，一方面要进行经济可行性论证分析，对比公益性队伍和市场主体完成所需要的成本，另一方面要保证地理信息的安全，符合国家相关保密政策。对条件成熟、前期准备充分的业务和领域可以先行采用政府购买服务的方式来运作。

（2）积极探索政府和社会资本合作模式（PPP 模式）。

PPP 模式的优势在于可以通过多种组织形式，利用市场资源配置和私营部门的经营与技术优势，来有效地生产不同性质的准公共物品。这样既满足公平价值，又满足效率价值，并降低公共财政的支出规模，提高公众满意度。在测绘地理信息领域探索推广 PPP 模式，需要做好前期研究，并开展项目试点。

一是深入开展可行性研究和风险评估。地理信息服务与一般公共服务有重大差异，涉及国家安全和民族利益，因此受到保密政策的限制。从国内外经验来看，PPP 模式主要还是运用于基础设施的建设中，对于公共信息的提供领域，此模式运用较少。测绘地理信息领域要引入社会资本以 PPP 模式开展相关建设和服务，需要从安全性、经济性等各个方面深入开展可行性研究，结合测绘地理信息的特点开展风险评估。同时，要按照相关要求进行可行性研究、物有所值（VFM）评价和财政可承受力论证等。

二是在有限领域先行开展试点。若前期可行性论证通过，则可以通过试点形式开展项目。目前，基础测绘设施大多数都已经建成，处于维护和升级的阶段，为了节省维护成本，提高利用率，基础测绘设施可以引用 ROT（重建—运营—移交）、管理外包等模式，与私人部门合作对已经建好的设施进行维护和经营，政府部门仍然拥有对设施的所有权，并按年支付少量的费用，私人部门通过经营所得扣除维护费用而获得利润。这种合作能充分利用私人部门经营的灵活性，拓展基础设施的应用领域，政府部门拥有所有权也能发挥好监管作用。因此，建议在这些项目中先行开展试点。

3. 完善公共服务相关政策和标准

在增强公共服务的针对性的同时，还需要配套的政策作保障。

一是完善地理信息保密政策。根据现有的法律法规政策规定，大多数的基础测绘成果都不适合直接公开使用，即便是可公开使用的测绘成果也必须经过相关的非线性保密技术处理，而该技术带来的结果就是脱密处理后的成果在空间精度等方面无法满足现实需求。目前空间定位精度较高的基础测绘成果都不能通过互联网的方式直接提供，必须按照《基础测绘成果提供使用管理暂行办法》的要求，严格遵循涉密测绘成果行政许可审批程序，来提供相应的数据服务。这对地理信息的广泛应用产生了不利影响，用户对测绘地理公共服务的评价也大打折扣。新时期，应充分考虑互联网高度发达和大数据应用日趋成熟时代数据开放与安全保密的新特点、新趋势，针对不同用户对象，分别制定有差异性的基础地理信息数据保密和脱密技术处理使用规定，尽可能在确保地理信息安全的前提下，促进地理信息数据的广泛高效利用。

二是政府服务的便捷化。根据分级管理的原则，国家、省、市（县）各级测绘地理信息主管部门分别负责不同比例尺的测绘成果提供。虽然目前1∶5万基础测绘成果提供权限已基本下放至对应的省级测绘地理信息主管部门，但是市县用户要使用时仍需要到省会城市办理，这对用户使用测绘成果造成较大不便。为此，应该实行更加科学的属地化服务提供原则，国家和省级测绘地理信息主管部门应主动、及时将对应各市辖区域范围的相应精度和等级的基础测绘成果提供权限下放至市级测绘地理信息主管部门，跨市区或跨省区范围的基础测绘成果仍由国家或省级测绘地理信息主管部门负责提供。

三是完善相关标准。必须不断完善测绘地理信息标准体系，坚持"该废止的废止、该整合的整合、该补充的补充、该研制的研制"的基本思路，对现有测绘地理信息标准进行全面、系统的清理。加快整合现行测绘地理信息标准中的同类或相似标准，解决好新旧标准不一致、质检标准和生产标准不统一等问题，方便测绘地理信息工作者更好地使用。加快推出新技术方法、新业务领域等发展相对成熟的国家级行业标准，解决测绘作业生产时无技术规范可依等问题。准确把握前沿技术与测绘地理信息技术融合发展趋势，从改变测绘地理信息生产手段、作业方式等方面，加大相关标准前期研究力度，先行出台标准规范的试用版，并在后续的实践工作中不断完善。同时，注重解决好测绘地理信息标准和其他行业标准不一致、不兼容等问题，在处理好地理信息客观真实表达和辅助部门管理的关系前提下，积极推动测绘地理信息标准跨界融合。

（六）提高监管水平，支撑供给侧结构性改革

推进测绘地理信息领域供给侧结构性改革，不仅需要从生产服务上提高有效供给水平，而且需要提升监督管理的信息化水平，为推进生产服务端的结构性改革提供有力支撑和保障。从监管流程上来说，就是要做好事前、事中、事后监管；从监管领域上来说，就是要加强市场准入、市场主体的行为活动等方面监管，确保建立一个公平公正、竞争有序、充满活力的市场环境。

1. 完善测绘地理信息行政许可审批制度

建立科学合理的测绘地理信息行政许可审批事项，形成国家、省、市县级测绘地理信息行政许可审批工作协同联动的运行机制，从源头上保障测绘地理信息活动的安全可控。一是着力做好行政审批事项的法律支撑，尽快完成《测绘法》《测量标志保护条例》等系列法律法规以及地方性法规规章的修订及发布实施工作，为测绘地理信息行政审批改革工作提供有力的法律依据和保障支撑。二是加快推进现有行政审批事项的清理，做好国家和省级层面相关审批事项的取消、合并、下放等研究论证和实践推进工作，着力转变政府职能、提高办事效率、激发市场活力。三是进一步优化行政审批程序，充分利用技术创新等手段解决各类审批事项的审批时限问题，对能够实行网上在线办理的审批事项研发在线审批系统，对已经实现在线办理的审批事项进一步完善服务功能，加快实现窗口受理—内网审批—外网公布—窗口回复的一条龙优质服务。四是积极推进"放""管""服"有机结合。一方面，对经批准予以取消的审批项目，利用经济、法律、行政等手段来加强事中、事后监督；另一方面，对经批准予以保留的行政审批项目，实行全程跟踪督

办、限时办结和责任追究等监督管理制度。同时利用多种媒体手段实时发布行政审批工作信息，建立用户互动交流和满意度评价机制。五是建立健全全国集中统一的测绘地理信息行业信用管理服务平台，做好信用信息资源库的持续更新维护，将全国测绘资质单位信用等级情况作为行政许可受理的主要依据。

2. 加强地理信息安全监管

强化对测绘地理信息市场主体行为活动的动态监管，严厉打击各种扰乱市场秩序和破坏市场环境的违法违规活动。一是强化对基础测绘成果资料的传播、存储等动态监管。充分利用无线射频识别等技术加强对属于国家秘密的测绘成果的动态监管，赋予所有静态存储的基础测绘成果以及任何对外提供的基础测绘成果所依附的载体一个唯一的RFID（射频识别）码，实时动态监管其运行空间及存储状态，确保涉密测绘成果在使用过程中的安全可控。二是提升对互联网地图的实时监管能力。加强与互联网主管部门的协作，建立全国统一的互联网地图监管平台，加快完善"监管系统软件"搜索和重点监督、统计分析、信息共享等功能，强化对登载静态地图的网站和提供互联网地图服务的网站的动态定期监管，定期为网络运营主体提供法规培训、技术咨询、标注信息内审软件的免费提供等服务，避免网络问题地图的出现。三是按照国家总体安全观以及中共中央网络安全和信息化领导小组办公室对加强网络安全的总体要求，积极推进网络地理信息安全监管平台建设，实现对全国互联网地理信息的实时动态监管，形成能够实时预警监测和自动屏蔽涉密地理信息上网等能力，避免对我国国家安全产生危害。四是充分利用广大人民群众的力量，运用众包理念及时上传问题地图，解决地图出版、地图展示或登载以及地图进出口等在源头上监管难的问题，严厉查处不送审等违法违规行为。五是将现有的卫星大地控制网点、水准点、重力基准点等永久性测量标志以及卫星定位连续运行参考站等组成物物相连的网络，实行动态监管。六是建立全国统一的测绘地理信息工程项目信息服务平台，适时开展满足各行业部门重大工程项目建设需要的专题性测绘地理信息标准化和质量控制培训，定期开展测绘地理信息行业内的标准化和质量控制培训，严格控制测绘地理信息类工程项目质量。

3. 强化市县级测绘地理信息管理职能和机构建设

管理好分散在全国 31 个省、334 个地级市、2860 个县近 1.5 万个测绘地理信息从业单位、30 余万从业人员以及服务于几十种业态（几十个领域）的每年上万种类型的测绘地理信息项目，客观上要求健全全国测绘地理信息行政机构，特别是加强市县级测绘地理信息行政执法力量建设，唯有如此才能履行好测绘地理信息市场监管职能。必须从市场准入、成果质量和地理信息安全等方面着手，结合各类专题性工程项目，加强与国土、税务、公安、工商管理等各专业执法队伍的密切合作，形成稳定的协作机制，确保测绘地理信息市场监管和执法有力，确保测绘地理信息工程项目质量和地理信息安全。

新型基础测绘体系篇

New System of Fundamental Surveying & Mapping

B.2

积极推进基础测绘供给侧结构性改革

——关于加强新型基础测绘建设的思考

陈建国*

摘　要： 本文全面回顾了基础测绘工作取得的成绩，深刻分析了基础
测绘工作所面临的新形势，总结了存在的问题，提出了加强
新型基础测绘建设、推进基础测绘供给侧结构性改革的建议。

关键词： 基础测绘　供给侧结构性改革　新形势　建议

在2015年召开的中央经济工作会议上，习近平总书记突出强调了供给
侧结构性改革问题。在2016年1月18日省部级主要领导干部学习贯彻党的

* 陈建国，浙江省测绘与地理信息局局长、党委书记。

十八届五中全会精神专题研讨班上，习近平总书记又进一步强调："供给侧结构性改革，重点是解放和发展社会生产力，用改革的办法推进结构调整，减少无效和低端供给，扩大有效和中高端供给，增强供给结构对需求变化的适应性和灵活性，提高全要素生产力。"结合测绘地理信息工作的实际，深刻理解习近平总书记关于供给侧结构性改革的重要讲话精神和中央推进供给侧结构性改革的重大决策，我们认识到测绘地理信息工作同样需要通过推进供给侧结构性改革，实现由低水平供需平衡向高水平供需平衡跃升，更好地满足经济社会发展各个领域、各个方面的新需求。国家测绘地理信息局主动顺应经济发展新常态，作出新型基础测绘建设的重大决策，这是测绘地理信息供给侧结构性改革的具体举措，是测绘地理信息部门贯彻落实中央重大决策部署的自觉行动。下面结合浙江测绘地理信息工作的实际，谈谈对积极推进基础测绘供给侧结构性改革、加强新型基础测绘建设的认识和思考。

一 基础测绘工作取得了显著成绩

经过多年的努力，浙江省基础测绘工作已经取得显著成绩，基础测绘不能满足经济社会发展一般需求的矛盾已经解决，低水平的供需平衡已经实现。1997 年，浙江省在全国率先将基础测绘正式纳入省国民经济和社会发展年度计划，2000 年又在全国率先出台了《浙江省基础测绘管理办法》，从法治层面对基础测绘的管理体制、计划体制、财政投入机制、工作内容、更新机制、成果与质量管理、服务方式等都作出了制度性规定，明确了各级人民政府在基础测绘管理工作中的责任和各级人民政府相关职能部门在基础测绘管理中的工作职责，走上了法制化管理的轨道。"十二五"以来，基础测绘规划已全部列入省、市、县三级人民政府规划编制体系，并编制印发了规划。2014 年以来，省、市、县三级基础测绘计划全部纳入同级人民政府国民经济和社会发展年度计划，实施经费列入同级人民政府财政年度预算，投入经费逐年增加，基础测绘计划体制和财政投入机制已经全面建立。2000 年，基础测绘生产技术体系全面实现了从传统模拟测绘向现代数字化测绘的

转变。2015 年已经进入信息化测绘阶段，信息化测绘体系基本建成。基础测绘成果已经得到极大丰富。建立了覆盖全省陆海的卫星大地 C、D 级控制网，卫星导航定位综合服务系统（ZJCORS），厘米级似大地水准面，全省陆海统一的现代大地测绘基准体系已经基本建成；建立了遥感影像定期获取和联动获取机制，覆盖浙江全境的中高分辨率卫星遥感影像每年获取一次，0.2～0.4 米分辨率的数码航空影像 2～3 年获取一次；基本比例尺地形图已经实现全内外业一体化测绘，1∶10000 基本地形图在多轮覆盖的基础上，从2014 年开始采用定人定点基于县域的网络化"361"图库一体化准动态更新；全省城镇建成区和规划区 1∶500 基本地形图实现全覆盖，并做到定时更新或动态更新，全省 1∶2000 基本地形图有效覆盖测绘项目正在积极推进中；省、市、县三级互联互通的数字城市地理空间框架和天地图节点已经全面建成；浙江省地理空间数据交换和共享平台于 2013 年 1 月全面建成并正式投入使用，在推进全省信息化建设和统筹协调全省测绘与地理信息工作中发挥了积极作用；从 2011 年开始在全省全面开展了海洋测绘工作，获取了海洋经济发展、规划设计、工程建设、科学实验、海洋综合管理、防灾减灾等所需要的海洋地理信息。传统意义上对基础测绘的需求已经得到满足。

二　基础测绘工作面临的新形势和存在的主要问题

（一）基础测绘工作面临的新形势

"十三五"时期是全面建成小康社会、实现我党确定的"两个一百年"奋斗目标的第一个百年奋斗目标的决胜阶段，我国经济发展已经进入以增长速度换挡、结构调整加速和增长动力转换为特征的新常态。为了适应这种新常态并积极作为，党的十八届五中全会提出了"创新、协调、绿色、开放、共享"的发展新理念，作出了供给侧结构性改革的重大决策。新的发展形势对测绘地理信息工作提出了新的要求，同时也对基础测绘工作提出了新的需求。

从浙江来说，省委十三届八次全会提出了全面建成综合实力更强、城乡区域更协调、生态环境更优美、人民生活更幸福、治理体系更完善的小康社会战略目标，对基础测绘工作提出了更高的要求，也为基础测绘发展提供了新的契机。我们必须树立起"有为才有位"的思想，从供给侧和需求侧两端发力，认真思考基础测绘与经济社会发展新需求的契合点，适应新常态，探索新领域，寻找新途径，构筑基础测绘发展的新优势。空间信息基础设施是国家信息基础设施建设和基础测绘建设的重要内容，"十三五"期间可以抓住机遇加快发展；编制省域国土空间总体规划，落实主体功能区制度，推进空间性规划"多规合一"，划定城镇、农业、生态三类空间和三条红线，塑造区域协调发展新格局，需要更加丰富的基础地理信息和构建"多规合一"空间规划基础信息平台；大力推进海港、海湾、海岛"三海联动"，发展海洋和湾区经济，对海洋测绘提出了新需求；"五水共治"要建立长效机制，治污泥是下一步治水的重要内容，这又给我们提出了河流湖泊水下地形测绘的新任务；基础地理信息是大数据的重要组成部分，是集成整合融合其他各类信息数据的基底，建设数据强省，实施大数据计划，对基础测绘工作提出了新要求；城市地下空间开发利用、位置服务、城市精细化管理、突发公共事件处置等都需要基础测绘增加新的数据产品和服务方式；智慧城市建设需要做好数字城市地理空间框架向智慧城市时空信息云平台的转型升级；全面实施领导干部自然资源资产离任审计和环境损害责任终身追究制度，为开展地理国情监测明确了重要切入点。综上所述，在经济发展新常态下，经济社会发展对基础测绘提出的新要求，是基础测绘工作面临的新形势。

（二）基础测绘工作存在的主要问题

新形势下浙江基础测绘工作存在的问题供给和需求两侧都有，省、市、县之间，市、县与市、县之间基础测绘发展不平衡的问题仍然存在，但主要矛盾是结构性问题。这些矛盾是技术发展、形势发展、需求变化带来的。从调研中有关部门提出的问题分析，大部分都是信息化、大数据背景条件下不能满足需求的问题。经过这些年的努力，我们虽然已经实现了模拟测绘向数字测绘的转型，但从根本上说基础测绘的基本架构、数据结构、管理模式、

服务理念和方式还没有得到彻底改变。目前，基础测绘主要采用分级管理模式，采用比例尺的概念来划分各级测绘地理信息行政管理部门的基础测绘事权。这种管理模式在基础地理信息资源短缺、技术水平较低的条件下是合理可行的，但在一定程度上存在重复测绘、重复建设的问题。国家基本地形图的综合取舍主要考虑图面的负载，因此，只能重点表达七大类要素，基础地理信息无法做到精确、全面表达各类地理信息要素。基础测绘产品的形式固定、单一，服务方式无法适应信息化发展的需要，不能满足经济社会发展各个领域、各个方面日益增长的新需求，需要通过供给侧结构性改革加以调整。

三　加强新型基础测绘建设，推进基础测绘供给侧结构性改革

（一）新型基础测绘与供给侧结构性改革

新型基础测绘建设就其实质来讲就是要推进基础测绘供给侧结构性改革，用改革的办法推进基础测绘结构调整，减少无效和低端供给，扩大有效和中高端供给，增强基础测绘供给侧结构对经济社会发展需求变化的适应性和灵活性，提高基础测绘的供给水平和全要素生产率，解决基础测绘供给侧存在的问题，使基础测绘供给能力更好地满足经济社会发展对基础测绘日益增长、不断升级和个性化的服务保障需要。"新型基础测绘"就其词语来讲是在"基础测绘"前加了一个定语"新型"，"基础测绘"的定义和基本内涵没有改变。新型强调的是通过供给侧结构性改革，基础测绘的管理形式、实现方式、产品内容、数据结构、服务模式等都将在新需求的导向下发生变化。

（二）新型基础测绘的基本特征

新型基础测绘的基本特征主要体现在以下方面。一是供给方式新。以满足用户需求为导向，为用户提供常态化、差别化、个性化的基础测绘产品和

服务，创新基础测绘的供给方式。二是服务范围新。新型基础测绘的服务范围将覆盖全域、全球，兼顾陆地、海洋、空间和地上地下，极大地拓展了服务的空间和范围。三是成果内容新。以现代测绘基准体系、导航定位与位置服务、航天航空遥感、地理空间数据库、地理信息公共服务平台、时空信息云平台等为主要成果形式，基础测绘成果的表现形式和载体将发生革命性的变革。四是服务方式新。基础测绘的传统服务方式在一定范围内将长期存在，但其主要服务方式将会是新的地理信息综合服务，基础地理信息将成为国家大数据建设和应用的重要组成部分和基底，是集成整合各种各类信息数据的基础，并发挥越来越大的作用，地理信息与其他信息数据的深度融合将产生信息服务的裂变式增量，极大地推动国家信息经济的发展。五是管理模式新。按比例尺来确定基础测绘分级管理的模式将被打破，基础地理信息多尺度融合、联动更新、分工采集、逐级推送的基础测绘运行机制和管理模式在供给侧结构性改革的推动下逐步形成。六是科技手段新。经济社会发展对基础测绘的需求变化，总的来说是"互联网＋"、云计算、大数据、物联网等信息技术和现代空间技术，以及政府治理体系现代化带来的，新型基础测绘的技术基础主要是信息化测绘技术体系。新型基础测绘建设主要通过科技创新和体制机制创新来优化要素配置和调整管理方式与生产组织结构，从而提高基础测绘供给体系的质量和效率，推动基础测绘良性发展。

（三）加强新型基础测绘建设的思考

推进基础测绘供给侧结构性改革，加强新型基础测绘建设，各地都在积极探索和实践，下文结合浙江实际，谈谈对上述问题的思考。

1. 建立与新型基础测绘相适应的管理体制

新型基础测绘的管理模式要与需求变化，与技术发展进步后基础地理信息的获取、更新、处理方式改变，与产品成果的表现形式和基础地理信息服务模式调整相适应。要改革现有的基础测绘分级管理模式，要以已建成的浙江省地理空间数据交换共享平台和省、市、县三级互联互通的数字城市地理信息公共服务平台为基础，研究建立纵向联动、横向协同、社会参与的新型基础测绘管理模式。纵向上，要大胆探索基础测绘国家、省、市、县四级分工采集、联动更新、信息逐级推送的新机制；横向上，要大胆探索部门协同，统一数据标准和技术规范，专业部门结合业务工作开展分工采集专题地理信息数据，通过已经建立的交换共享机制，向测绘地理信息部门汇交业务工作中采集（更新）的与地理空间位置有关的信息数据，由测绘地理信息部门集成整合后再向党委政府各部门、社会各方面提供使用的新机制。要大胆探索建立变化发现、信息报送、收集整理，社会、企业、个人人人参与的开放共享新机制。

2. 探索建立与新型基础测绘相适应的生产组织模式

新型基础测绘的生产组织模式要与新型基础测绘的生产服务流程和技术体系相适应。可以考虑将基础测绘生产大致划分为数据获取与处理、数据集成与整合（融合）、数据分析与挖掘三个大部分，根据三大部分及各部分采用的不同技术方式、作业覆盖范围确定基础测绘的组织分工和生产组织模式。同一行政区域的同一地理实体对象基础地理信息的高精度测绘只采集获取一次，以满足不同比例尺成图和其他的不同用途需求，明确由相应层级的测绘地理信息管理部门负责。在组织分工方面，市县测绘地理信息管理部门主要负责地理实体对象的高精度数据采集，并为本行政区域提供地理信息及相关服务。大范围的航天航空遥感影像获取主要由国家和省级测绘地理信息管理部门负责。省级测绘地理信息管理部门主要负责全省行政区域的基础地理信息数据集成整合、数据分析挖掘及与其他部门信息数据的融合，提供地理信息综合服务、差别化服务和个性化服务。国家测绘地理信息管理部门主要负责国家规划决策、宏观管理和跨区域及重大专项工作所需要的基础地理信息的集成整合、数据分析挖掘及与其他部门信息数据的融合，提供地理信息综合服务、差别化服务和个性化服务，并负责全球测图工作。在生产组织方面，结合基础测绘事业单位改革，进一步调整生产组织结构，建设分工明确、专业化程度高的基础地理信息数据采集处理，数据集成整合，数据分析挖掘，数据管理与提供服务的精干、高效、专业的基础测绘队伍。

3. 构建以信息化测绘为基础的新型基础测绘技术体系

新型基础测绘是以空间技术、地理信息技术、信息技术、虚拟技术等高新技术为支持，以信息化测绘技术为基础的。我国基础测绘在实现数字化测绘后，已经进入信息化测绘阶段，这为建设新型基础测绘技术体系奠定了基础。要按照地理信息获取实时化、处理自动化、服务网络化的建设目标，围绕空间技术、信息技术、网络技术等高新技术在基础测绘工作中的应用进行科技创新，开展空间地理大数据获取、处理、集成、整合、融合、存储、管理、交换、挖掘、分析、服务和决策支持等方面的科技研究和攻关，构建新型基础测绘技术体系。要按照对一个地理实体对象只做一次高精度测绘和面向地理实体对象增量式数据更新的要求研究构建技术标准制定、数据采集方式、生产作业流程、质量监控办法、图库一体化管理的新型基础测绘信息化生产平台及生产作业工具、质量监控平台，对现有基础测绘生产技术体系、数据更新方式、质量控制和检验方式、产品载体和表现形式进行全面改造。要加快新型基础测绘技术标准体系建设，要将技术标准建设的重点从满足图面要求向满足地理信息综合服务转变，积极开展基于地理实体对象的高精度测绘，面向对象的增量式数据更新，提供地理信息公共服务所需的普适性产品，地理信息综合服务、网络服务等技术标准的研究和制定。加快对现有基础测绘生产管理方式的改造，构建新型基础测绘生产业务管理平台。重点围绕满足新型基础测绘生产组织管理要求，建立以增量更新为基础的数据流与业务流，实现以数据生产、入库、质检、归档、服务为核心的数据流同以计划安排、数据生产、成果管理为核心的业务流的同步运转模式，在新型基础测绘生产业务管理平台的基础上建设基础测绘项目管理系统、生产业务管理系统、质检业务管理系统、成果资料管理系统，实现复杂网络环境下各系统间信息流的顺畅、高效传递和流转。

4. 积极开发新型基础测绘产品，扩大有效和中高端供给

要根据经济社会发展、政府治理、公众服务的新需求，研制开发基础测绘新产品。一方面，要在基础地理信息数据库和地理信息公共服务平台数据库的基础上加快建设面向地理实体的全省通用地理实体数据仓库，并基于该

数据仓库和图库一体化技术生产基本比例尺地图、多种类专题地图、公开版地图、网络地图、图集图册等产品，开发生产通用型基础地理信息数据库产品、专用型基础地理信息数据库产品。另一方面，要根据新的应用需求，开发生产地名地址数据库、三维城市数据库、地下空间与地下管线数据库、河流湖泊水下地形数据库、自然资源数据库、空间性规划"多规合一"空间规划底图数据库、三类空间和三条红线数据库、导航和位置服务数据库等社会急需的基础测绘新产品。

5. 探索建设新型基础测绘服务新模式

在积极推进全省地理空间数据交换和共享平台，市、县数字城市地理信息公共服务平台和天地图·浙江深入、广泛应用的同时，加快构建全省统一、互联互通的时空信息云平台；集成整合全省基础地理信息、政务地理信息、与地理空间位置有关的专题地理信息、多源遥感影像、北斗（包括其他定位卫星）卫星导航定位和位置服务信息、地理国情监测数据、应急测绘数据等信息数据，建成全省空间地理大数据库，依托时空信息平台，建设完善标准统一、实时精准的空间地理大数据综合服务体系。以空间地理信息数据为基底，充分应用"互联网＋"、大数据技术，融合其他信息数据和技术，积极推进大数据服务和产业发展。

B.3
统筹地理信息资源建设
加快推进基础测绘改革

高献计*

摘　要：　本文介绍了"十二五"期间河北省统筹地理信息资源建设的情况和现代化基础测绘装备体系建设情况，探讨了深化基础测绘改革的思路，提出了"十三五"期间基础测绘改革的重点。

关键词：　十三五　基础测绘　改革　统筹地理信息资源　现代化基础测绘装备体系

一　前言

随着卫星导航定位技术、地理信息系统技术和遥感技术的大力普及应用，以及北斗导航、卫星遥感等国家空间基础设施建设步伐的不断加快，经济社会发展各领域对公益性基础测绘的需求不断呈现出新特点、新变化和新形态，基础测绘的产品形式及内容不断受到新业态、新技术、新需求、新环境的影响。基础测绘的基础性、法定性、保密性和高度计划性，在推动基础测绘事业快速发展的同时，也在一定程度上导致了基础测绘与经济社会发展和市场需求的诸多不适应。按照国家测绘地理信息局关于加快基础测绘改革

＊　高献计，河北省国土资源厅副厅长、党组成员，河北省地理信息局局长、分党组书记，教授级高工。

发展的总体要求，全面落实《全国基础测绘中长期规划纲要（2015～2020年)》，近年来，河北省地理信息局紧密结合河北经济社会发展实际和省委省政府重大战略需求，大胆探索，积极谋划，统筹推进地理信息资源建设，不断探索基础测绘改革；"十二五"期间省级基础测绘项目资金投入总量超过了 12 亿元，很好满足了经济社会发展和省委省政府重大战略对公益性地理信息产品的需求，在基础测绘改革创新发展方面进行了有益的探索和尝试。

二 统筹地理信息资源建设

"十二五"期间，河北省地理信息局围绕全省经济社会发展需求和京津冀协同发展、环渤海地区合作发展、精准脱贫、太行山开发、环境治理等省委省政府重大发展战略，以数字城市、天地图·河北、地理国情监测三大平台建设为载体，全面实施"十二五"基础测绘规划，建立了具有 72 个基准站、覆盖全省、多系统兼容的北斗地基增强系统，目前开放用户达 2000 多个；实现了全省 18.8 万平方千米陆地国土 1∶1 万数字线划地图（DLG）、正射影像地图（DOM）和数字高程模型（DEM）全覆盖，建立了 1∶1 万基础地理信息数据库和正射影像数据库，实现了对经济热点地区的及时更新；通过组织开展第一次全国地理国情普查，获取了高质量的覆盖全省的基于 1∶1 万比例尺的地理国情普查数据和多种分辨率的卫星遥感影像数据，建立了地理国情普查数据库和应用服务系统；通过大力实施数字城市建设，获取了覆盖 11 个设区市和大部分县（市、区）的大比例尺地形图数据、航空遥感影像数据、地名地址数据以及建成区实景三维数据和街景数据，并通过天地图·河北上线运行；通过组织实施海洋基础测绘，不仅建立了近海岸卫星定位控制系统，同时获取了秦皇岛、唐山、沧州等环渤海湾地区的基础地理信息数据，包括近海和浅海区域 1∶1 万数字线划地图（DLG）和正射影像地图（DOM）。目前，各类基础地理信息数据总量已接近 1000TB，实现了基础地理信息数据量的阶梯式增长，并广泛应用于领导科学决策、空间规划管理、国土资源管理、环境治理、社会管理、美丽乡村建设以及政府应急处置等各个领域。

三　加快现代化基础测绘装备体系建设

"十二五"期间，河北省地理信息局立足当前，着眼长远，着力加强现代化基础测绘装备体系建设，不断夯实基础测绘事业发展基础。一是自筹资金 2 亿多元，历时 3 年建成了建筑面积为 2.9 万平方米的河北地理空间技术创新基地，为实施基础测绘规模化生产和科研创新奠定了物质基础。二是利用美国进出口银行主权担保贷款 950 万美元和省国土资源厅能力建设项目资金，先后投入 1.5 亿元，购置了贝尔直升机、Z5 无人机以及各种型号、规格的无人机、动力三角翼、机载激光雷达、Agfa 彩色喷绘一体机、3D 打印机、无人测量船、多波速测深系统等现代化测绘装备，显著提升了基础测绘生产能力，保持了基础测绘生产能力的先进性。三是投入专项资金对现有野外测绘装备、内业数据处理 PC 机、服务器、快速出图系统及档案存储基础设施等进行了全面更新，启动了国家测绘成果档案存储与服务设施和基础地理信息数据异地备份基地建设，建立了河北省基础地理信息涉密网络系统，并通过省保密局测评，逐步构建了保障有力、安全高效的内外业一体化生产技术体系和网络化生产作业环境。四是为创新基础测绘生产方式，丰富基础地理信息公共产品，研究建设了卫星通信与地理信息应急监测系统、低空航摄系统、实景三维数据快速处理系统、河北省三维地理信息应用平台等一批实用性强、示范作用大的应用系统和数据平台，并在全省秸秆禁烧、防汛应急、精准脱贫、禁种铲毒监测等多个领域得到了推广应用，实现了野外地理信息监测数据通过卫星实时传输、推送和快速处理，不仅为省委省政府、政府各有关部门重大战略实施和重大项目建设及时提供了多样化的基础测绘保障服务，也不断拓展了基础测绘服务领域和产品形式，较好地解决了基础地理信息产品单一、有效供给不足的问题，实现了传统基础测绘生产质的飞跃。

四　不断深化基础测绘改革

近年来，按照国家测绘地理信息局关于全面深化测绘地理信息领域改革的总体部署要求，河北省地理信息局秉承开放、服务、和谐、发展的理念，坚持观大势、谋大事、懂全局、管本行，不断解放思想，创新驱动，跨界融合，着力深化基础测绘改革，创新基础测绘管理方式，取得了积极成效。

（一）建立基础测绘实时更新机制

充分运用行政管理手段和法治手段，建立了行业测绘地理信息成果汇交副本的工作机制，并开发建设了地理信息数据处理系统，明确专门的机构负责行业汇交数据的挖掘、分析和利用，同时不断深化地理国情普查数据、遥感影像数据和行业汇交成果数据的整合应用，搭建了基础测绘生产的云架构，最大限度地发挥存量地理信息资源的作用。目前，已形成了一套完整的基础测绘实时更新工作机制，开展了按基础地理信息要素更新的试验试点工作，取得了阶段性成果，并逐步运用于基础地理信息数据更新生产。

（二）推进基础地理信息交换共享

"十二五"期间，积极协调省政府出台了《河北省地理信息交换共享管理办法》，加强政府部门间数据交换共享，先后与公安、安监、环保、水利、交通、地震、气象、机关事务管理、河北移动等近20个厅局签署了战略合作协议，不断深化地理信息交换共享利用，基本实现了水利、电力、交通、境界等专题信息数据及时交换共享，为实现基础测绘成果快速更新创造了有利条件。

（三）强化市县地理信息机构建设

目前，全省11个设区市和141个县（市）全部成立了地理信息局，并增加了领导职数，落实了人员编制、工作经费和管理职能。其中，各设区市地理信息局局长全部由省国土资源厅党组任命，内设地理信息管理处（科）和国土测绘处（科）两个职能处（科）室；县（市）地理信息局内设独立的地理信息管理科（股），大部分县（市）地理信息局机构规格为正科级。通过强化市县地理信息机构建设，推动市县机构落实、人员落实、经费落实、规划落实和职能落实"五落实"，为基础测绘改革创新发展打下了坚实的基础。

（四）发挥局属事业单位事业职能

依托局属事业单位在各个设区市建设了测绘分院，主动为市县动产登记、多规合一、自然资源资产审计、数字智慧城市建设等重大项目建设提供地理信息技术支撑服务，不断深化地理信息与国土资源管理工作的深度融合，强化市县地理信息技术支撑，破解市县地理信息部门长期形成的技术和人才困境，协调推动市县基础测绘工作的开展。

（五）坚持地理信息科技创新驱动

先后投入近 2 亿元用于直升机、无人机、3D 打印机、无人测量船等现代化装备建设，不断提高科技自主创新和集成创新能力，形成了空间数据获取、内业数据快速处理以及平台化应用的完整技术体系。结合全省经济社会发展需求和基础测绘改革创新发展需要，经省政府批准采用机载激光雷达技术，投资 3.03 亿元获取了覆盖全省的高程精度为 0.2 ~ 0.4 米的数字地面模型（DTM）数据及分辨率优于 0.5 米的数字正射影像数据，为基础测绘快速更新和地理国情监测工作开辟了新的技术路径。

（六）建立地理国情监测工作机制

近年来，河北省地理信息局以地理国情普查为契机，坚持边普查、边监测，把地理国情监测作为事业转型升级发展的突破口。围绕京津冀协同发展和生态文明建设，先后开展了自然生态变化监测、高等级公路和铁路路网变化监测、曹妃甸工业区和重点大气污染源空间分布监测以及石家庄气溶胶监

测、衡水湖和白洋淀重要湿地监测等监测项目，监测成果先后获得省政府领导批复，社会反响强烈。主动服务保障全省国土资源管理，组织开展了露天采掘场、尾矿堆放物、殡葬用地空间分布、海岛礁及海域使用监测，有力地支撑了国土资源管理改革创新发展。聚焦省委省政府重大战略需求，积极推进普查成果在秸秆禁烧、禁种铲毒、精准脱贫、项目审计、雨情分析、灾情评估等多个领域中的应用，受到省委省政府领导的充分肯定，基本建立了常态化的地理国情监测机制。

（七）完善应急测绘保障工作机制

近年来，围绕省委省政府防灾减灾、环境治理、防汛应急、公共突出事件处置等重大需求，河北省地理信息局不断完善应急测绘保障组织体系，加强基础测绘应急装备建设，开发了卫星通信与地理信息应急监测系统、低空航摄系统和三维数据快速处理系统，并在夏秋季秸秆禁烧、禁种铲毒监测、防汛应急监测、山火救援、灾害重建等众多领域得到应用。目前，已建立了一支装备精良、作风过硬、保障有力、平战结合的基础测绘应急保障专业队伍，河北省地理信息局地理信息应急指挥中心实现了与省政府应急办专网连通和 24 小时不间断数据传输，应急测绘保障体系逐步被省政府纳入公安禁毒、大气污染防治、突发环境事件、地震、防汛、水污染治理等应急体系之中，基本建立了基础测绘应急测绘保障工作机制，开辟了基础测绘保障服务的新领域。

五 "十三五"期间基础测绘改革重点

党的十八大以来，党中央和国务院着眼于实现两个一百年的奋斗目标，先后提出了关于推进经济结构改革的一系列新论断、新要求和新举措，特别是党的十八届五中全会以来，为不断适应经济发展新常态，习近平总书记提出了创新、协调、绿色、开放、共享的五大发展理念，要求在适度扩大总需求的同时，去产能、去库存、去杠杆、降成本、补短板，着重加强供给侧结构性改革，不断提高供给体系质量和效率，增强经济持续增长动力。习近平总书记的系列重要讲话，为我们全面深化测绘地理信息领域改革，提供了坚实的理论基础，也是测绘地理信息各项工作的基本遵循。

科学技术进步、经济社会发展、行业需求变化等必然会带来基础测绘技术手段、产品模式和服务方式等方面的深刻变化，基础测绘改革的主要目的，就是要不断适应这种新变化、新需求和新环境，不断深化基础测绘供给侧结构性改革，走出单纯为基础测绘而实施测绘的误区，扩大基础地理信息资源的有效供给，强化基础测绘与经济社会发展的融合互动与协调发展，打破基础测绘的法定业务边界，让基础测绘走出神秘的象牙塔，逐步融入经济社会发展的主战场。

（一）着重用好存量资源

经过 20 多年的建设发展，河北省级基础测绘成果不断积累、不断更新，基础地理信息存量数据不断呈爆炸式增长。在国家推进供给侧结构性改革的总体要求下，"十三五"期间，河北省各级测绘地理信息主管部门要通过思想解放和观念更新，把如何用好存量地理信息资源放在首要位置加以研究推动。要通过统筹推进数字城市、天地图·河北、地理国情监测三大平台建设，下大气力整合、挖掘、利用好存量基础地理信息资源，积极实施开放共享战略，主动为省委省政府重大战略、区域空间管理、重大项目建设、政府公共服务提供数据保障，充分释放国家"放管服"的红利，扩大有效需求，不断为地理信息产业发展注入活力，并通过盘活存量地理信息资源和借助先进的科学技术手段，实现按需生产、按需更新，保障基础地理信息资源的有效供给。

（二）突出补齐发展短板

针对目前基础测绘在产品形态、生产组织形式和管理体制机制等方面存在的突出问题，"十三五"期间，河北省地理信息局将着力加强政策研究，积极开展试点试验，并引入第三方咨询机构，在理论上及时作出创新性概括，在政策上提早作出前瞻性安排，改革现行以 4D 产品为主的基础测绘产品结构。根据经济社会发展需求和技术进步可能带来的多元化产品形态，逐步探索新的产品形式，生产更加灵动、普适性强的公益性地理信息产品和服务，扩大有效供给，提高供给结构的适应性和灵活性，补齐目前基础测绘产品行业封闭、形态单一的短板。要根据省委省政府重大战略需求，及时改革基础测绘公共产品形态，打破基础测绘成果安全保密的围栏，拉近基础测绘与经济社会发展和大众的距离，积极培育大众的地理信息消费需求，使基础测绘的公益属性能够充分释放出来，让各级政府、企事业单位和社会大众能够看得见、摸得着、用得上、用得好。

（三）加快培育发展动能

在统筹推进数字城市、天地图·河北、地理国情监测三大平台建设的基础上，聚焦国家信息化发展战略和大数据、云计算、物联网、网联网等重大技术变革，加快科技创新驱动，推动新一代信息技术与地理信息技术的跨界融合，落实国家不动产登记、政府信息资源共享、自然资源资产审计、多规合一、空间规划编制、智慧城市建设等战略性地理信息平台建设与共享利用，优化新供给，释放新需求，不断拓展基础测绘成果应用领域，加快培育新的发展动能。要全面落实国家地理国情监测制度，强化与省直相关部门的业务衔接，大力推进第一次地理国情普查成果的共享利用，完善地理国情监测的体制机制；改革和完善现行的基础测绘管理体制机制，充分调动和发挥省级和市县各个方面的积极性，加大省级基础测绘投入力度，强化不同层级之间的协调互动和交换共享，逐步形成全省一张网、一个数据库、一个平台。

B.4

依托自主资源与技术
加快全球地理信息资源开发

李志刚 *

摘　要：　"全球地理信息资源开发"作为测绘地理信息事业"十三五"期间"五大业务"之一，对于提升我国测绘地理信息能力、保障"一带一路"国家战略实施、抢占国际竞争制高点，具有重要意义。本文介绍了全球地理信息资源建设的必要性与意义、当前工作进展、"十三五"期间的建设计划等。

关键词：　全球地理信息资源　"一带一路"国家战略　国家地理信息公共服务平台　天地图

一　全球地理信息资源开发的必要性与意义

全球地理信息资源是依托我国自主的高分辨率遥感卫星资源、全球高精度无控制测图技术而生产的多时相、多尺度、多分辨率地理信息数据，以及基于这些数据提供的全球高精度地理信息综合服务。能够有效支持我国全球战略决策、军事行动，支持"一带一路"沿线工程建设、商贸活动、旅游与社会人文交流，支持国际全球变化和地球系统科学研究。

---

* 李志刚，高级工程师，国家测绘地理信息局总工程师，国家测绘地理信息局全球地理信息资源建设工程领导小组副组长、工程办公室主任。

2013 年 8 月，以习近平同志为总书记的党中央提出建设新丝绸之路经济带和 21 世纪海上丝绸之路的"一带一路"重大战略，要求以政策沟通、设施联通、贸易畅通、资金融通、民心相通为主要内容与沿线各国开展合作，主动应对全球形势变化、推进我国经济建设、构建国际合作新格局。"一带一路"是我国主动应对全球形势深刻变化、统筹国内国际两个大局的重大战略决策。"一带一路"战略的实施，迫切需要我国自主的全球一体化地理空间信息资源和位置服务的支撑。

当前，世界政治形势复杂多变，我国周边及诸多热点地区大国利益交汇、各种矛盾交织、问题汇聚，恐怖主义威胁、大规模群体性事件、重大自然灾害、生态环境安全等方面安全威胁持续上升，维护国家主权与国家安全急需自主获取全球地理信息的保障。与此同时，作为世界第二大经济体、第一大货物贸易国，我国已成为一个海外利益大国。据统计，2014 年我国居民出境已达 11659 万人次，非金融领域对外直接投资 1029 亿美元，对外工程业务完成营业额 1424 亿美元。目前我国在海外已拥有 2 万多家企业、4 万亿美元资产存量、几百万海外务工人员，这些海外经济、文化活动也急需全球地理信息位置服务的支持。但是，我国目前还不具备全球多尺度地理空间数据产品，无法提供覆盖全球的高精度自主位置服务，这不但严重影响了"一带一路"沿线工程业务的实施，更制约了我国对全球资源的掌控和行动决策，限制了我国实施全球战略的进度和深度。统筹谋划、全力推进全球地理信息资源建设已刻不容缓。国家测绘地理信息局近期围绕全球地理信息资源需求，对二十余个政府部门、军队、企业、国际合作组织进行了调研，各类用户从政府决策、军事行动、企业拓展、公民出行的角度对全球地理信息资源提出了迫切的需求。

美、欧、日等国家长期以来将全球地理信息资源作为掌控全球资源布局、制定可持续发展战略的重要举措，早在 20 世纪就完成了全球 1∶100 万数字地形图与 90 米数字高程模型数据，之后一直持续提高数据的精度、丰富数据内容，目前生产了空间分辨率 30 米、高程精度 16 米的全球地形数据，1 秒间隔数字高程模型已经覆盖全球 99% 的陆地、干涉雷达数据覆盖

80％的陆地，正在获取全球城市范围亚米级正射影像数据。

全球地理信息资源开发已经列入国家规划，是当前与未来一段时间测绘地理信息领域的重要工作。《中华人民共和国国民经济和社会发展第十三个五年规划纲要》要求，"提升测绘地理信息服务保障能力，开展地理国情常态化监测，推进全球地理信息资源开发"；《全国基础测绘中长期规划纲要（2015～2030年）》要求，"加强全球地理信息资源建设、国家地理信息公共服务平台"天地图"建设，加快对覆盖我国海洋国土乃至全球的基础地理信息资源获取，提升基础测绘公共服务能力"；《测绘地理信息事业"十三五"规划》提出，打造由新型基础测绘、地理国情监测、应急测绘、航空航天遥感测绘、全球地理信息资源开发等"五大业务"构成的公益性保障服务体系。

全球地理信息资源是保障"一带一路"战略实施的基础信息，将为我国企业"走出去"与公民海外出行提供全球位置服务，也还可服务于国际全球变化和地球系统科学研究，对于提升我国测绘地理信息能力、保障"一带一路"国家战略实施、抢占国际竞争制高点，具有重要意义。

二　全球地理信息资源开发关键技术取得突破

国家测绘地理信息局长期以来一直围绕国家战略谋划全球地理信息资源建设与服务，研究确定了全球地理信息资源建设的总体技术框架（见图1），并有计划地组织开展关键技术研究、软件系统开发、标准规模编制、数据产品试生产等工作。

2013～2015年，依托国家卫星及应用产业专项"基于高分辨率卫星影像的全球测图技术系统及应用"等项目，组织院士专家开展科技攻关，突破了境外无地面控制高精度测图、全球统一大地基准、众源地理信息快速融合等关键技术（见图2）。目前基于无地面控制技术生产的数据平面与高程精度优于10米、拼接误差小于1个像素，国产软件系统已经可以支持数字正射影像、数字地表模型、数字高程模型的自动/半自动快速生产。

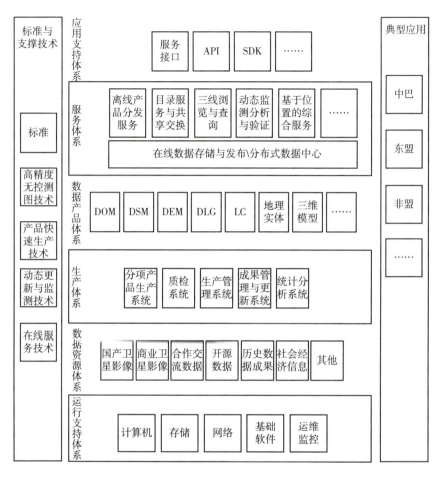

图1 全球地理信息资源建设总体技术框架

2016年国家测绘地理信息局组织全国二十多家大学、科研院所、测绘生产单位开展全球地理信息资源试生产，依托我国自主的资源三号、高分一号、高分二号、北京二号高分辨率遥感卫星资源，利用国产软件系统，完成了"中巴经济走廊""东盟自贸区"高分辨率数字正射影像（2米分辨率，平面精度10～15米）、数字表面模型（10米格网间距，高程精度6～10米）、核心矢量要素数据（行政区划、交通要素及中外文地名）的数据生产，并通过国家地理信息公共服务平台"天地图"（www.tianditu.cn）向全球发布，支持在线浏览、查询与三维分析。在试生产过程中结合实际情况进

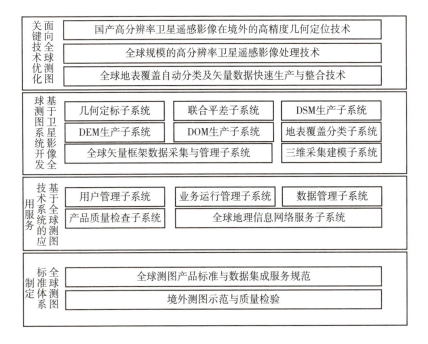

图2　"基于高分辨率卫星影像的全球测图技术系统及应用"项目研发内容

一步梳理了生产技术流程，明确了产品指标与生产技术规定，以及相应的质量控制方法，并对软件进行了适应性改造与升级。整体上为开展大规模全球地理信息资源获取与服务做好了准备。

三　"十三五"期间重点任务

根据测绘地理信息事业"十三五"规划要求，"十三五"期间要大力开展全球地理信息获取与服务，建立全球地理信息数据采集、管理与在线服务一体化的技术支持体系，形成全球地理信息综合服务能力。主要任务包括如下方面。

（一）顶层设计

进一步明确全球地理信息资源开发的内容、策略，制定相关标准规范、管理办法，开展建设与应用技术培训。

（二）建设全球测图技术支撑系统

面向境外测图无控制点、无地面校核等特殊性，对现有技术与系统进行适应性改造与升级，构建全球多尺度地理空间数据快速采集、更新与服务技术系统，支持全球空间信息产品的快速生产、高效管理、动态更新、深度分析、在线应用。

（三）建立我国全球高精度立体测图基准框架

开展时序化定标处理，形成基于大地高的全球统一多元影像三维参考框架，支持高精度的全球数据平面与高程控制。

（四）生产全球地理信息数据产品

利用国产测绘卫星影像和相关参考资料，生产"一带一路"区域、非洲重点区域的数字正射影像、数字表面模型、核心矢量要素，以及局部区域的数字高程模型、地表覆盖分类、三维模型等。

（五）全球地理信息资源成果提供与服务

以离线服务、在线服务，基于国家地理信息公共服务平台"天地图"形成全球地理信息服务能力，为"一带一路"项目管理提供基于全球地理信息的空间化决策支持，为"一带一路"重大工程提供全球地理信息数据支持及位置服务支持，为全球对地观测、可持续发展、联合国"2015年后可持续发展议程"相关计划实施，以及公民出行等，提供地理信息服务支持。

全球地理信息资源开发任重道远。下一步，我们将围绕"一带一路"等国家战略需求，依据"十三五"规划要求，依托国家科技创新战略、测绘地理信息发展战略、国家产业发展战略，联合全国力量，进一步加强技术创新，加快数据资源建设，尽快提供内容丰富翔实、应用方便快捷、服务优质高效的全球地理信息服务。

B.5
海洋地理信息资源开发建设的几点思考

孙 威 陈常松*

摘 要： 本文阐述了海洋地理信息资源开发建设的现状，分析了经济
建设和国防建设对海洋地理信息资源的需求，面对融合深度
发展趋势，深入分析开展海洋地理信息资源开发建设的时机，
并提出开展海洋地理信息资源开发建设工作的对策建议。

关键词： 海洋 地理信息 建设

我国拥有18000多千米的大陆岸线，管辖海域面积300多万平方千米，
分布着面积大于500平方米的岛屿6500多个，蕴藏着丰富的海洋资源，是
一个海洋大国。党的十八大以来，我国高度重视海洋经济建设和发展，习近
平总书记强调要进一步关心海洋、认识海洋、经略海洋，推动我国海洋强国
建设不断取得新成就。海洋地理信息资源是建设海洋强国的基础，对海洋经
济建设和国防建设具有重要意义，也是测绘地理信息转型升级的重要内容。
海洋地理信息资源开发建设是以传统意义上的海洋测绘为主的一项工作，包
括海道测量、海洋大地测量、海底地形测量、海洋专题测量和海洋工程测
量，相关地理信息数据库建设及应用，以及航海图、海底地形图、各种海洋
专题图和海洋图集的编制等。

---

* 孙威，国家测绘地理信息局测绘发展研究中心，副研究员；陈常松，国家测绘地理信息局测
绘发展研究中心主任，副研究员。

一 海洋地理信息资源开发建设现状

（一）管理体制现状

我国海洋地理信息资源开发建设的主体呈现多元化。《测绘法》规定，国务院测绘行政主管部门负责全国测绘工作的统一监督管理，军队测绘主管部门负责管理军事部门的测绘工作，并按照国务院、中央军事委员会规定的职责分工负责管理海洋基础测绘工作。海军司令部航海保证部是中国海道测量主管机构，设有航海导航、海道测量、海洋气象水文、防险救生机构，在海军北海、东海、南海三个舰队设有海道测量单位负责外业测量，中国航海图书出版社负责海图和航海书表出版发行①。经过几十年发展，已经形成了保障国防建设和军事斗争的海洋基础测绘体系。

沿海各地测绘地理信息部门为满足海洋地理信息资源日益旺盛的需求，在海洋测绘的体制机制建设方面也取得了突破性进展。浙江、福建、江苏、宁波、上海等地通过政府规章、"三定方案"等，将海洋测绘纳入测绘地理信息主管部门统一监管范畴。例如，浙江省测绘地理信息管理部门职能中明确"负责组织和管理全省海洋测绘"，并在《浙江省基础测绘管理办法》中明确省级基础测绘包括海洋测绘，由省测绘与地理信息管理部门负责组织实施，一并负责建立和更新海洋地理信息系统。在机构建设方面，已有5个省（区、市）设立了海洋测绘相关部门。浙江省测绘与地理信息管理部门内设浙江省海洋测绘项目办公室，河北省制图院加挂"河北省渤海测绘管理中心"牌子，下设海洋测绘基础部和海洋测绘综合处，天津市测绘院成立海洋分院，广东省国土资源厅测绘院内设海洋测绘队，广西壮族自治区地理国情监测院内设海洋与卫星定位工程分院。

---

① 欧阳永忠、元建胜、马宏达等：《我国海洋测绘进展及新常态下的挑战》，《新常态下的测绘地理信息研究报告（2015）》，社会科学文献出版社。

海洋地理信息资源开发建设的几点思考

交通运输部、海洋局、中国海洋石油总公司、水利部等有关部门按照国务院规定的职责分工，负责本部门有关的海洋测绘工作。

（二）资源和应用情况

海洋地理信息资源覆盖区域已由中国近海转向全球海域。到 2002 年已完成了全部海域的基本测量工作，部分重点海域已完成了多轮复测。共测量海区 400 多万平方千米，测量各种图幅 14000 余幅，测深里程 500 多万公里，相当于绕地球 120 多圈①。通过海岛（礁）测绘工程我国获取了覆盖近海海域的卫星影像和近海重点海域的航空影像，丰富了海岛（礁）测绘影像数据资料。测制了重点海岛的大比例尺地形图，完成海岛（礁）识别定位，摸清了我国主张管辖海域的岛（礁）底数，编制完成《中国海岛（礁）地理信息集》，为我国海岛（礁）的开发利用提供了丰富的基础地理信息保障。

目前，海洋地理信息产品已达到多类型、多形态、系列化、全球化，并按国际、国家标准形成系列化产品，共编制出版各类海图 10000 余幅，各种海图集 150 余部，航海书表 860 余册，范围覆盖了全部中国海区和世界大部分海区。航海图书已发行到世界 100 多个国家和地区。

（三）人才队伍情况

从事海洋地理信息资源开发建设的相关专业队伍主要分布在航海保障、海洋调查、勘探开发、科研教育等行业。其中，交通运输部下属北海航海保障中心天津海事测绘中心、东海航海保障中心上海海事测绘中心、南海航海保障中心广州海事测绘中心；国家海洋局下属北海、东海、南海三个分局，第一、第二、第三海洋研究所等若干单位，有大量专业技术人员；地质调查等行业也有自己的海洋测绘队伍。初步统计，2014 年甲级海洋测绘资质单

① 欧阳永忠、元建胜、马宏达等：《我国海洋测绘进展及新常态下的挑战》，《新常态下的测绘地理信息研究报告（2015）》，社会科学文献出版社。

位有 61 家。

在技术和人才培养方面，海军设有专职研究机构，负责基础理论研究、新技术应用开发、仪器设备研制、技术标准编制和调查技术方法研究。已开设本科专业教育的高校仅限于海军大连舰艇学院、武汉大学、山东科技大学等少数院校。海军大连舰艇学院建立了自本科到博士研究生的完整人才培养体系，设有海洋测绘系，负责教学科研。武汉大学 2015 年成立了武汉大学海洋测绘研究中心。上海海洋大学 2014 年成立了海洋测绘应用工程技术中心。2008 年海南测绘地理信息局和山东科技大学联合成立海岛（礁）测绘技术国家测绘局重点实验室。国家海洋局海洋研究所、中科院海洋研究所等科研单位也在培养少量人才。

（四）存在的问题

我国海洋地理信息资源开发建设的现状与旺盛需求相比，还存在许多问题，与国际发达国家相比，差距尤其明显。一是法律法规方面，现有测绘地理信息法规仅对海洋基础测绘的管理进行规定，对海洋基础测绘的内涵缺乏界定，对其他海洋测绘活动没有明确的规定，导致海洋测绘活动主体多元化、存在监管漏洞、海洋资源无法整合、成果无法共享等问题，缺乏稳定的投入机制和质量监管机制。二是信息资源储备方面，民用海洋地理信息资源缺乏，自主数据资源短缺，已有数据现势性差，存在争议海域的数据精确度不够。三是标准建设方面，相关技术标准明显滞后于海洋测绘事业的发展。海军与地方涉海部门联合实施了若干个海洋勘测国家专项，汇交的大量成果资料由于各部门的需求与标准不一致，严重制约了资料发挥作用的价值。四是技术装备方面，我国核心海洋测绘技术和高端装备制造与国外差距较大，所需装备的国产化程度不高，多波束测深仪、机载 LiDAR 测深系统、侧扫声呐、海洋重力仪、海洋磁力仪等高端装备基本依赖于进口。五是人才培养方面，人才培养工作滞后，地方院校很少设置相关本科专业。

二 海洋地理信息资源开发建设面临的形势

（一）军民融合深度发展对海洋地理信息资源开发建设工作提出新要求

2016 年，中共中央、国务院、中央军委联合印发的《关于经济建设和国防建设融合发展的意见》（以下简称《意见》），对经济建设和国防建设在更深程度上的融合发展提出明确要求。《意见》要求统筹测绘基础设施建设，建立跨部门跨领域地理信息资料成果定期汇交和位置服务站网共享机制。统筹海洋开发和海上维权，推进实施海洋强国战略。统筹兼顾维护海洋权益，制定国家海洋战略，实现开发海洋和维护海权的有机统一。同时，也要求解决制约经济发展和国防建设融合发展的体制性障碍、结构性矛盾，建立健全有利于军民融合发展的组织管理体系、工作运行体系、政策制度体系。这些要求都为海洋地理信息资源开发建设工作提出了明确要求和发展方向。

海洋是国家高度关注的区域，习近平总书记将军事斗争准备基点放在"打赢海上信息化局部战争"，反映了未来战争更强调数字化和信息化。维护海上利益安全，打赢海上战争，迫切需要海洋地理信息资源提供保障。2015 年中国国防白皮书《中国的军事战略》提出积极防御战略思想，要求广泛开展军民合建共用基础设施，推动军地海洋、太空、空域、测绘、导航、气象、频谱等资源合理开发和合作使用，促进军地资源互通互补互用。

（二）维护海洋安全迫切需要海洋地理信息资源

海洋安全关系到国家长治久安和可持续发展，总体国家安全观要求维护海洋安全。2014 年 4 月，习近平总书记在中央国家安全委员会第一次会议上提出总体国家安全观，强调构建集"11 种安全"于一体的国家安全体系。当今的国家安全涉及的空间范围，已不再限于传统军事斗争的陆地和海洋局部地区，而是涉及全球陆地和海洋，国家高度关注海洋、太空、网络空间安

全。海上非战争军事行动、军事训练等活动的更加频繁以及国防建设的信息化，对海洋地理信息资源的需求大幅增加，离开了海洋地理信息资源就无法认知海洋战场环境、制定海上军事战略、开展海上军事行动。

各国在海洋上的角逐不断升温，围绕岛屿主权、海域管辖权、资源开发权等海洋权益斗争日益尖锐，海上军事冲突和局部战争的危险在增加。而我国海洋安全面临的问题和挑战尤其严峻，在面临地缘政治风险、海上军事活动增多等传统海洋安全问题的同时，还面临非法海洋科研和军事测量活动、海上恐怖主义活动、海上通道安全等非传统海洋安全问题。在此形势下，海洋地理信息资源的战略性地位将不断凸显。抢险救灾行动、反恐怖行动、维护社会稳定行动、维护领土主权与海洋权益行动、海上军事安全合作行动、维护海上交通线安全行动、国外救援行动等海上活动都离不开海洋地理信息资源的保障。

（三）海洋经济建设对海洋地理信息资源需求旺盛

我国积极开发海洋资源，培育现代海洋产业体系，发展海洋经济，推进"陆海统筹"蓝色经济发展，海洋经济成为国民经济新的重要增长点。海洋经济作为拉动国民经济发展的有力引擎，给海洋地理信息资源提出了旺盛需求。全面推进海洋经济管理，开展海洋经济调查，进行海洋经济运行监测与评估，推动海洋经济试点工作，完善海洋经济标准体系等，需要以丰富、详细的海洋地理信息为支撑。开展海洋渔业捕捞、海洋油气开采、海底多金属探测、海洋盐业和海洋化工等需要海底地形、水下障碍物以及水深、底质等信息。海洋资源开发管理的信息化、精细化，迫切需要区域相对完整、有机联系的综合海洋地理信息。海洋环境和海岛保护规划、海岸带保护和利用规划、海岸线保护和利用规划、海域海岛海岸带整治修复保护规划等规划的制定和评估工作，必然需要海洋地理信息的支撑。

三　军民融合开展海洋地理信息资源开发的时机成熟

一是国家军民融合发展的趋势要求解决制约经济建设和国防建设军民融

合发展的体制性障碍。海洋地理信息资源开发建设存在若干问题的主要障碍是体制因素，由于海洋基础测绘的管理职责赋予军队，地方部门开展海洋测绘相关工作存在刚性限制，致使民用海洋地理信息资源缺乏，海洋经济发展对海洋地理信息资源的需求长期不能得到满足，直接影响到海洋强国的建设。国家提出"一带一路"发展战略，建设海上丝绸之路，建设海洋强国，维护海洋权益，这些都需要大量的海洋地理信息资源提供保障服务。单靠军队的力量来满足这些日趋旺盛的需求基本无法实现，必须充分调动地方部门的积极性。按照《意见》的要求，建立有利于军民融合发展的组织管理体系、工作运行体系，解决体制性障碍、结构性矛盾，结合当前中央大力推进军民融合深度发展的契机，首先理顺军民融合开展海洋地理信息资源开发建设工作机制问题。

二是军队改革之后，中央对军事战略和军事斗争的重点都作出了调整。习近平总书记提出军队要"能打仗，打胜仗"，"打赢信息化局部战争"，习近平总书记强调要"改变维护传统安全的思维定式，树立维护国家综合安全和战略利益拓展的思想观念，要变国土防御为积极防御"。军队未来的主要任务聚焦在军事斗争和非战斗军事行动。对于军队承担国家赋予的社会保障任务，将纳入军民融合发展体系，通过地方经济建设予以解决。测绘地理信息领域军民融合伴随着军队改革的深入和军民融合发展的深化，海洋地理信息资源的获取、处理等保障性任务逐步交由地方负责，时机趋于成熟。

三是落实国家对测绘地理信息转型发展新要求的重要举措。张高丽副总理在国务院第一次地理国情普查电视电话会议上对测绘地理信息转型升级、科学发展提出了明确要求。国务院批复同意的《全国基础测绘中长期规划纲要（2015～2030年）》就如何推进测绘地理信息转型升级作出了总体部署：着力打造新型基础测绘、地理国情监测、应急测绘等完整服务链条。新型基础测绘明确提出，以全球陆地和海洋为常态化工作对象，以"全球覆盖、海陆兼顾、联动更新、按需服务、开放共享"为主要特征。伴随着我国经济发展空间不断向全球拓展，如果我国对海洋相关地区的测绘地理信息工作仍然处于欠账状态，不了解、不掌握这些地区的基本情况，一旦需要，

将陷于被动。因此，开展海洋地理信息资源开发建设不仅是提升测绘地理信息整体服务能力的重要要求，也是测绘地理信息工作服务范围向海洋拓展的关键。

四是军民融合开展海洋地理信息资源开发建设工作的条件已经成熟。军民双方经过多年磨合，正在就海洋地理信息开发建设逐步达成共识，国家测绘地理信息局联合参谋部战场环境保障局就军民测绘深度融合有关问题开展研究，明确将海洋测绘工作列为双方共建共享的军民融合发展事项。军民双方已经拥有良好的合作经验，双方共同完成了海岛（礁）测绘一期工程，地方政府在军队的支持下也启动了一系列海洋测绘项目。地方政府为满足海洋经济建设对海洋地理信息资源的需求，已经开展了一些海洋地理信息资源开发建设的具体工作，对相关技术的掌握和人才队伍的锻炼都起到了积极作用，测绘地理信息部门已经具备开展海洋地理信息资源开发建设工作的能力。

四 开展海洋地理信息资源开发建设的有关建议

（一）开展海洋地理信息资源开发建设战略研究

为提升测绘地理信息对海洋强国建设的保障能力，统筹经济社会发展和国防建设的需求，统筹战略和现实层面的需求，迫切需要开展海洋地理信息资源开发建设战略研究。开展战略研究可以系统设计任务布局，整合军队、部门和地方资源，实现资源的优化配置，形成海洋地理信息资源开发建设的稳定机制，合理有序地推进海洋地理信息资源开发建设工作的开展。

开展战略研究要深入分析经济建设和国防建设对海洋地理信息资源的需求，研究军民融合推动海洋地理信息资源开发建设的总体思路、发展重点、战略行动和重大举措，解决海洋地理信息资源开发建设的重大战略问题，对海洋地理信息资源开发建设的主要内容、部门分工和工作机制、重大基础设施协调、科技创新、队伍培训等方面内容进行谋划，设计一系列海洋地理信息资源开发建设的重大工程，研究海洋地理信息创新平台建设方案，健全海洋测绘相关人才教育培训体系等。

（二）构建国家海洋安全地理信息系统

为应对我国海洋安全面临的日趋突出的问题和挑战，必须改变维护传统安全的思维定式，大力加强海洋安全保障建设。为贯彻落实总体国家安全观、保障国家海洋安全，促进军民融合开展海洋地理信息资源开发建设，建议开展国家海洋安全测绘地理信息系统建设，充分利用测绘地理信息行业的技术和资源优势，有机整合各类海洋空间信息和属性信息，为保障国家海洋安全、维护海洋权益和服务领导决策提供支撑。国家海洋安全地理信息系统的建设对于扎实推进海洋强国建设也具有重要意义。

国家海洋安全地理信息系统可以根据海洋安全的不同领域，分专题、分区域确定重点关注区域，有序推进海洋地理信息资源开发建设从近海到远海、从局部海域向全球范围的拓展。系统可以海洋信息安全中的敏感区域为关注焦点，利用新技术、新手段动态展示重点关注区域的发展态势，实时提供维护海洋安全所需的测绘地理信息服务。

地理国情监测篇

National Geographical Condition Monitoring

B.6

地理国情统计分析
基本框架与技术方法

李维森*

摘　要：　为了全面、真实、客观、精确地反映地理国情要素空间分布，
并深入挖掘地理国情信息，寻找规律性，预测趋势性，反映
经济、社会、资源、环境的空间分布规律，科学揭示资源环
境的承载力和发展潜力等目标，本文对地理国情统计分析进
行了系统总结，包括基本框架、指标与内容、技术方法、主
要成果等，并探讨了地理国情统计分析服务应用，可以为国
家和地方的地理国情普查、监测提供理论、技术指导，并在
一定程度上实现"地理国情数据（地理国情信息）—空间决
策服务"的转化和提升，为测绘地理信息生产和服务模式的

---

* 李维森，国家测绘地理信息局党组成员、副局长，博士，高级工程师。

转型升级提供有益的探索和借鉴。

关键词：　地理国情　地理国情统计分析　内容指标体系　模型与方法

一　内涵与背景

　　地理国情是指那些与地理相关的自然和人文要素的国情，或者说是具有国情属性的地理信息，它从地理空间角度不仅反映了自然、生态环境的状况，而且也包含了与地理相关的经济、社会和民生等方面的内容。目前，随着现代测绘地理信息技术的发展，高分辨率遥感影像已能够提供大量精细的地理信息。高分辨率地理数据的出现为地理统计与分析理论与技术的发展带来了新的机遇和挑战。目前开展的地理国情普查首次实现了全国优于 1 米高分辨率遥感影像的全覆盖，首次获取了全国内容指标统一、采集标准一致的多要素、无缝隙的地理国情数据。如何深度开发地理国情大数据、揭示规律，关键在统计分析。因此，地理国情统计分析不仅要全面准确掌握地理国情信息，解决"是什么"的问题，而且要科学揭示资源生态环境空间分布与经济社会发展的内在关系，解决"为什么"的问题。

　　传统的地理统计分析主要是对地理对象的位置和属性数据进行分析和挖掘的技术，可以追溯到 20 世纪 60 年代地理与区域科学的计量革命。自1997 年以来，*Science* 和 *Nature* 连续发表了一系列关于空间数据分析在天文、自然、人口等方面应用的文章。地理统计分析不再局限于地理学的应用，空间数据分析与医学、生态学、环境科学、经济学、人口学等领域出现结合应用，并获得了更全面和丰富的成果。当前许多发达国家对重要地理信息的测量、统计、分析、挖掘工作日益重视，并启动了相关的研究与工程项目。例如，2002 年，美国地质调查局启动了地理信息分析和动态监测 5 年计划，并一直持续进行。2003 年欧盟启动了全球环境与安全监测计划，旨在获取

影响地球和气候变化的各类环境信息。目前，我国地理国情统计分析仍处于探索阶段，尚未形成一个综合、完整的框架体系，因此系统地研究地理国情统计分析的内容指标、基本框架、技术方法及成果应用具有重要意义且已迫在眉睫。

二 基本框架与原则

地理国情统计分析是地理国情普查与监测工作的重要组成部分，是地理国情要素向地理国情信息转化和提升的重要工具，是反映经济、社会、资源、环境空间分布规律的必要手段，对于推广普查与监测成果应用、推动地理国情普查与监测具有至关重要的作用。

地理国情统计分析包括基本统计、综合统计、变化分析、专题评价四个层次，基本框架见图1。

与此同时，开展地理国情统计分析工作必须遵循以下六项原则：一是科学性原则，即基于椭球体坐标计算、量算、分析等科学的模型与方法，充分考虑相关部门基础和标准；二是客观性原则，即数据来源于真实的地理国情普查数据；三是基础性原则，即统计分析数据成果可作为专业普查和分析的基础；四是规范性原则，即全国一盘棋，形成统一技术标准、软件与成果；五是空间化原则，即从空间地理信息角度反映自然资源和社会经济发展水平；六是实用性原则，即紧密结合国家重大需求，面向问题形成统计分析成果。

基于以上原则，根据地理国情统计分析的任务需求，经分析研究，现阶段主要开展以下统计分析：一是面向七类自然地理人文要素的基本统计，二是面向五个主题的综合统计分析，三是面向综合地理国情要素时空变化的变化分析预测，四是面向国家和区域战略与重大工程的专题分析评价，反映地理国情的空间位置、数量、分布、变化特征，揭示其空间分布规律和发展演化趋势，并提出相应政策建议等。

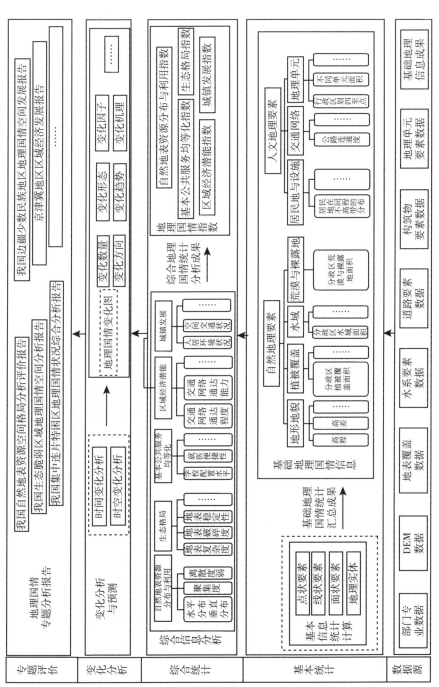

图 1 地理国情统计分析基本框架

三　指标与内容

根据地理国情统计分析任务需求，需构建对应的内容指标体系以全面反映统计对象数量特征、空间分布、空间关系和演变规律。通过一个设计科学的统计指标体系，可以分析和研究各种因素对统计分析结果的影响及对发展变化的趋势预测。与地理国情统计分析基本框架对应，地理国情统计分析包括基本统计、综合统计、变化分析和专题分析等指标和内容。

（一）基本统计指标

地理国情基本统计是基于地理国情普查数据，对自然、人文等地理国情要素进行空间统计计算与汇总，形成反映地理要素现状和空间分布的基础地理国情信息。按照几何特征类型，地理国情普查要素可以划分为点、线、面以及地理实体等类型。针对地理国情普查内容，按地形地貌、植被覆盖、荒漠与裸露地、水域以及铁路与道路、居民地与设施、地理单元等地表自然和人文地理要素，采用空间叠加、空间量算、空间建模等方法，对其个数、长度、面积、密度、占比、高程、范围等基本指标进行统计计算（见图2）。在此基础上，采用空间分析与统计分析相结合的方法，以县级行政区划为基本统计单元，通过逐级汇总或单元计算，形成全国基础地理国情信息。

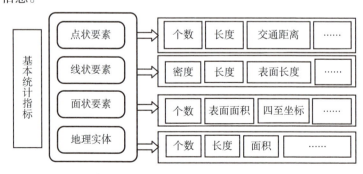

图2　地理国情普查基本统计指标

（二）综合统计指数

地理国情综合统计是融合社会经济等统计数据，建立地理国情统计分析指标和模型，形成地理国情指数，反映我国资源利用与分布、生态环境状况、区域经济发展、国土空间格局等的地理国情现状。综合统计包括自然地表资源分布与利用、地表生态格局、基本公共服务均等化、区域经济潜能、城镇发展等主题，其技术流程包含指标计算和指数构建两个环节。

（三）变化分析内容

地理国情变化分析是集成社会经济数据，从时空变化角度反映地理国情要素空间分布、空间结构、空间关系的变化数量、变化特征、变化趋势，分析其变化原因和影响因素，并提出引导或遏制变化的手段和方法。变化分析内容指标包括基本统计指标的变化量、变化频率、变化方向、移动轨迹、类型转换、变化趋势、变化机理等变化信息，如面积变化量、地表覆盖类型转换、四至坐标的移动轨迹、范围变化方向等，还包括一些综合统计指标指数的变化信息，如耕地分布中心的移动轨迹、学校服务半径内覆盖适龄人口数的变化量、人均建设用地面积的变化速率、交通区位指数的变化趋势等，具体指标内容将在以后监测工作中进一步完善。

（四）专题分析内容

地理国情专题评价是采用定性、定量分析评价手段，形成揭示经济社会发展与自然资源环境内在联系和规律的专题分析评价报告。分析评价内容设计主要围绕资源、生态、经济、社会等方面，从地理、空间的角度，分国家、区域展开。专题分析选题包括全国地表自然资源空间格局、重点生态区生态格局、粮食主产区耕地分布、东部发达地区可利用建设用地、中西部农村地区基本公共服务均等化、集中连片贫困区地理国情、城市空间扩展、边疆少数民族地区和长江经济带综合地理国情、京津冀地区协同发展以及国家级新区建设变化等。

四 主要技术方法

地理国情统计分析的技术方法主要包括空间量算法、比值分析法、极值法、极差法、类比法、结构分析法、因素分析法、贡献率分析法、综合评价法等基本方法，以及高性能并行计算、数据整合、数据变换、空间抽样、空间格局分析、指标筛选与指数分级评估、时空异常探测等技术。

（一）地理统计与经典统计的区别

地理统计很多基本理论都是在经典统计的基础上提升和发展起来的，但是地理统计的模型方法和经典统计有着较大区别。经典统计中研究数据一般为截面数据和时间序列数据，以概率论与数理统计为基础，利用回归分析、多元统计分析、时间序列分析等统计分析方法，研究数据的内在规律。但是，由于经典统计的研究对象是纯随机变量，不考虑样本的空间分布，变量可以无限次重复测量，因此在解决复杂的地理问题时有一定的局限性。地理统计需要处理具有地理位置属性的空间数据，且观测值来自一个空间过程，既有随机性又有结构性，在空间或时间上具有相关性，并且在不同尺度下呈现不同的相关程度。

（二）技术流程

地理国情统计分析技术流程主要包括计算环境部署、数据预处理、统计分析、成果生成与制作、成果上报与发布等五个环节（见图3）。关键环节均有质量控制措施，以确保统计分析的科学性与正确性。此外，还通过与其他第三方软件的复核，以全面保证统计分析成果的可靠性。

（三）主要技术方法

不同于一般的统计计算，针对地理国情统计分析的实际需要，技术主要包括高精度表面面积量算、高性能处理与并行计算、综合性指标选取与指数

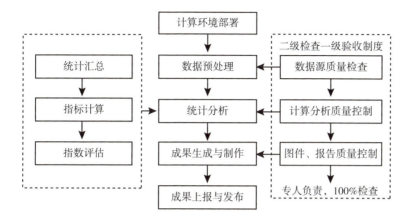

图3 地理国情统计分析技术流程

分级评估等。

（1）高精度表面面积统计模型。为了构建精确模拟地表起伏的地表面积统计数学模型，并尽量减小不同分辨率DEM对地表面积差异的影响，需要建立一种顾及复杂地形因子的地表面积统计模型，以及相应的数据处理方法。该方法首先利用泰勒级数逼近原理对微观地形因子进行最小二乘估计，然后利用这些地形因子对DEM和多边形区域边界进行加密，最后利用加密后的DEM和多边形边界构建地表三角网，实现地表面积的精确量算。

（2）高性能数据处理与并行计算。统计分析工作所面对的是大规模多源、多格式的半结构化以及非结构化地理数据，传统的串行计算模型已经难以满足计算性能需求，高性能计算为统计分析软件的设计与开发提供了技术基础。尤其在基本统计分析中，多项具有极高计算强度的指标，如表面面积计算、表面长度计算、密度计算等，均已实现并行优化。

（3）综合性指标筛选与指数分级评估技术。在地理国情指数构建过程中，如何从海量地理国情数据中筛选、提取有用的数据或指标，并对其进行准确性评估，在很大程度上影响指数的科学性及其统计分析结果的可靠性。指标筛选方法主要采用相关分析和因子分析相结合的方法，

通过分析不同尺度、不同变量的相关性，筛选适用于评价不同主题的地理国情指标，并赋予不同权重。地理国情指数一般是由多指标、分层次综合而成的指数，采用客观赋值法对主观赋权进行修正，运用分级总体精度评价模型计算。

五　主要成果

为了更好地展现地理国情统计分析的成果，需要构建相应的成果体系，注意体现地理国情普查数据全面、客观、精确、空间化的特点，直接服务于国家、区域经济社会发展。从形式上看，可以分为报表、图件、指数、报告和信息系统等类型。

（一）系列报表

主要包括基本统计台账、国家级基本统计成果、综合统计台账和数据集。其中，国家级基本统计成果是基于基本统计台账和地理国情普查数据形成的包括行政区划、地形地貌和地表覆盖三大部分，涵盖地理国情普查自然、人文七个大类要素的内容指标。综合统计台账和数据集是综合统计分析的基础成果和应用基础。

（二）系列图件

主要包括挂图、图册、桌面用图和蓝皮书图册四种类型。其中，桌面用图和蓝皮书图册，以多类型图件展现综合统计重要成果，为国家各部门领导提供辅助决策依据，为各行业科研人员科学研究提供资料参考。

（三）系列指数

主要包括围绕资源分布与利用、生态格局、基本公共服务均等化、区域经济潜能、城镇发展等五个主题的系列地理国情指数，以指数反映综合地理国情的地区差异，按照不同级别或不同类别单元向社会定期发布。

（四）系列报告

主要包括公报、统计数据汇编、专报、蓝皮书。公报是面向全社会公开发布，全面反映我国地理国情普查的宏观、基本成果，采用地图、图表、文字相结合的表达方式，便于社会公众了解我国地理国情"家底"。统计数据汇编是向国务院领导和国务院各部门内部提供的台账，全面、翔实地收录地理国情普查成果数据的指标统计结果，以统计表格为主，全面、系统体现我国各级行政区划地理国情要素的数量、构成和分布，作为领导备查资料。专报是面向中央领导和国务院各部门提供的内参材料，重点阐述一定的地理国情专题要素的主要现状、分析结论、存在问题、形成原因及相关建议等，为国家重大战略制定、重要工程的实施提供决策依据和参考信息。蓝皮书是面向全社会公开发布，反映地理国情普查统计分析成果的综合研究报告，以文字、图表为主，用于表述地理国情指标、指数、分析结论及相关建议，服务于各级政府、专业部门和科研机构。

（五）统计分析服务系统

主要包括基本统计服务系统和综合统计分析服务系统，其中基本统计服务系统是以基本统计成果数据库为基础构建，实现基本统计成果的查询、检索和展示；同时可根据应用需求，实现基于任意统计单元的基本统计定制服务。综合统计分析服务系统以普查成果数据库、综合统计分析成果数据库为基础构建，实现综合统计分析成果的查询、检索和展示；同时可根据应用需求，实现基于不同级别行政区及不同类型自然地理、社会经济区域单元的综合统计分析定制服务。

六　服务应用

围绕国家和地方社会经济发展的重点，地理国情统计分析服务应用探索主要体现在以下几个方面。

（一）服务国家重大战略和重大工程

围绕京津冀协同发展，利用普查数据可为京津冀大气污染防治、生态保护红线划定、交通网络规划、北京非首都功能疏解等提供决策依据。围绕长江经济带发展，利用普查数据可为全流域水资源保护与水污染治理、产业合理布局和有序转移、提高沿绿色生态廊道建设水平等提供决策支持。围绕"一带一路"建设，利用普查数据可为基础设施规划、重要设施的选址等经济走廊建设提供信息服务。

（二）服务国土空间开发

围绕主体功能区建设，利用普查数据可为科学划定四类主体功能区，协调解决经济社会发展、城乡、土地利用等规划数据矛盾，推进"多规合一"提供重要基础。围绕推进绿色城镇化，利用普查数据可为科学确定城镇开发强度、规划城镇开发边界、合理布局城镇各类空间、提高基础设施建设水平等提供科学支撑。围绕耕地保护，利用普查数据可以发现基本农田保护区内的违法用地，提升耕地保护能力。为加快美丽乡村建设、强化山水林田路综合治理等提供决策依据。

（三）服务生态文明制度体系建设

围绕健全自然资源资产产权制度和用途管制制度，利用普查数据可为自然生态空间统一确权登记、完善自然资源资产用途管制制度等提供信息服务。围绕严守资源环境生态红线，利用普查数据可为合理确定资源消耗"天花板"、划定生态红线、建立资源环境承载能力监测预警机制等提供基础数据支撑。

（四）服务社会治理

围绕完善社会治理体系，利用普查数据可以辅助建立空间化的国家人口基础信息库，提升政府治理能力和水平。围绕健全公共安全体系，利用普查数据模拟真实的现场环境，可为科学制订应急措施、提升防灾减灾能力提供支撑。

（五）服务民生保障

围绕基本公共服务均等化，利用普查数据可为建立国家基本公共服务清单、动态调整服务项目和标准、提升基本公共服务均等化水平提供决策依据。围绕精准扶贫脱贫，利用普查数据辅助建立精准扶贫指挥系统，可为制订扶贫措施、跟踪扶贫项目进展、落实异地搬迁和扶贫绩效考核等提供信息化服务。

结束语

地理国情统计分析是推动地理国情普查向地理国情监测转变、实现地理国情要素向地理国情信息提升的重要阶段，做好地理国情统计分析工作，关乎第一次全国地理国情普查的圆满收官，彰显测绘地理信息服务大局、服务社会、服务民生的重要地位，对实现地理国情普查目标和推动测绘地理信息事业转型升级具有重要意义。目前，地理国情统计分析工作扎实推进，取得了系列成果，部分成果已经为政府决策提供了服务。统计分析的关键技术攻关和软件平台研制取得重要突破，为国家和地方统计分析工作提供支撑平台；研究确定了系列与国计民生密切关联、综合性、可持续监测的地理国情指标指数；部分成果已通过公报、地图等形式向社会发布，取得了很好的成效，为生态文明建设、国土开发利用、城市规划合理布局等提供了决策支撑。

B.7
地理国情监测技术体系建设和应用探索

李朋德 雷 兵 高小明 杨 铮*

摘 要： 本文简要介绍了地理国情监测的国内外发展现状，基于国家
科技支撑项目"地理国情监测应用系统"和首次全国地理国
情普查的成果，阐述了地理国情监测的主要内容、技术体系、
技术框架和技术路线，介绍了所开展的水资源以及矿山沉降
监测示范应用的效果，指出地理国情监测技术体系与信息化
测绘技术体系的高度一致性，分析指出了地理国情监测所面
临的问题和对策。

关键词： 地理国情监测 技术体系 示范应用

一 地理国情监测概念的提出与发展

地理国情，是指地表自然和人文地理要素的空间分布、特征及其相互关
系。地理国情是重要的基本国情，是了解国情、把握国势、制定国策的重要
基础。地理国情监测，是指动态地对地理国情的变化进行监测，包括对地理
国情进行的调查、统计、分析、评价和预测等活动，是提高决策管理水平、
加强宏观调控力度、提升国家治理能力的一项重要基础性工作。虽然目前

---

* 李朋德，博士，高级工程师，十五届中国农工民主党中央常委，十二届全国政协常委，联合
国全球地理信息管理亚太区委员会主席，国家测绘地理信息局副局长；雷兵，国家测绘地理
信息局卫星测绘应用中心，研究员；高小明，国家测绘地理信息局卫星测绘应用中心，副研
究员；杨铮，国家测绘地理信息局科技与国际合作司。

"地理国情监测"这一称法在国际上尚未统一，但美国、欧洲和亚太等国家和地区实际上已经开展了土地利用监测、环境监测和灾害监测等方面的工作，从覆盖范围和应用领域上说，均属于专题监测和区域性监测，与我国所开展的地理国情监测相比，其监测范围窄、对象相对单一、要素类型较少且相关性较强，但其共同目的都是对各种类型的地理信息要素进行监测、分析和建模，从而为相关政策的制定提供决策支持。我国在此基础上首次提出了完整的地理国情监测概念，并开展了第一次全国地理国情普查，作为常态化监测的基准数据；同时，也系统性地开展了围绕地理国情监测技术体系、指标体系等方面的研究，并进行了相关试点，取得了丰硕的成果。

二　地理国情监测的内容与技术体系

（一）地理国情监测的内容

地理国情监测内容框架体系可以从尺度层次、监测频率等不同的视角划分成不同类别。在尺度层次上，地理国情可划分为国家级和区域级，而国家级地理国情有两种含义，一是通过不同国家在全球的位置以及国与国之间的空间联系来反映；二是在本国国土内，反映全国地理总体实际情况和动态变化趋势的信息。区域地理国情信息主要是以反映一定行政区划或以自然或社会经济等特定条件划分的一定范围（如不同地貌区、流域、城市群或主体功能区等）的地理总体客观情况及其动态变化信息。

从监测频率可以划分为普查本底信息、规律性变化信息、随机性变化信息和应急性信息几类。本底普查信息是指在全国地理国情普查中形成的基础数据，是进行地理国情监测的本底数据，从频率上看是最低的；规律性变化信息是指如水系、植被、大型基础设施、城镇群落等会随时间产生相对规律性的、较慢的变化的信息，在地理国情监测中只需按照需求以一定的频率（如每年一次）开展定期监测即可；随机性变化信息是指变化发展较快且无明显规律的，如一些发展较快城市的道路、土地利用等情况，则需进行频率

较高的常态化监测；而应急信息则是针对重大自然灾害或重大公共安全事故等重大事件产生的短时期内剧烈变化的地理国情信息，需要迅速开展应急测绘进行实时监测，为应急救灾提供测绘地理信息应急保障服务。

（二）地理国情监测的技术体系

1. 地理国情监测的技术框架

测绘地理信息数据获取、处理、管理与服务等技术的发展与成熟，是开展地理国情监测的充分条件，是地理国情普查和常态化监测的基础。根据地理国情监测的技术需求，其技术框架如图1所示，可以概括为：根据地理国情监测内容体系、指标体系和标准体系的特点和要求，依托空天地一体化地理国情监测数据动态监测、地理国情监测数据高性能处理、地理国情信息分布式智能解译与变化监测、地理国情监测数据统计分析、地理国情监测产品制作与服务等五方面核心技术，形成完整的地理国情监测技术体系，并建立涵盖产品服务、作业流程、标准规范等内容的综合监测平台。

2. 地理国情监测的技术支撑

根据地理国情监测的目标、任务和监测对象等方面，可将其技术体系的支撑划分为地理国情信息的动态获取技术、高性能处理技术、信息提取技术、统计分析技术、产品研制与服务技术五个基本方面，这正是信息化测绘技术体系对地理国情监测技术体系的支撑。信息化测绘的提出，是因为随着科技的不断进步和应用需求的快速变化，特别是大数据、云计算、物联网等技术的快速发展，以及测绘地理信息生产方式的转变、地理国情监测等测绘地理信息服务新形式的提出，对测绘地理信息技术和手段提出数据获取立体化实时化、处理自动化智能化、服务网络化社会化的要求。信息化测绘技术体系是由"一个现代测绘基准技术体系，多源数据实时获取技术体系、多源数据自动处理与更新技术体系、测绘地理信息智能管理与交换技术体系、测绘地理信息网络服务技术体系、测绘地理信息社会应用技术体系这五个基本组成部分和一个测绘业务信息管理技术体系"构成。信息化测绘技术体系支撑地理国情监测主要体现在以下几个方面。

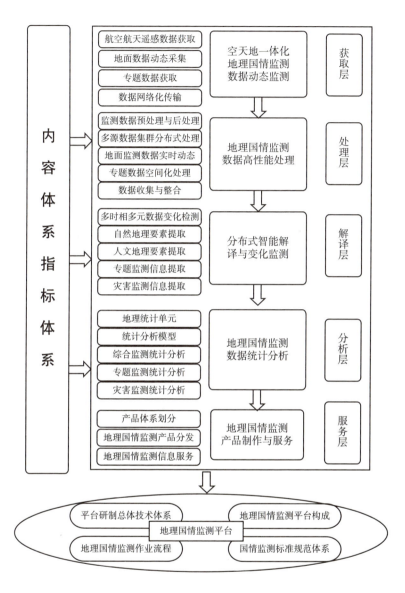

图1 地理国情监测技术体系框架

地理国情信息动态获取方面，实现全天候立体化获取地理信息，包括各种自然、人文地理要素及专题信息，着力解决多源遥感信息的快速动态获取、网络化传输、整合与同化等技术，形成空天地海一体化的数据快速获取

能力。

地理国情信息高性能处理方面，实现自动快速处理多源异构海量信息，包括航空航天影像、地面监测数据、专题数据等，突破多源、异构地理国情数据的融合、分布式集群快速处理等关键技术，通过多种平台、多种新型传感器不同时态之间地理国情数据的融合，准确反映地表状况的空间维、时间维、光谱维特征及其差异，为地理国情监测提供多维、动态观测数据集，形成基于数字摄影测量理论、云计算的地理国情监测数据一体化快速处理技术体系。

地理国情信息提取方面，实现自动检测和自动提取地理国情信息及其变化信息，突破地形地貌、植被覆盖、水域与湿地、冰川与永久积雪、荒漠与裸露地、交通网络、居民地与设施等自然地理要素、人文地理要素及专题信息提取关键技术与方法，形成可推广应用的地理国情信息提取技术体系。

地理国情监测信息统计与分析方面，针对国家管理与决策目标，综合运用数值统计、空间分析等方法及相关专业模型，对普查数据、监测数据进行空间结构、空间分布、空间关系等方面的特征规律提取与内在知识挖掘，深入分析地理国情动态变化监测过程信息，挖掘地理国情信息动态变化趋势和规律，为地理国情监测信息发布与服务提供战略数据。

大数据技术的应用方面，在地理国情大数据存储管理、智能综合与多尺度数据库自动生成及增量级联更新、地理国情大数据清洗、数据分析与挖掘、时空大数据可视化、自然语言理解、深度学习与深度增强学、人类自然智能与人工智能深度融合、信息安全等方面取得突破，形成地理国情大数据技术体系，提升地理国情监测的分析处理、知识发现和决策支持能力。

地理国情监测产品研制与服务方面，需要在当前测绘地理信息产品的基础上结合地理国情监测的特点研制新的产品、提供新的服务，要在产品标准化、质量控制技术和服务提供技术方面进行深入研究，并围绕地理国情大数据的分析、挖掘、管理和应用等环节，研发地理国情大数据存储与管理、分析与挖掘、可视化等软件产品与时空信息云平台软件及多样化数据产品，提供地理国情大数据与各行各业大数据、领域业务流程及应用需求深度融合的解决方案，形成比较健全实用的地理国情大数据产品体系。

三 基础地理国情监测实例分析

以 2002 期、2008 期、2012 期 1∶25 万基础地理信息数据为基础，以流域为统计单元，经数据提取、统计计算与分析、专题图制作等，对全国尺度的水体信息进行了监测和分析，并得出以下结论。

从水系在各流域区划上的空间分布格局来看，西北诸河区水体面积最大，为 83481.16 平方千米，占水体总面积比重为 34.94%；松花江区次之，面积为 45368.45 平方千米，占水体总面积比重为 18.99%。其他流域分区面积从大到小依次为长江区、黄河区、淮河区、珠江区、西南诸河区、东南诸河区、海河区、辽河区。

如表 1 所示，流域中水体 2002～2012 年河流面积呈减少趋势，湖泊面积在增加，水库面积主要是增加，湿地面积大部分是在减少。2002～2012年湿地共转移为耕地 2.8 万平方千米，转移为园地 17.24 平方千米，转移为

表 1 2002～2012 年十大流域水系分布变化量

单位：平方千米

流域名称	河流变化量	湖泊变化量	水库变化量	湿地变化量
东南诸河区	635.65	108.82	258.77	0.16
海河区	-333.34	3234.54	-53.05	-358.38
淮河区	-146.72	3337.51	435.01	-360.79
黄河区	-1175.21	309.53	271.11	-276.18
辽河区	-86.09	1218.74	56.92	-1306.42
松花江区	-144.15	-234.2	1062.58	-44300.33
西北诸河区	227.4	2950.49	257.7	-11098.36
西南诸河区	-219.53	-269.26	189.14	-228.31
长江区	-113.86	6058.2	538.07	-2300.01
珠江区	-42.94	1927.31	466.96	-21.64
总计	-1398.79	18641.68	3483.21	-60250.26

林地 2.5 万平方千米，转移为草地 3.9 万平方千米。其中内蒙古和黑龙江湿地转移变化较大，内蒙古转为植被 2.2 万平方千米，占 23.42%，黑龙江转移变化 3.9 万平方千米，占 42.88%。

从 2002~2012 年水系要素监测分析的主要变化可以发现，十年来，随着经济社会发展速度的增快、用水量的急剧增加，导致了河流面积减少，但同时国家积极推行的退田还湖和湿地保护政策也取得了显著的成绩，湖泊面积都有了显著增长，但土地开发利用需求的不断激增，造成湿地转移变化急剧增加，湿地面积大幅减少，将会极大地影响生态文明建设的进程。

总体上来说，2012 年水系总面积相比 2002 年减少了 39524.16 平方千米，保护水资源的形势越来越严峻，需要国家通过对产业的结构性调整，合理规划水资源利用，进一步加大对水资源的保护力度，避免水资源不断减少的情况进一步加剧。

四 抚顺矿山环境地理国情监测示范

抚顺是一个因矿而兴的城市，百余年的矿山开采，在为国家创造巨大财富的同时，也带来了严重的矿山环境问题。为配合市政府的矿山地质灾害综合治理工作，调查组选择矿山环境监测作为内容，为政府决策提供地理市情数据支持。试点以抚顺矿区为对象，开展 2003、2007、2010、2013 年 4 期矿山环境监测，提供包括地表覆盖、采煤沉陷区地表形变、地质灾害、矿山废弃地等矿区环境信息服务，全面、准确地监测分析矿区现状、动态变化和发展趋势（见图2）。

抚顺煤田采煤沉陷区，位于市区的中东部，横跨新抚、东洲两个行政区，面积约 18 平方千米。是由抚顺煤田龙凤矿、老虎台矿两个矿山地下采煤所致，沉陷造成地表建筑物破坏、农田废弃，是抚顺煤田最严重的矿山地质灾害类型之一。试点工作首先以 2010 年和 2013 年获取的 DOM 为数据源，通过室内解译和外业调查，对采煤沉陷区的地表状况变化进行了定量分析，调查和分析的内容包括 11 类：居民地、耕地、有林地、自然水面、道路、裸地、沉积水面、堆积矿渣、选矿场、临时用地、矿坑。

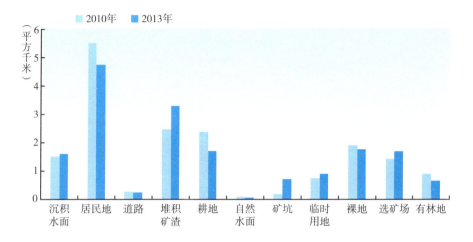

图2 采煤沉陷区地表状态变化统计

西露天矿位于抚顺煤田西部（见图3），主矿种为煤炭和油母页岩，体积15.49亿立方米，为亚洲第一大露天采矿区。伴随着西露天矿开采的由盛及衰，一系列的矿山地质灾害相继发生，给露天矿以及周边安全带来一系列重大问题。试点根据监测和分析结果，对北部地质灾害进行了分区：①破坏变形区，面积1.85平方千米；②危险变形区，面积1.24平方千米；③潜在变形区，面积0.90平方千米。

图3 抚顺西露天矿边坡变形分区

通过对露天矿坑进行外业调查和监测分析发现，在西露天矿南部千台山南坡发生了地裂缝灾害，并已造成地表建筑物破坏；地裂缝西起西露天矿坑口炼油厂，东至抚顺同益机械厂，长约3100米，断陷带最大宽度13米，最大落差1.7米；东立社区锅炉房围墙、佳化化工厂厂房遭地裂缝破坏严重。抚顺西露天矿南部滑坡灾害已经引起国土资源部、辽宁省人民政府的高度重视，已经采取了相应的灾害监测手段和防灾减灾措施。

五　问题与对策

第一次全国地理信息普查已经全面收官，取得了丰硕的成果，地理国情监测科技支撑项目在技术体系和指标体系等方面取得了突破性进展，试点工作也在多个省市开展，为各级政府制定政策提供了相应的支持。但是，目前地理国情监测在体制机制、关键技术等方面仍然存在一些问题，需要逐步加以解决。

（一）地理国情监测成果共享体制机制需要完善

地理国情监测成果是进行各地区、行业数据统计分析的基础，应该进行共享，同样，各级政府部门的相关统计数据也应与测绘地理信息部门进行共享，丰富并检核地理国情监测数据，提升权威性，更好地提供决策支持。所以，当前应就各级政府部门的监测和统计数据共享政策进行相应研究，妥善处理好保密与应用之间的关系，并加强与各政府、各部门之间的协调，形成完善的共享机制。

（二）各行业对基础数据的分类等需要取得共识

地理国情监测的基础是多源、多时相、多类型的国情数据，由于各行业对同种数据的分类、指标等各有不同，在地理国情监测中无法很好地融合各部门的已有监测成果和统计数据。解决这一问题需要针对行业间具有共享价值的数据分类体系等进行研究，取得共识，形成标准，提升数据的共享使用效率，增强地理国情监测成果的普适性。

（三）国内地球观测数据需要进一步统筹

资源三号卫星和"高分"专项等的实施，使得国产卫星遥感数据资源越来越丰富，但也带来了统一处理、检校等方面的技术难题。影像数据的使用和融合，需要在此方面开展攻关，解决多源遥感影像的统一处理和不同卫星的统一检校问题。

（四）地理国情大数据方面的研究有待加强

大数据为我们带来了极其丰富的信息和资源，以及解决问题的全新方法，如何充分利用各类大数据来支持地理国情监测动态更新、挖掘及分析等，关系到地理国情监测成果的全面性、权威性和可靠性，尤其对于统计分析方面来说更是至关重要。要加强数据科学的研究投入，围绕大数据挖掘与分析开展一系列研究，建设大数据领域的国家实验室。加强我国地球观测数据的统筹监管和开发利用，加快包括海洋在内的全球地理信息资源建设，积极构建地理国情大数据时空云平台，支持各领域的精准决策和国家治理。

（五）变化信息的自动监测和提取仍有不足

当前数据获取方面已初步形成了陆海天空地一体化的观测技术手段，产生了大量地理信息数据，如何对其进行高效处理，快速从海量数据中提取出有效的变化信息，实现监测的自动化，将是提升地理国情监测效率和质量的关键。

参考文献

李德仁：《论地理国情监测的技术支撑：地理国情监测研究与探索》，测绘出版社，2011。

李朋德：《加快时空信息创新服务"一带一路"战略》，载《新常态下的测绘地理信息研究报告（2015）》，社会科学文献出版社，2015。

李朋德：《立足科技创新加快测绘信息化》，《测绘技术装备》2006年第1期。

李朋德：《信息化测绘体系的协同发展》，《中国测绘》2012年第4期。

李朋德：《智慧中国地理空间支撑体系建设的若干思考》，载《智慧中国地理空间智能体系研究报告（2013）》，社会科学文献出版社，2013。

刘耀林、何建华：《地理国情监测框架体系构想》，国家测绘地理信息局地理国情监测专题网站，2011年4月22日。

马万钟、杜清运：《地理国情监测的体系框架研究》，《国土资源科技管理》2011年第6期。

乔朝飞：《国外地理国情监测概况与启示》，《测绘通报》2011年第11期。

阮于洲：《对地理国情监测的战略思考》，《地理信息世界》2014年第2期。

史文中：《浅析地理国情监测的进展与研究方向：地理国情监测研究与探索》，测绘出版社，2011。

张继贤、刘纪平：《关于地理国情监测的若干思考》，《中国测绘报》2011年3月8日。

周星、阮于洲、桂德竹、刘芳、乔朝飞、徐坤：《地理国情监测体制机制研究》，《遥感信息》2013年第2期。

B.8

关于地理国情监测服务领导干部
自然资源资产离任审计的思考

陈建国 *

摘　要：　本文主要阐述领导干部自然资源资产离任审计与地理国情监测的关系，分析了当前具备的条件，介绍了开展的探索和实践，从完善技术方法和标准体系、建立业务协同机制、健全相关保障体系等三个方面，提出了地理国情监测服务领导干部自然资源资产离任审计的建议。

关键词：　地理国情监测　领导干部自然资源资产离任审计　服务　探索实践

　　自然资源是人类社会赖以生存和发展的重要物质基础。党的十八大以来，党中央高度重视生态文明建设，并提出了一系列新的理念和举措。开展领导干部自然资源资产离任审计，是党中央、国务院加快推进生态文明建设的一项重大决策部署。党的十八届三中全会通过的《中共中央关于全面深化改革若干重大问题的决定》指出，要健全自然资源资产产权制度和用途管制制度，并探索编制自然资源资产负债表，对领导干部实行自然资源资产离任审计。浙江省委十三届五次全会通过的《关于建设美丽浙江　创造美好生活的决定》对建立领导干部自然资源资产离任审计制度作出了全面部

---

　　* 陈建国，浙江省测绘与地理信息局局长、党委书记。

署。2015年6月开始实施的《浙江省审计条例》，明确将自然资源的开发利用和保护治理情况纳入审计事项。自然资源资产审计已经成为生态文明建设的重要内容、践行"五大发展理念"的重大举措，对于促进领导干部更好地履行自然资源资产管理和生态环境保护责任，推动经济转型升级、实现绿色发展具有十分重要的意义。

2015年11月，中共中央办公厅、国务院办公厅印发了《开展领导干部自然资源资产离任审计试点方案》，标志着此项工作正式拉开帷幕。目前，全国各地都在积极开展领导干部自然资源资产离任审计试点工作。领导干部自然资源资产离任审计虽然属于领导干部经济责任审计的范畴，却有别于传统的经济责任审计，是一项开创性的举措。自然资源资产审计范围涉及水资源、矿产资源、土地资源、森林资源、海洋资源等诸多方面，这些不同的自然资源资产，分别由不同的政府职能部门管辖，自然资源管理分散、信息破碎、标准不一，信息基础薄弱，信息提取难度大。近年来，测绘与地理信息部门着力推进地理国情普查和监测工作，获取了大量地形、水系、交通、地表覆盖等要素的基础信息，并对其进行了动态化、定量化、空间化的监测和变化统计分析。因此，地理国情监测内容与自然资源资产审计范围高度重合，开展地理国情监测，能为领导干部自然资源资产离任审计提供全面、系统、真实的自然资源资产基础信息和相关信息提取分析技术的支撑。

一　地理国情监测是领导干部自然资源资产离任审计的重要基础和支撑

（一）地理国情监测有助于公正开展领导干部自然资源资产离任审计

地理国情监测是党中央、国务院赋予测绘与地理信息部门的一项重大使命，在第一次地理国情普查工作中，测绘与地理信息部门按"所见即所得"原则获取了全国自然地理要素、人文地理要素的基本情况，包括地形地貌、植被覆盖、水域等的类别、位置、范围、面积及其空间分布状况。通过开展地理国情监测，对其变化量、变化频率、分布特征、地域差异、变化趋势等进行统计分析，形成反映各类资源、环境、生态、经济、人文要素的空间分布及其发展变化规律的监测数据、地图图形和研究报告。作为独立的第三方，测绘与地理信息部门所提供的普查和监测成果不带任何部门利益，更具权威性、客观性和公正性，契合审计工作权威、专业、公正的基本要求。

（二）地理国情监测有助于系统开展领导干部自然资源资产离任审计

开展自然资源资产审计，形成审计"一张图"，必须充分利用地理国情普查和监测成果。近年来，为满足自身业务需要，政府各部门相继开展了相关专项性监测。专项监测往往只关注与本部门业务管理范围有关的专题要素，各专项监测成果之间常常存在数据矛盾、不一致的情况，特别是耕地、水、林地等基础数据"打架"的问题尤为严重。不同于这些专项监测，地理国情监测从系统性、全面性的角度出发，能客观反映整个地表的变化情况，能全面反映各专题要素之间的关系，系统性地解决好自然资源资产所涉及的基础要素数据"打架"问题，实现自然资源资产基础数据的一致性、匹配性，为真正实现自然资源资产审计"一张图"奠定坚实基础。

（三）地理国情监测有助于精准开展领导干部自然资源资产离任审计

领导干部自然资源资产离任审计需要比较分析领导干部离任之时与上任之初的自然资源资产的变化情况，自然资源资产数量增加、质量变好、价值增加、收益增加，则给予好的审计结论，反之亦然。因此，它不同于一般审计，关注的不是整个过程，而是上任之初和离任之时两个时间点上的前后对比，对时间点的把握要求精准，若偏离任何一个时点，形成的审计结果都不

能客观反映领导干部的履职情况，离任审计有着精准的时效性要求，这正是地理国情监测工作的一个重要特征。与十年、五年一轮等定期开展的专项监测不同，地理国情监测就是要在不同时点上获取自然和人文地理要素的动态变化信息，分析其变化的合理性及驱动力，并以多种形式反映各类资源、环境、生态要素的空间分布及其发展变化规律。因此，地理国情监测能较好地满足领导干部自然资源资产离任审计对时效精准的要求。

二 地理国情监测服务领导干部自然资源资产离任审计的条件已经具备

浙江省地理国情普查与监测工作起步较早，在持续的地理国情普查与监测工作过程中，浙江省地理国情监测及相关数据成果日趋丰富，积累了一定的技术方法和工作经验，并形成了常态化的地理国情监测工作机制，培养了高水平的人才科研队伍，为领导干部自然资源资产离任审计工作顺利实施提供了有利条件。

（一）丰富的信息资源

通过第一次地理国情普查工作的开展，浙江省已形成了以地表覆盖、地形地貌、地理国情要素等基础性地理国情信息为核心，大陆海岸线、滩涂资源、海岛（礁）、陆域、水土流失、生态公益林、城市建成区、城市建成区绿地率及绿化覆盖率、平原区地面沉降等专题地理国情信息为补充的地理国情普查和监测成果数据库群，各市县也结合自身实际形成了丰富的地理国情普查成果，并将在此基础上开展常态化监测。此外，浙江省目前已全面实施1：10000比例尺基础地理信息"361"更新机制，建立了覆盖全省多源、多分辨率、多时相的影像定期获取机制与动态更新机制。建成了省、市、县三级互联互通的数字城市地理信息公共服务平台，并建成浙江省地理空间数据交换和共享平台。截至2016年6月底，浙江省地理空间数据交换和共享平台已经集成整合了41个省级部门和单位的258个大类、2459

个与地理空间位置有关的专题信息图层数据，并由各有关部门负责持续更新。这些数据资源都为领导干部自然资源资产离任审计提供了重要的数据保障。

（二）成熟的技术方法

浙江省在地理国情普查与监测工作中已经形成了较完善的技术方法，将为地理国情监测服务领导干部自然资源资产离任审计提供技术保障。天地一体化动态数据获取技术可以为领导干部自然资源资产离任审计工作提供数据源支持；遥感影像变化发现、高效能数据处理、自动化信息提取有助于实现领导干部自然资源资产离任审计的存量变量信息获取；智能化地理分析、海量时空数据库群等技术则可以为后期审计工作的数据整合和分析评价工作提供重要保障等。这些技术积累为达到审计流程中"总体分析、找出重点、发现疑点"的预期效果奠定了坚实的技术基础。

（三）常态的监测机制

浙江省已初步建立了监测数据获取、成果会商、审核、报批、发布、应用的地理国情监测业务运行机制，初步建成了集政策法规保障、组织机构保障、监测装备保障、人力资源保障、资金投入保障于一体的地理国情监测工作保障体系。2014 年，经省编委批准，浙江省测绘与地理信息局成立了浙江省地理国情监测中心，牵头承担全省地理国情监测工作。常态化地理国情监测工作机制的建立，为领导干部自然资源资产离任审计提供了重要的工作保障基础，同时也为地理国情监测与领导干部自然资源资产离任审计工作之间形成良性互动机制奠定了较好的基础。2012 年，浙江省测绘与地理信息局联合武汉大学建立了地理国情监测国家测绘地理信息局重点实验室，作为我国第一个地理国情监测方面的国家部级重点实验室，该实验室已成为地理国情监测关键技术研究、成果应用、技术支撑等的重要平台。目前实验室已进入正式运行阶段，为全省乃至全国地理国情普查与监测提供科研技术支撑。

三 地理国情监测服务领导干部自然资源
资产离任审计的探索和实践

（一）建立长效合作机制

2015年5月，浙江省测绘与地理信息局和浙江省审计厅签署了全面战略合作协议，建立起资源共享、优势互补、长期合作、互相支持、共同发展的合作关系，共同构建测绘与地理信息资源及技术服务于浙江省审计与社会发展应用的新格局。双方约定以党政领导干部自然资源资产经济责任离任审计工作的全面合作为切入点，采取循序渐进、积极探索的方法开展自然资源资产审计工作。

（二）共同开展试点工作

早在2013年，省审计部门在浙江上虞、桐庐等地开展国土资源专项审计工作时，测绘与地理信息部门和审计部门就开始合作。在专项审计中，测绘与地理信息部门协助审计部门，充分利用地理国情普查地表覆盖数据及遥感影像数据完成了对基本农田占用的专项审计，开发了国土审计地理信息系统。该系统得到国家审计署领导的充分肯定，目前正在国家审计署推广应用。

2015年7月，双方在磐安县、奉化市开展领导干部自然资源资产离任审计试点工作，先后共同开展了基本农田保护政策落实情况审计、土地整治项目虚报新增耕地情况审计、违规采矿情况审计、公益林占用情况审计、河道河流占用情况审计等工作，极大地提高了审计工作的效率和精准程度。

2016年初，为进一步满足浙江省审计工作的要求，双方联合编制了《地理国情监测服务自然资源资产审计试点工作方案》，利用地理国情监测技术支持玉环、松阳等十个县涉及自然资源资产的领导干部经济责任审计和开化县的领导干部自然资源资产离任审计。审计工作中，充分利用地理国情普查成果、高分辨率航空航天影像和地理信息空间分析技术，结合专题数据对试点县主要领导干部任期内的土地资源、森林资源、矿产资源、水资源、海洋资源等进行监测，确立了规划不协调审计、供地审计、耕地审计、围海用地审计、公益林审计、农业两区审计、土地开发项目和农村土地综合整治项目审计、矿产规划和开采问题审计等8个专题审计方向。通过试点，达到了审计工作流程中"总体分析、找出重点、发现疑点"的预期效果，并为后续自然资源资产审计标准规范和技术规程的制订积累了经验，得到了省审计厅的充分肯定，并邀请省测绘与地理信息局技术人员对全省参与自然资源资产审计的审计人员进行培训，明确要求各审计工作组需充分利用地理国情普查与监测成果开展领导干部自然资源资产离任审计。

通过试点工作的开展，利用试点形成的成果，双方又联合编制了《地理国情监测服务湖州市领导干部自然资源资产离任审计项目总体技术方案》，为国家审计署在湖州市开展的领导干部自然资源资产离任审计试点工作提供服务。

（三）建立完善保障机制

省委省政府高度重视地理国情监测在领导干部自然资源资产离任审计工作中的服务保障作用，《浙江省国民经济和社会发展第十三个五年规划纲要》明确提出，要"加强地理国情监测，有重点地将水、土地、森林、矿产、海洋等自然资源资产纳入审计范围，探索编制自然资源资产负债表，建立党政领导干部自然资源资产离任审计制度"。

同时，浙江省认真总结地理国情监测工作经验，积极探索地理国情监测工作法制化保障。目前，已经将《浙江省地理国情监测管理办法》列入2016年省政府立法计划，目前正在征求各设区市人民政府和省级各有关部门意见。该办法在监测内容、成果应用中都着重体现服务领导干部自然资源资产离任审计工作，积极推动地理国情监测服务自然资源资产审计进规划、进法律。

四 地理国情监测服务领导干部自然资源资产离任审计的建议

领导干部自然资源资产离任审计是地理国情监测服务经济社会发展的重要切入点，要做好该项服务，建议应重点做好以下三个方面的工作。

（一）完善技术方法和标准体系

1. 建立相关技术标准规范

测绘与地理信息管理部门和审计部门要共同完善自然资源资产监测要素的内容，以及反映森林资源、水资源、矿产资源、土地资源、海洋资源等的开发、使用、管理和保护情况的多项指标，确定各要素的监测周期，编制"自然资源资产监测要素内容与指标"；充分利用已经形成并成功运用的数据获取、调查技术方法，结合审计部门的需求，建立一套固化的自然资源资产要素监测技术方法，形成"自然资源资产要素监测技术规程"；结合地理国情普查与监测中形成的统计分析方法，科学确定自然资源资产要素的指标权重，形成"自然资源资产评价技术方法"；按照审计部门编制自然资源资产负债表对地理信息数据和技术的需求，联合编制"自然资源资产负债表编制技术规程"。

2. 建设审计"一张图"

基于研究形成的技术规程，按照审计部门自然资源资产本底库建设的需求，利用地理国情普查成果结合自然资源资产要素确权数据成果，完成自然资源资产要素的本底数据库建设，并按照审计需求进行常态化监测，完成审计"一张图"建设，完善领导干部自然资源资产离任审计的数据基础。

3. 建立自然资源资产监测与审计系统

在审计评价方法体系相对固定后，充分利用数字城市地理空间框架、地理信息公共服务平台及地理国情普查和监测等形成的丰富地理信息资源，运用高效能数据处理技术、智能化地理分析技术，探索开发基于地理国情大数据的自然资源资产监测与审计系统，实现快速调用审计数据、联网审计、在线分析评价等功能。

（二）建立业务协同机制

地理国情监测和领导干部自然资源离任审计分别是测绘与地理信息部门和审计部门当前开展的重要工作，如何使两项工作融合开展，双方需要建立包含会商、监测以及数据审核发布与提供使用等环节，良性互动的业务协同机制。会商环节通过会商来协调分工与合作，在会商工作中测绘与地理信息部门可结合自然资源资产审计工作的需要对地理国情监测内容和指标进行相应调整；监测环节是指在完成会商后，由测绘与地理信息部门落实自然资源资产要素的监测工作，并在此基础上开展自然资源资产分析评价；成果审核发布与提供使用环节主要是双方部门对自然资源资产分析评价成果联合会商审核，并形成成果使用意见。

（三）健全相关保障体系

1. 法律保障

地理国情监测服务自然资源资产审计作为一项全新的工作，需要以法律法规的形式明确测绘与地理信息部门的职责，将地理国情监测服务自然资源资产审计工作涉及的制度规定、体制机制、工作程序、经费保障、监测标准和成果应用以法律法规形式固定下来。

2. 机构保障

《国家测绘地理信息局全面深化改革的实施意见》提出，应按照地理国情监测的业务需求，对现有事业单位布局进行适度调整，提升事业发展的质量和效益，保持测绘地理信息发展的持续和健康。结合地理国情监测服务自然资源资产审计工作的需求，应积极争取在测绘与地理信息部门"三定"方案中增加服务自然资源资产审计职责，并指定或新建专门的研究和工作部门，对地理国情监测服务自然资源资产审计开展研究，指导相关工作开展。

3. 人员保障

自然资源资产审计是新型审计，涉及多个专业领域，对技术人员专业复合性要求较高，测绘与地理信息及相关技术人员，虽然拥有深厚和丰富的专业背景及经验，但是大都对审计的专业性问题缺乏客观的认知，除引进相关专业人才外，需完善测绘与地理信息部门和审计部门双方合作机制，双方互派技术人员互相学习，完善现有工作人员的知识结构，进一步提高审计工作效率。

4. 资金保障

地理国情监测服务领导干部自然资源资产离任审计工作的资金预算应该纳入国民经济及社会发展年度计划和财政预算，为地理国情监测服务自然资源资产审计提供必需的资金保障。

地理国情监测服务领导干部自然资源资产离任审计是一项复杂的系统性工作，涉及两项业务工作的融合，建议采用分步实施的方式。第一阶段以基础测绘、地理国情普查和监测的成果数据及相关技术按专业部门现行标准进行审计，重点探索审计内容和指标。第二阶段利用地理国情普查和监测获取的各类自然资源资产基础数据，应用科学的监测和审计方法，结合自然资源资产负债表，制定统一的自然资源资产审计标准。第三阶段联合审计部门共同开展全域范围内各类自然资源资产本底数据库建设，完成审计"一张图"建设，建立自然资源资产审计的长效机制。在分步实施的过程中，循序渐进地完善政策法规和技术方法、建立业务协同机制、健全工作保障制度，使地理国情监测工作和领导干部自然资源资产离任审计工作相互推动，相互促进，共同发展。

B.9
从保障空间规划"多规合一"探索
测绘地理信息供给侧结构性改革

王冬滨*

摘　要：　2015年，海南省开展了省域"多规合一"试点工作，测绘地理信息在其中发挥了至关重要的作用。当前，虽然测绘地理信息在社会经济中的占比不断加大，服务能力持续增强，但在供需关系上还存在不少亟待解决的突出矛盾和问题，只有与中央重大经济举措同步，从地理信息产品、服务、制度和创新人才等方面探索地理信息供给侧结构性改革，才能更好地服务经济社会的发展，从而全面提升测绘地理信息社会服务能力，保障测绘地理信息产业持续健康发展。

关键词：　测绘地理信息　多规合一　创新　供给侧改革

供给侧结构性改革是当前社会经济改革的高频热词，2015年11月习总书记在中央财经领导小组第十一次会议上提出，"在适度扩大总需求的同时，着力加强供给侧结构性改革，着力提高供给体系质量和效率"。在十二次会议上强调："供给侧结构性改革的根本目的是提高社会生产力水平，落实好以人民为中心的发展思想。"从经济运行看，我国经济发展新常态要求坚定不移推进供给侧结构性改革，强化新的发展动力，以解决当前经济社会

---

* 王冬滨，海南测绘地理信息局局长、党组书记，高级工程师。

快速发展所产生的供需突出矛盾。

"多规合一"正是全面响应深化改革的重大举措。2015年6月，中央全面深化改革领导小组第十三次会议决定将海南列为全国唯一的省域"多规合一"改革试点，同意海南省就统筹经济社会发展规划、城乡规划、土地利用规划等开展省域"多规合一"改革试点。海南测绘地理信息局认真落实中央和省委省政府工作部署，充分利用现代测绘地理信息技术、时空数据库技术和网络技术，保质保量地完成了工作任务，为海南省域"多规合一"工作提供了强有力的测绘地理信息服务支撑。

通过开展"多规合一"测绘地理信息保障服务工作，结合中央供给侧结构性改革精神，对工作中产生的问题和测绘地理信息在供给侧方面的改革方向有了更深刻的认识。和经济改革类似，测绘地理信息事业同样存在需求侧改革和供给侧改革，但主要以供给侧改革为主。产业发展初期，测绘地理信息部门的主要职责是保障国土安全和服务国家重大战略决策，在供给侧的服务方向和模式较为单一。近些年，测绘地理信息得到了长足发展，服务对象由国家层面向社会公众和各行各业全面拓展。因此，高度重视供给侧改革，对于长期居于供给侧的测绘地理信息意义更加重大。中央在供给侧改革中提及的五大任务"去产能、去库存、去杠杆、降成本、补短板"，在测绘地理信息产业发展中也具有针对性。"去产能"要求进一步释放和发展生产力，减少无效输出，促使产业持续、健康、快速发展；"去库存"要求进一步发展产品体系，解决低端无效产品积压问题，提升高效产品服务能力；"去杠杆"则可以引申为正确引导产业经济市场有序发展，营造良性的投资与产出环境；"降成本"要求加大科技创新投入，全面降低生产成本；"补短板"要求深化改革，深入挖掘各行各业需求，从而补齐服务短板，促进更高端和高效的供给侧服务。

一　丰富产品体系，扩大有效供给

在海南省"多规合一"工作中，海南测绘地理信息局向各厅局、各市县提供的数字海南地理空间框架建设成果和海南省第一次全国地理国情普查成果共计 50000 余幅，数据量达 2765.1GB，这些数据成果和统计分析报告为海南省"摸清家底"和规划协调作出了巨大贡献。根据所提供的应用服务统计，电子地图、遥感影像产品、可视化的信息服务平台和统计分析报告这几类地理信息产品需求量最大，所提供的服务最多。而传统的"4D"等地图产品需求量则小得多。《测绘地理信息统计年鉴（2015）》同样研究发现，"主要生产的基本比例尺地形图、测绘基准成果等传统测绘成果使用量逐年下滑，数字正射影像（DOM）、航摄影像、卫星影像等新型数字化测绘成果的需求大幅上升"，这是产业发展所表现出来的供需矛盾之一。

这类矛盾的产生具有其历史原因，测绘地理信息工作起源于军方，早期的产品主要服务于军事战略储备和国土安全保障，是一个服务导向较为单一的行业。从 21 世纪初开始，基于空间位置的地理信息服务得到了突飞猛进的发展，电子地图的广泛应用使测绘地理信息服务真正走向了社会公众。社会公众对于"位于什么地方""目的地在哪儿""最短路径"和"周边环境如何"等地理信息服务产生了巨大需求，而这些需求恰恰是当前产业供给侧改革的发展方向和其弱势所在。

从"多规合一"测绘地理信息保障服务来看，需求量巨大的产品具备通俗易懂、识别简单和操作简便等特点。这些特点要求我们大力推进测绘地理信息供给侧改革，从产品的有效供给出发，全面提升测绘地理信息产品对社会公众需求变化的适应性和灵活性。早在 2014 年，国务院办公厅印发的《关于促进地理信息产业发展的意见》就明确要求，"繁荣地图市场，鼓励制作和出版多层次、个性化、群众喜闻乐见的优秀地图产品，开发出版城市及公路水路交通多媒体地图和三维虚拟地图等特色地图。积极发展地理信息文化创意产业，开发以地图为媒介的动漫、游戏、科普、教育等新型文化产品，培育大众地理信息消费市场"。结合中央改革要求，要在保障战略储备和国土安全的基础上，从公众角度出发，注重市场和消费心理分析，大力创新大众化产品，进一步丰富测绘地理信息产品体系，全面提升测绘地理信息公众消费端的有效供给。

当前，测绘地理信息成果的表现形式正在推陈出新。三维模型、实景地图、裸眼立体图和专题统计分析报告等产品已与传统的测绘成果大不相同。但是这些产品尚未形成完整的体系，其产品模式和服务方式还不固定，相应的生产体系和标准规范还不健全。需要在传统"4D"产品定义的基础上，从简化、衍生和创新等角度丰富确立新的产品体系，保障社会公众对于新型地理信息产品"看得懂、用得着"。

同时，从测绘地理信息自身的优势和特点出发，充分结合激光扫描、倾斜摄影、360度全景和虚拟现实等现代测绘地理信息技术，从创新体验出发，形成更加优质的中高端产品，以更加新潮、人性化和舒适的用户体验提供地理信息服务，引领社会公众在更广阔的生活领域使用测绘地理信息服务，从而进一步拉动社会对测绘地理信息产业的需求。

二　调整产业结构，强化主动服务

此次"多规合一"工作开展中，海南省委省政府首次将测绘地理信息部门置于整个改革服务的核心位置，要求各规划单位将空间规划数据统一汇交至测绘地理信息局，由测绘地理信息局组织开展空间基准一致化处理、规划指标统计分析、冲突矛盾查找、各类规划协调和"一张蓝图"信息化服务等一系列工作。海南省王路副省长多次在会议中表示，测绘地理信息部门在海南省总体规划"一张蓝图"的形成过程中发挥了至关重要的作用。在时间紧、任务重的情况下，如果依靠传统的人工手段，单单是排查127.9万块冲突图斑，在短时间内就是不可能协调完成的。对于成绩的取得，一方面有感于测绘地理信息在"多规合一"中展现了优势，发挥了作用。另一方面更加感慨的是测绘地理信息服务并不为社会所深入了解，我们所能提供的服务不单单是基础地理信息数据和简单的空间统计分析，还能够充分结合行业需求，开展诸如规划质量评价、项目审批过程决策支持和项目实施进度监督管理等综合性的专业服务。

以昌江黎族自治县政府开展"多规合一"工作为例。该县到海南测绘地理信息局调研县级总体规划完成情况，我们简要地介绍了搭建的空间三维地理信息平台，利用三维环境介绍县级总体规划编制情况和现状地表覆盖情况，以及制作的精细三维模型。分管副县长听完介绍后，对测绘地理信息服务于社会化生产表示了浓厚的兴趣，并表示，若是借助多时相高分辨率遥感影像，结合三维场景，基本上在一天内可以完成昌化江两岸的规划协调。而如果依靠人工实地踏勘，需要花费一个多星期才能完成该区域的规划协调工作，既耗时又费力。而且，精细三维模型的引入，可以直观地进行建设项目布局，避免了盲目拍脑袋决定问题。今后一定要加强深入合作，引入更多更先进的测绘地理信息技术和装备，全面提升政府管理决策水平。

测绘地理信息部门一直是空间地理信息资料获取、生产和服务的核心部门，拥有最新最全的数据资料，掌握最前沿最实用的地理信息技术，为政府单位和社会公众提供基础性地理信息服务。然而，目前的技术实力与社会对测绘地理信息的认知并不匹配。要在社会经济中占据更加重要的地位，就要求测绘地理信息部门坚持改革，调整产业结构，持续强化主动服务，让先进的生产力真正推动社会经济建设。

"十二五"以来，国家测绘地理信息局将"服务大局、服务社会、服务民生"确定为产业服务宗旨，各级测绘地理信息部门扎实推进改革实施，努力改变"重生产、轻应用"的传统观念。但综观整个行业服务，改革还不够彻底，转型升级速度还不够快。要将主动服务的观念牢牢树立在每一个测绘工作者心中，在政府部门、行业单位和社会公众等各个层面充分展示丰富的地理信息资源和先进的技术能力。坚持"走出去"战略，和各行业加强深度合作，深入挖掘应用需求，全面促进由单一地图及地理信息数据服务向网络化、综合性和专题性的地理信息服务转变，持续加强按需、可定制的测绘地理信息服务，从而全面提升测绘地理信息在供给侧的服务能力。

三 改革生产方式，释放新型生产力

当前，尽管测绘装备和技术能力不断推陈出新，测绘地理信息生产力

得到了长足发展，从传统的实地踏勘到航空航天遥感数据获取，从传统的手工清绘到全流程自动化的数字产品生产，但由于我国幅员辽阔，测绘生产队伍规模有限，再加上测绘产品生产有严格的精度要求，要全面达到实时测绘、按需测绘的目标还存在较大差距。由经济社会发展对测绘地理信息日益增长的需求与相对落后的测绘地理信息生产力之间的矛盾，短时间内无法调和。

在海南省"多规合一"工作中，该矛盾同样存在。由于人力物力有限，总体规划的实施得不到有效监控，建设项目的落地得不到实时监管，无法确保"一张蓝图干到底"。面对此类供需矛盾，解决问题的唯一途径是创新生产模式，发掘新的生产力，让更多社会性力量参与到工作中来。利用创新思维，"多规合一"试点构建了信息公共平台，通过建立公众沟通渠道，向社会公众展示总体规划"一张蓝图"成果，实现规划项目审批、监管和执法信息的全面公开。并借助公众对于有关切身利益的规划最为关注、对于身边自然地理环境的变化最为敏感的情况，充分发动群众的力量开展规划的监督管理工作，达到了事半功倍的效果。

同样，测绘地理信息若要实现实时测绘和按需测绘的目标，必须充分发挥公众的力量。在国际上，谷歌通过奖励的方式鼓励公众上传实景照片，从而开创了街景地图和实时地图的先河。Open Street Map 项目采用的是网上地图协作计划，基于互联网创建供人自由编辑的世界地图，并提供公众地图服务，其信息的及时性、高效性在多次应急救援中发挥了巨大作用。这些成功的经验和模式，对于建立和完善"大众测绘"体制，极具借鉴意义。

随着社会信息化水平的飞速发展，手机、平板、便携电脑和航空模型等个人生活设备已具备一定的地理信息采集功能，而现代通信手段也能满足采集数据的实时传输需求。因此，全面开展"大众测绘"已初步具备条件。但开展"大众测绘"首先需要建立的是一整套完善的机制体制。一方面，在严格保障地理信息安全的基础上，对测绘地理信息全要素进行分解，筛选适合公众更新的要素，明确内容体系和采集要求，并通过公共渠道共享服务。另一方面，建立严格的数据质量核准与信息准入机制，保障公众提交信息的严肃性和准确性。另外，建立一定的奖励机制，鼓励大众积极参与空间信息的获取、更新和维护工作。借助公众这股全新的生产力，努力实现测绘地理信息的实时更新，为社会经济发展提供更高时效的测绘地理信息保障。

四 建设创新队伍，保障供给侧改革

诚如习总书记所讲，"致天下之治者在人才"，人才是推动改革的唯一原动力，全面实施供给侧结构性改革的关键在于创新性人才的培养，也是上述三方面改革的重要保障。在"多规合一"工作的执行过程中，我们充分意识到，只有融入其他行业，才能提供精准高效的地理信息服务。人才队伍建设需要向全面综合性发展，兼备专业测绘地理信息技能和行业专题知识。为了集中优势力量，保质保量完成中央"多规合一"改革试点工作，海南测绘地理信息局在创新型人才队伍上狠下功夫，通过对各事业单位职责进行梳理调整，整合归拢一批高精尖地理信息服务人才，形成创新人才队伍的主体和拳头力量。结合校园招聘和合同聘用转编等手段，补充高学历高技能的人才队伍。同时，与大专院校和优秀的企事业单位保持互动，聘用高层次技术和管理型专家，共同开展创新型人才队伍建设。并将上述人才队伍建设的手段和方法，形成稳定模式，保持人才队伍持续稳定向上发展。

近年来，以计算机、网络技术和现代通信技术等为代表的现代信息技术不断影响和改变着经济与社会生活，移动互联、云计算、物联网等新兴产业层出不穷，信息技术越来越呈现多元发展的趋势。在现代信息技术发展的背景下，测绘地理信息作为国家重要的基础性、战略性信息资源，与信息技术之间的融合已越来越密切，并催生了现代测绘基准关键技术、地理信息实时化获取关键技术、地理信息自动化处理关键技术、地理信息智能化管理与网络化分发技术和地理信息社会化应用技术等一系列科技创新重点方向，促使测绘地理信息真正成为知识和技术密集型行业。

而作为知识和技术密集型行业，创新是支撑其科学发展的不竭动力，人才是创新要素中最具能动性的核心要素，培养和造就一大批掌握现代测绘地理信息科技知识并具有创新能力的综合型科技创新人才是测绘地理信息事业取得长足发展的关键。必须紧紧围绕测绘地理信息事业发展的实际需要，以科学发展观为统领，以提高人才队伍素质为目标，以优化人才队伍结构为主线，以能力建设为核心，以创新机制为动力，充分发挥人才资源优势，尤其要促进高素质综合性人员聚集发展，培养更多的复合型、创新型测绘人才，引领和支撑我国测绘地理信息事业快速发展，从而保障测绘地理信息供给侧结构性改革能够全面彻底完成。

五　小结

随着经济进入新常态，社会信息化程度不断深入，测绘地理信息产业获得千载难逢的机遇期。天地图、数字城市和地理国情监测平台的应用不断深入各行各业和社会公众生活，差异化的需求持续旺盛，对服务水平的要求越来越高。测绘地理信息产业的发展要全面贯彻中央精神，借助供给侧结构性改革的东风，利用科技创新的利器，吹响全面改革的号角。测绘地理信息服务要更加贴近社会经济生活、贴近实际应用需求，测绘地理信息产品能够引领新一轮的产业需求，测绘生产力更加发达，人才队伍结构更加合理，创新能力持续增强，产业发展更加坚实有力。

参考文献

陈小亮、陈彦斌：《供给侧结构性改革与总需求管理的关系探析》，《中国高校社会科学》2016 年第 3 期。

邓磊、杜爽：《我国供给侧结构性改革：新动力与新挑战》，《价格理论与实践》2015 年第 12 期。

《国务院办公厅关于促进地理信息产业发展的意见》，2014。

刘芳：《以需求为导向探索测绘地理信息供给侧改革》，《中国测绘》2016 年第 2 期。

《王春峰副局长就〈全国基础测绘中长期规划纲要(2015～2030年)〉答记者问》。

王佳宁、盛朝迅:《重点领域改革节点研判:供给侧与需求侧》,《改革》2016年第1期。

《新常态下的测绘地理信息研究报告(2015)》,社会科学文献出版社,2015。

张驰:《读懂"供给侧结构性改革"》,《经济导刊》2016年第2期。

B.10
测绘地理信息服务"多规合一"
理论探索与应用实践

李占荣*

摘　要：　本文通过整理分析国外发达国家建立空间规划体系的经验，
　　　　　探讨我国现行空间规划体系中存在的突出问题，提出我国需
　　　　　要构建新的空间规划体系、探索"多规合一"体制机制，这
　　　　　也对测绘地理信息提出了现势性需求；深刻理解"多规合
　　　　　一"的核心要义，研究其理论基础，并通过试点试验区的实
　　　　　践对"多规合一"进行基础性验证；分析测绘地理信息对
　　　　　"多规合一"的服务重点，通过不断的试点试验，形成测绘
　　　　　地理信息数据服务于空间规划底图编制的理论方法，为构建
　　　　　我国空间规划体系基础理论起到技术支撑作用。

关键词：　多规合一　空间规划体系　地理国情监测　试点实践

一　引言

　　党的十八大将"大力推进生态文明建设"上升到国家战略高度，并提
出要求：到2020年，资源节约型和环境友好型社会建设取得重大进展，主
体功能区布局基本形成，推进市县落实主体功能定位；国土是生态文明建设

＊　李占荣，国家测绘地理信息局经济管理科学研究所副所长，高级工程师。

的空间载体，健全空间规划体系，优化国土空间开发格局，要形成城镇、农业、生态三类空间格局；推动经济社会发展、城乡、土地利用、生态环境保护等规划"多规合一"，构建新的市县规划体系。

一些发达国家已经形成了完整的空间规划体系。以"低地之国"著称的荷兰早在1951年就针对荷兰西部土地需求问题，开始编制空间规划发展纲要，逐渐形成多中心"绿心"思想，一直影响着荷兰的空间规划政策。1960年，荷兰政府将"统筹兼顾公平与效率"目标作为空间规划的出发点，开始正式编制空间规划，延续到现在。尽管不同时代荷兰的空间规划目标都有所调整，但追求高质量的人居生活一直都是荷兰空间规划最明确的目标，始终遵循五个原则：城市化集中发展、空间聚合性、空间多样性、空间等级性、空间发展正当性。这些原则是荷兰空间战略规划的主要框架，保证了荷兰空间发展的可持续性。联邦德国一直非常重视本地区的空间发展规划与措施，早在1965年就颁布了第一版《空间规划法》，对空间规划的任务和原则、联邦层面和联邦州层面如何制定空间规划法律、空间规划方法等内容都作了详细的规定，对德国空间区域的不同功能区划分作了战略性的规定。联邦政府定期编制《空间规划报告》，提交德国议会审议。报告提出空间发展原则，对进一步的空间规划必要性进行评估，作为各州编制空间规划的依据，以及政府投资项目的依据。

我国现行的规划体系是以经济社会发展规划为依据，开展城乡、土地利用、生态环境保护等规划。其中经济社会发展规划是约束性和指导性规划，虽然编制、审判、修改、监督等程序严谨规范，需要各级人大会议表决通过，但经济社会发展规划是目标性规划，空间约束力不强，对空间统筹管理相对不够。经济社会发展规划强有力地约束和指导城乡、土地利用、生态环境保护等空间性规划，这些行业空间性规划有缺位、越位和错位现象，规划的科学性、严肃性和指导性差，造成了规划相互掣肘、内容交叉重叠、开发边界不明确等现象。因此，需要研究探索"多规合一"体制机制，重构市县规划体系，解决各行业管理空间要素的空间基准、规划期限、技术标准不一致的问题，形成一个市县一本规划、一张蓝图统领和科学规划市县经济社会发展。

我国需要重构空间规划体系，有识之士早有探索和实践，广东省、上海市、福建省等多个省份先行开展一系列的规划体制改革试验。国家层面的规划体制改革始于 2014 年，当年 8 月，国家发展和改革委员会、住房和城乡建设部、国土资源部和环境保护部四部门联合下发文件，各自选取技术团队、试点市县、技术路线，共计在 28 个市县开展"多规合一"试点试验。11 月，国家发展和改革委员会为实现经济社会发展规划的空间性、可视性，要求各市县创新编制"十三五"经济社会发展规划，明确提出要强化空间布局，优化空间结构，科学划定城镇、农业、生态三类空间，特别是要将经济社会发展与优化空间布局融为一体，体现到经济社会发展的总体规划中，引导市县编制统领发展全局的总体规划，统筹各类空间性规划。12 月，为了更好地完成经济社会发展规划的空间化，国家发展和改革委员会与国家测绘地理信息局联合组织了应用地理国情普查与监测技术开展"十三五"市县经济社会发展规划编制试点试验，为创新编制"十三五"市县经济社会发展规划做好基础性研究、生产试验和应用示范。

应用地理国情普查与监测技术开展"十三五"市县经济社会发展规划编制，在深入研究和探索后，形成了一套完整的技术方法和技术流程：采用地理国情普查等测绘成果数据、各类规划数据、人口经济等社会数据，对现有的国土空间地表现状与各行业规划管理的空间性数据进行梳理，对于空间性规划数据与地表客体之间，以及空间性规划数据之间的矛盾冲突进行分析处理；利用研究确定的技术指标体系，对市县进行单指标发展适宜性评价，综合多指标评价，充分考虑地表客观现状，得出市县区域内空间发展适宜性评价，根据地方实际情况，初步划分城镇、农业、生态三类空间，在三类空间上落实城镇发展边线、永久基本农田保护线、生态保护红线，与市县政府各部门，以及遥感影像进行核实后，划定空间规划的基础底图——市县三区三线图；按照各类空间的差异化管理原则，在三区三线图上有机整合和融入各类空间性规划，形成市县的一张蓝图、一本规划、一个管控平台，以及在此过程中形成的针对地方的技术规程、体制机制。实现市县一张蓝图绘到底，一本规划干到底，一个平台对空间规划信息管到底。管控平台是信息化管理手段，自动完成矛盾比对分析、投资项目预审批、规划数据更新、监督、评估，保证空间发展有序进行。

二 测绘地理信息服务"多规合一"研究探索

（一）"多规合一"的核心要义

"多规合一"的核心要义是保护，按照主体功能区规划理念，在符合保护原则的前提下，进行适度的开放，党中央国务院特别重视"多规合一"的空间规划，就是要防止地方政府过度开发，甚至无序开发。

过去 30 多年我国处于经济高速发展阶段，在发展的起步阶段，对周围空间影响不十分明显，但发展到一定规模、时期，如果不进行科学规划，就是以牺牲环境为代价获得经济利益。过去市县政府优先考虑发展，依据向哪个方向发展、如何发展能达到利益最大化，再征用土地，促进市县经济社会发展。国家为了保证粮食安全问题，需要足够的耕地，在土地利用的主要调控指标中，耕地保有量、基本农田面积、城乡建设用地规模、新增建设占用耕地规模、整理复垦开发重大工程补充耕地规模、人均城镇工矿用地六大约束性指标，都是由国家下达，有法定数量，各省、市、县占用的耕地，即使获得了批准，也需要与占用草地、林地补充平衡。因此，过去的规划，是首先确定城镇发展需要用地，划定城镇发展需要用地规模和发展方向，调整土地，再确定农业用地，划定耕地及基本农田，最后再确定生态用地。

"多规合一"空间规划是首先确定生态保护红线和永久基本农田保护线，对于空间开发负面清单，也就是受自然地理条件等因素影响不适宜开发，或国家法律法规和规章规定明确禁止开发的空间地域，包括基本农田保护区、自然保护区、风景名胜区、森林公园、地质公园、世界文化自然遗产、水域及水利设施用地、湿地、饮用水水源保护区等禁止开发，并将受地形地势影响不适宜大规模工业化城镇化开发的空间地域严格保护起来，不作开发，放入生态空间，甚至放入生态红线区，或在农业空间内的永久基本农田保护区。其余区域再按照主体功能定位，对空间发展适宜性进行评价，再对全县域划分生态空间、农业空间，按照以人定地、以产定地的原则划分城

镇发展边界，划分城镇空间。也就是说，空间规划是先划定生态空间，再划分农业空间，最后才划定城镇空间。

（二）"多规合一"基础性研究

国土空间发展分布反映到用地上，是人口用地、工作场所、基础设施、农业、森林、草地，其中人口用地、工作场所和基础设施组成了区域的城镇社会环境。影响空间发展分布和居住结构的主要因素包括人口、工作场所和基础设施网络，三者之间相互作用，构成区域的社会环境，空间发展趋势由各因素及其空间分布状况决定。人口和工作场所决定了交通网络的密度，影响着交通网络分布，同时基础设施往往又决定着人的居住地和工作场所的选址。人口、工作场所和基础设施的空间分布具体通过人口居住用地、生产建设用地的使用反映出来，社会发展对土地总有新的需求。

根据影响国土空间分布的主要因素研究结果，确定影响三类空间分布的发展适宜性指标为：地形地势、交通干线影响、区位优势、人口聚集度和经济发展水平，以及约束性指标——可利用土地资源、可利用水资源、自然灾害影响、生态系统脆弱性和生态环境容量共计十大指标。发展适宜性指标是评价市县三类空间发展适宜程度的指标，是国土空间开发评价的必选指标；约束性指标是指约束和限定市县三类空间发展类型的指标，地方根据实际情况选择使用。发展适宜性指标和约束性指标由多个影响因子构成，依据地方实际情况，结合各类空间性规划的区域空间分区和管制方法，利用地理国情普查成果和人口经济数据，对指标的影响因子进行数据分析计算、等级划分，得出单项指标的评价图，将各单项指标进行叠加处理，得到多指标综合评价图，结合地表实际情况和各类相关规划，对全县域国土空间开发适宜程度进行综合科学评价。根据综合评价结果，结合地方实际，划分三类空间。研究确定三类空间的发展管控原则，布设市县经济社会发展任务。

（三）"多规合一"生产试验

对影响市县国土空间开发适宜性的研究结果，需要经过实践验证。调研组选取 28 个试点市县如黑龙江省的哈尔滨市阿城区、佳木斯的同江市作试点，试点试验结果在黑河市的孙吴县等市县作验证，进行了"多规合一"基础性研究第一轮生产试验。2015 年 9 月初步研究成果全国发布后，又选取浙江等省市几十个市县为试点示范区，进行了研究成果的试验、验证、修改、完善。在试验示范过程中，对单项指标及其阈值的确定进行反复的试验，多方征求意见和考证，包括吸纳城乡规划、土地利用规划等变化编制所使用的标准和规范，如坡度 25 度以上土地划入生态空间，城市建设用地适宜性评价分级 5%、10%、15%、20%、25% 等都引进了国土、住建部门的有关技术标准和规范。在人口集聚度评价中，人口密度计算可以采用城镇建设区内人口密度，不采用全区域内人口密度，就是借鉴德国、荷兰等国的一些成功做法。在多方征求各地专业人士的意见后，城镇空间边线确定时，对狭长的不构成集中连片的区域，即使适宜城镇发展建设，也不被划入城镇空间，同样生态空间边线一定是连片有生态功能意义的边缘。因此，对未来空间规划的城镇空间、农业空间、生态空间等有实际定位意义的空间边线，即与实际现状边线有一致性，可以进行空间管控，又与未来发展的趋势和规律相吻合，由实入虚地形成了空间规划边界。

在对地表现状分区进行确定时，需要与住建、国土、环保等管理的核心数据（如永久基本农田范围、生态保护核心区等）进行叠加分析，对矛盾检测（如耕地林地矛盾，是否退耕还林、退耕还湿，自然保护区内建筑物是否拆除等），将矛盾及解决建议告知地方政府，无异议后，可以直接进行矛盾处理。对于需要地方政府不同层级部门协调解决的其他矛盾，多方面协调后，初步划分市县三类空间。

对于单项指标评价和多指标综合评价，要结合地方实际。对于平原地区和山地丘陵地区以及高原地区，对地形地势指标评价阈值进行调整。对于江浙各省城镇密集地区和新疆等城镇稀疏地区，区位优势指标、人口集聚度、经济发展水平等指标计算要结合地方实际考虑确定。对于像华北地区地下水漏斗这种特殊区域，要作为负面清单内容考虑，不宜再进行空间发展，进行严格保护"修养"。我国沿海有 11 个省市，濒海市县的陆域部分三类空间

与海域空间发展有机结合，沿海地区围海造地等，也需要结合我国其他规划，以及地方实际情况综合考虑和确定市县空间发展。

三　测绘地理信息在"多规合一"中实践

自 2014 年起，近一年的研究探索和生产试验，以及 2015～2016 年一年多全国范围的典型应用示范，形成了测绘地理信息数据服务于空间规划底图编制的一套理论方法：2015 年 9 月以文件下发的《市县经济社会发展总体规划技术规范与编制导则》及其附件"空间规划底图技术规程"和"制图基本要求"；2016 年 9 月已经报送国家发展改革委的《三区三线划分技术规程》及其附件"空间规划工作底图编制技术规程""制图基本要求""多规衔接协调技术规程"等作为核心技术内容，被编入国家发展改革委的"多规合一"试点总结材料。从 2016 年 10 月开始，中央财经领导办公室安排由国家测绘地理信息局牵头，国土、住建、环保等部门参加，利用发展改革、国土、住建提供的"多规合一"试点材料编制《市县空间规划编制技术规程》。

《市县经济社会发展总体规划技术规范与编制导则》作为空间规划底图编制的指导性技术文件，很好地贯彻主体功能区划的理念，利用其理论方法，可以对市县资源禀赋、发展适宜性进行科学评价，形成了单指标及多指标综合评价图（见图 1），通过与地方实际相结合，形成了开发适宜性评价、三类空间、三区三线结果图（见图 2）。对市县主体功能区进行细化，划定市县三类空间，确定市县空间格局，为进一步的空间规划和经济社会有序发展奠定空间基础。

市县空间规划中划分三类空间方法，采用了专家团队进驻、专家技术指导、项目合作等模式，在浙江、广西、福建、湖北、贵州、黑龙江、吉林、天津、新疆、四川、宁夏等地，进行从南到北，由东至西，辐射中原的全方位理论实践验证，修改完善后，形成了《三区三线划分技术规程》及其附件，这套理论方法可以科学迅速地推进"多规合一"工作，是构建我国空间规划体系的基础理论，将为我国空间规划发展起到很好的技术支撑作用。

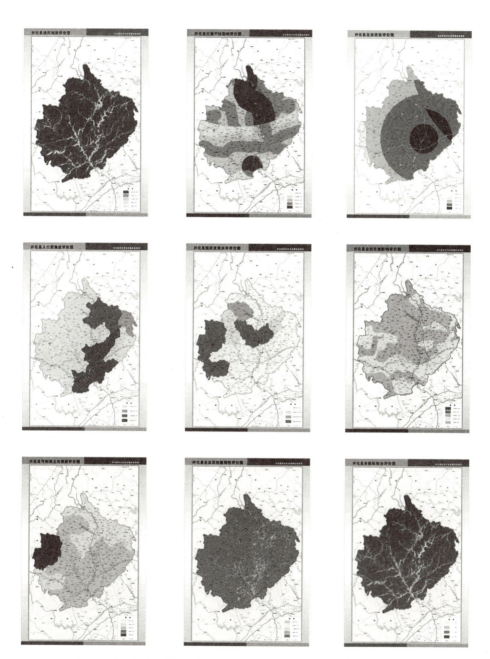

图1 "多规合一"试点试验单指标及多指标综合评价结果系列图

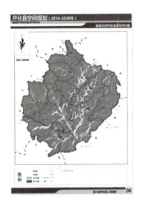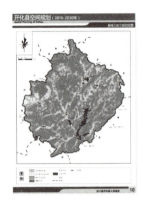

图2 "多规合一"试点试验开发适宜性评价、三类空间、三区三线结果图

参考文献

华晨：《兰斯塔德的城市发展和规划》，《城市规划汇刊》1996年第6期。

谢敏：《德国空间规划体系概述及其对我国国土规划的借鉴》，《国土资源情报》2009年第11期。

B.11
京津冀地区重要地理国情监测与分析

翟 亮 宁晓刚 骆成凤 张永红 周星宇*

摘 要： 本文从重点大气颗粒物污染源空间分布、植被覆盖、城市空
间扩展、地表沉降等四个方面介绍了2014年度京津冀地区重
要地理国情监测成果，开展了京津冀地区监测成果的综合分
析。通过监测发现：京津冀大气污染问题依然突出；京津冀
城市群的城市空间扩展明显，以中心城区向外围的"组团"
式扩展为主；京津冀地区植被覆盖状况总体上呈轻微变好趋
势，但植被覆盖状况变化的地域性差异明显；京津冀地表沉
降形势严峻，且三地沉降漏斗有连接成片的趋势。京津冀地
区重要地理国情监测成果可为京津冀生态文明建设、空间规
划管理等提供有力保障。

关键词： 京津冀 大气颗粒物污染源 城市空间扩展 植被覆盖度
地表沉降

目前，能源资源相对不足、生态环境承载能力不强已成为我国的基本国
情。党的十八届三中全会明确提出，要加快生态文明建设，迫切要求地理国
情普查和监测提供权威、可靠、及时的国情国力数据。2013年全国第一次

---

* 翟亮，副研究员，博士，中国测绘科学研究院地理国情监测研究中心，主要从事地表覆盖遥
感分类、地理国情监测等工作；宁晓刚、骆成凤，副研究员，博士，中国测绘科学研究院；
张永红，研究员，博士，中国测绘科学研究院；周星宇，硕士研究生，中国测绘科学研究院。

地理国情普查以来，国家测绘地理信息局按照"边普查、边监测、边应用"的原则，开展了一系列重要地理国情监测工作。京津冀地区作为中国的政治文化中心，不仅是国家管理、对外交流、技术贸易和交通枢纽地区，也是特大城市人口、科技、教育等最集中的地区。2013年，京津冀一体化发展上升为重大国家战略。2015年4月30日中共中央政治局审议通过《京津冀协同发展规划纲要》，纲要指出，生态环境保护要作为京津冀协同发展的突破口，没有环保一体化，就没有京津冀一体化。在京津冀地区协同发展的国家重大战略背景下，中国测绘科学研究院在国家测绘地理信息局的指导下，与北京市规划委员会、天津市规划局、河北省地理信息局、中国环境监测总站和中南大学等单位密切合作，开展了2014年度京津冀地区重要地理国情监测工作，旨在为京津冀协同发展提供可靠的地理国情信息支撑。

2015年9月16日，在北京发布了2014年度京津冀地区重要地理国情监测研究成果。发布会现场，《人民日报》、新华社、《光明日报》、《经济日报》、中央人民广播电台、中央电视台、《科技日报》、《工人日报》、中国新闻社、《北京日报》、《北京晚报》、新华网、人民网、《国土资源报》、《中国测绘报》、国家局网站等16家媒体派出记者参会，会上提问踊跃，大家围绕监测成果、技术方法、价值和意义等问题向相关技术人员提问，中央电视台在现场进行了采访。根据国家测绘地理信息局局长库热西·买合苏提答《学习时报》记者问时的新闻报道：成果发布后，京津冀地区的污染源分布、植被覆盖、城市扩展、地表沉降等监测成果引起了张高丽副总理的关注。本文从京津冀地区重点大气颗粒物污染源空间分布监测、城市空间扩展监测、植被覆盖度变化监测、地表沉降监测等方面，介绍了监测方法、主要成果和结论等。

一　京津冀地区重要地理国情监测方法

（一）研究区域概况

京津冀地区是位于我国北方的城市群，包括北京市、天津市两个直辖市

以及河北省的保定、廊坊、唐山、张家口、承德、秦皇岛、沧州、衡水、邢
台市、邯郸、石家庄 11 个地级市（见图 1）。土地面积 21.8 万平方千米，
常住人口约为 1.1 亿人，其中外来人口为 1750 万。2014 年地区生产总值约
为 6.65 万亿元，以汽车工业、电子工业、机械工业、钢铁工业为主，是全
国主要的高新技术和重工业基地。同时作为中国政治中心、文化中心、国际
交往中心、科技创新中心，京津冀一体化发展上升为重大国家战略，但目前
京津冀地区以每年 1.38% 的速率快速城市化扩展，快速经济发展与资源需
求都对生态环境造成巨大压力。

图 1　京津冀地区的地理位置

（二）监测方法

1. 京津冀地区重点大气颗粒物污染源空间分布监测

扬尘地表和重点行业的工业企业点是产生大气颗粒污染物（PM2.5 和
PM10）的主要污染源，本文中重点大气颗粒物污染源指这两方面的内容。

其中，扬尘地表是指在风力、人为带动及其他带动作用下，能产生地面尘土并进入大气的地表。在全国第一次地理国情普查划分的地表覆盖类型中，扬尘地表主要包括露天采掘场、堆放物、建筑工地、自然裸露地表、碾压踩踏场院和其他能产生扬尘的面状地表覆盖类型；重点行业的工业企业污染源是指在工业生产中排放重点大气颗粒物（PM2.5 和 PM10）的工业企业。按照工业企业行业划分的类型，重点行业的工业企业污染源包括钢铁冶炼及压延加工企业、火力发电和热力生产供应企业、水泥建材企业、石化化工企业、有色金属冶炼及加工企业、煤炭采矿企业等类型企业。数据预处理主要是对高分辨率航空航天遥感影像数据进行正射校正、辐射校正和大气校正。扬尘地表污染源空间分布数据主要利用 2007 年和 2013 年高分辨率遥感数据提取并经过外业核查完成。遥感数据包括：2007 年左右获取的北京、天津地区优于 1 米分辨率的彩色航空影像以及河北省 2.5 米全色和 10 米多光谱融合生成的 SPOT 遥感影像，2013 年获取的北京、天津地区优于 1 米分辨率的彩色航空影像以及河北省 2.1 米全色和 5.8 米多光谱融合生成的国产资源三号卫星影像。京津冀地区工业企业重点大气颗粒物污染源数据的采集主要依据相关专题数据资料并结合高分辨率卫星遥感数据以及1:1 万基础地理信息数据进行分析和空间定位，并通过外业核查完成。质量控制方法主要是对内业提取的地表面污染源和点污染源信息由不同级别作业人员先进行内业检查，然后通过外业实地勘察进行核查。充分利用其他相关的专题统计数据，包括北京、天津、河北第六次人口普查数据，2007 年和 2013 年京津冀地区环境监测站点的 PM2.5 和 PM10 监测数据等，采用扬尘地表与统计单元面积的比例、统计单元内重点行业的工业企业污染源密度等参数对京津冀地区重点大气颗粒物污染源扬尘地表污染源和工业企业污染源成果数据进行分析。

2. 京津冀地区城市空间扩展监测

本次监测中城区的定义是指从城市中心至城市与农村之间的边界所围成的区域，位于相应城市行政境界线内。利用 1990 年、2002 年、2013 年三个时相的航空航天遥感影像，并结合与各时相配套的基础地理信息数据、

1：50000比例尺行政境界线及土地利用数据、城市规划数据、地籍测绘数据、京津冀地区人口等统计数据，以及收集的城市规划相关年鉴等专题资料，开展京津冀地区（含北京市、天津市、河北省 153 个县级以上城市）的城市空间扩展监测。具体实施过程包括不同时期影像的镶嵌、裁切、配准、波段组合，参考资料统计数据的甄选分析与数字化，城市规划资料的收集与整理等预处理；按照城区的定义，依据"行政境界线""扩展模式""城市景观特征""城市形态"特征，遵从先定性再定量、先宏观再微观、先提取后统计分析的流程，按照"行政境界线"限定、"扩展模式"约束、"城市景观特征"符合、"城市形态"吻合的原则来实现城区边界的界定，从遥感影像上解译提取城区的界线。提取过程首先完成最新时相的城区提取，然后按时间顺序依次完成前时相的城区提取工作；在城区提取完成后，采用城市扩展强度、城市分形维数对城区的空间扩展进行统计和分析，分析城市发展规律。

3. 京津冀地区植被覆盖度变化监测

植被覆盖度是指植被（包括叶、茎、枝）在地面的垂直投影面积占统计区总面积的比例，常用于植被变化、生态环境研究、水土保持等方面。植被覆盖度的测量可分为地面测量和遥感估算两种方法，遥感技术成为植被覆盖度估算及植被覆盖变化监测的重要方法。京津冀地区植被覆盖变化监测首先对 2002 年、2006 年、2010 年和 2013 年 Landsat30 米分辨率影像（北京市六环内采用 Spot10 米分辨率影像）进行包括几何校正和辐射纠正等的预处理，对地形起伏大的地表还需采用 DEM 数据进行地形校正，进而在此数据基础上利用基于植被指数的像元二分模型法估算京津冀地区的植被覆盖度，直接采用线性像元分解模型估算重点市区北京市六环以内区域植被覆盖度。通过野外实地采样对模型的精度进行检核与验证。在此基础上优化模型参数。利用优化后的模型估算植被覆盖度。通过野外抽样核查合格后，形成植被覆盖度监测成果。统计整个京津冀地区和重点市区北京市六环以内区域 2002～2013 年植被覆盖度的空间分布特点，并对植被覆盖度等级分布特点，以及不同级别在这个时间段内的相互转化关系进行分析；以行政区为单位对

植被覆盖度的时空变化情况进行统计分析。

4. 京津冀地区地表沉降监测

利用中高分辨率卫星合成孔径雷达（SAR）遥感数据，采用中国测绘科学研究院具有自主知识产权的时间序列 InSAR 技术及自主研发的"InSAR地表形变监测系统"，对京津冀地表沉降较为严重的平原地区，以及四个重点城市北京、天津、唐山和廊坊进行高精度监测。①利用 20 米中分辨率 ERS－1/2 SAR 和 ENVISAT ASAR 影像获取京津冀重点地区沉降总量、平均沉降速率、沉降范围、沉降中心分布等信息，监测范围包括北京市平原地区、天津市全部以及京津周边的河北省唐山市、廊坊市和保定市，监测时段为 1992～2010 年；②利用 30 米中分辨率 RadarSAT－2 SAR 影像获取京津冀扩展地区的沉降总量、平均沉降速率、沉降范围、沉降中心分布等信息，监测范围包括北京市平原地区、天津市全部以及河北省平原地区，监测时段为 2011～2014 年；③利用 3 米高分辨率 TerraSAR－X、COSMO－SkyMed SAR 影像获取京津冀地区北京、天津、唐山、廊坊 4 个重点城市主城区的沉降总量、平均沉降速率、沉降范围、沉降中心分布等信息，监测时段为 2011～2014 年。京津冀地区大区域地表沉降监测技术指标的点目标精度优于 5～10 毫米/年，北京、天津、唐山、廊坊四市主城区地表沉降监测技术指标：点目标精度优于 3～5 毫米/年。

二　京津冀地区重要地理国情监测成果

（一）京津冀地区重点大气颗粒物污染源空间分布监测

1. 2007～2013年京津冀地区扬尘地表空间分布及变化

2007 年、2013 年的扬尘地表都主要分布在太行山脉下缘，行政上隶属于秦皇岛北部、唐山北部、廊坊、北京南部、保定的西北部、石家庄的大部、邢台和邯郸的西部（具体分布见图 2）。2007 年京津冀地区扬尘地表总面积约为 2930 平方千米，占京津冀地区土地总面积的 1.35%；2013 年各类

扬尘地表总面积约为 4182.47 平方千米，占京津冀地区土地总面积的
1.93%；2007～2013 年扬尘地表面污染源的总面积有显著增加，增加了约
1253 平方千米，约占京津冀土地总面积的 0.58%；各类型扬尘地表面积均
增加，其中变化最大的是建筑工地，该类型面积增加了 456 平方千米，约增
长了一倍；其次是堆放物和露天采掘场。

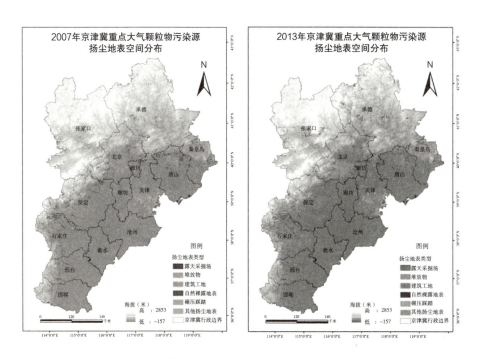

图 2　2007 年、2013 年京津冀重点大气颗粒物污染源扬尘地表空间分布

2. 2007～2013年京津冀地区重点行业的工业企业污染源空间分布及变化

2007 年京津冀地区工业企业污染源总计有 1.8 万余家，其中最多的是
煤炭采矿业、造纸行业和水泥建材行业，三者合计约占京津冀地区总污染企
业的 68.29%；2013 年京津冀地区工业企业污染源比 2007 年增加了 2 万余
家，达到 3.8 万余家，其中占比最大的是煤炭采矿业和水泥建材业。2007
年各城市污染企业最多的是北京市，约占京津冀地区污染企业总数量的
32.68%；2013 年唐山市代替北京市成为京津冀地区污染企业最多的城市，

占污染企业总数的 16.07%。图 3 是 2007 年、2013 年京津冀重点行业的工业企业污染源空间分布情况。

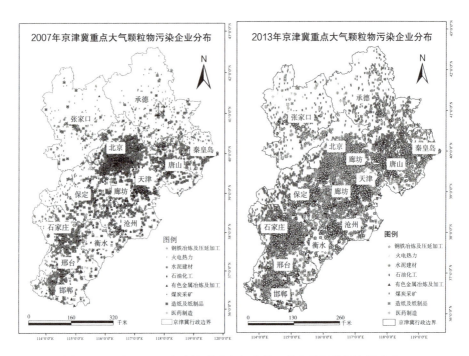

图3 2007 年、2013 年京津冀重点行业的工业企业污染源空间分布

（二）京津冀地区城市空间扩展监测

1. 1990~2013年京津冀地区城市空间扩展时空过程

1990、2002、2013 年京津冀地区城区总面积分别为 1650.55、2483.78、3747.47 平方千米，分别占总面积的 0.76%、1.15%、1.73%。1990~2002 年城区面积扩展了 2000 余平方千米，北京、保定城区扩展面积较大，承德、秦皇岛城区扩展面积较小，其他城市城区扩展差异并不显著。2002~2013 年，随着北京、天津人口和经济的高速增长，城区分别以 24.31 平方千米/年、37.67 平方千米/年高速扩展，这两个城市同其他城市的城区面积扩展差异明显增强。本文也对重点城市空间扩展分异特征进行了监测，1990~

2013 年，北京城六区在各方向上均有扩张，向西北、北、西南方向扩展面积较大，三个方向的扩展面积占城六区总扩展面积的 54.22%，且三个方向扩展强度都显著高于平均扩展强度。天津市 1990 ~ 2013 年东南、南方扩展强度都显著高于平均扩展强度。1990 ~ 2002 年和 2002 ~ 2013 年两个阶段各方向空间上扩展强度都有不同程度的增加，两个阶段东北、西北和东南方向上扩展强度都保持较低水平，东南方向的城区扩展增幅最大（具体见图 4）。

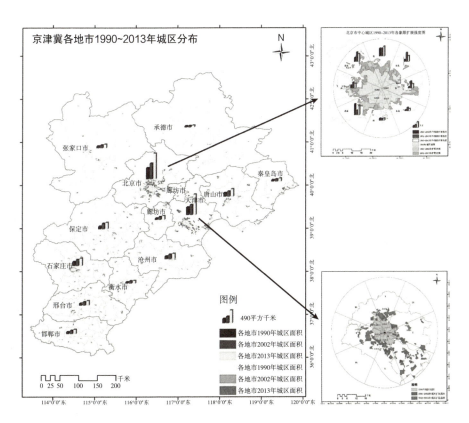

**图 4　京津冀地区 1990、2002、2013 年各城区空间
分布及重点城市空间扩展强度**

2. 1990 ~ 2013 年京津冀地区城市空间扩展特征

从 1990 年到 2013 年，13 个城市分形维数的平均值由 1.51 上升到 1.61，说明总体上分形是增加的。13 个城市中只有承德市和唐山市是减小

的，其他城市都在增加。分形维数增加值最大的是衡水市，衡水市 1990～2013 年城市主要是外延扩展，特别是北部、南部城区扩展周界破碎、形状不规则（见图 5）。

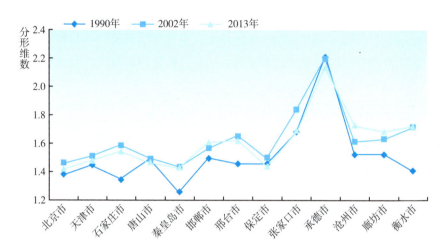

图 5　京津冀地区 1990～2013 年 13 个城市分形维数变化

（三）京津冀地区植被覆盖变化监测

1. 2002～2013 年京津冀地区植被覆盖变化过程

2002～2013 年，京津冀地区植被覆盖度均值呈波动增长态势（见图 6）。与 2002 年相比，2013 年该地区植被覆盖度均值增加了 6.44%。2002～2006 年京津冀地区植被覆盖状况明显变好，2006～2010 年该地区植被覆盖度均值减少了 0.62%，2010～2013 年植被覆盖状况呈好转趋势，植被覆盖度均值增加了 1.80%。该区域的极低和极高植被覆盖区域面积呈增长趋势，中高植被覆盖区、中植被覆盖区、低植被覆盖区面积都呈减少趋势。2002～2013 年，北京地区植被覆盖状况一直比较好，植被覆盖度均值呈波动下降趋势，变化幅度很小，为 1% 左右，该区域的极低植被覆盖区域面积呈增长趋势，中高植被覆盖区面积都呈减少趋势。天津地区 2002～2013 年植被覆盖度均值先增后减，2006 年植被覆盖度均值达到最高；2002～2006 年，植被覆盖度均值增加主要由极高植被覆盖区面积大幅增加引起。2006 年以来，天津地区极低植被覆盖区域面积增加。河北地区 2002～2013 年植被覆盖度均值增加明显。2002～2013 年，植被覆盖度均值增加主要由极高植被覆盖区面积大幅增加引起。2010 年以来，河北地区极低植被覆盖区域面积增加，中植被覆盖区域、中高植被覆盖区域面积减少。

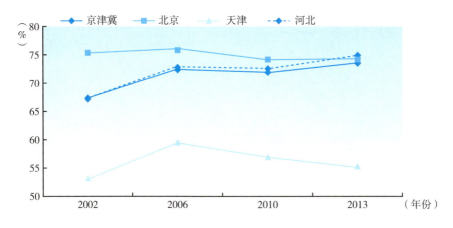

图 6　京津冀地区 2002～2013 年植被覆盖度均值变化曲线

2. 2002～2013年京津冀地区植被覆盖变化趋势

2002～2013 年，京津冀植被覆盖状况变化整体上呈改善趋势。京津冀地区大部分区域植被覆盖状况基本不变，占 62.25％；植被覆盖变好区域面积约为变差面积的一半，植被状况变差和变好都以轻微变化为主。在京津冀西部的张家口地区、沧州北部、衡水西北部等区域植被覆盖状况呈改善趋势，北京北部及承德地区大部分植被状况变化不大，京津冀地区中部偏东北部的北京市、廊坊、唐山，以及西南部的保定、石家庄、邢台、邯郸等地区植被覆盖状况呈退化趋势。2002～2013 年北京市六环内植被覆盖度均值呈减少趋势，与 2002 年相比，2013 年该地区植被覆盖度均值减少了 15.95％。植被覆盖状况变差主要表现在北京市主城区范围内低植被覆盖区域变为极低植被覆盖区，主城区周边的中植被覆盖区变为低植被覆盖区。2002～2013

年，北京市二环至六环内极低植被覆盖度均值变化比较类似，都呈持续减少状况（见图7）。

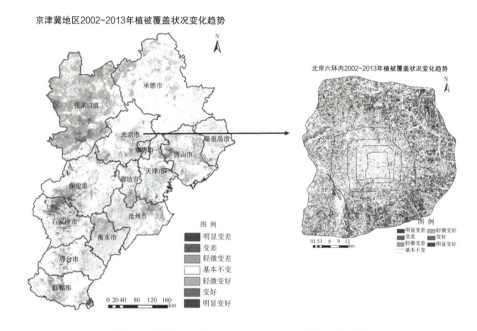

图7 京津冀地区2002～2013年植被覆盖变化趋势

（四）京津冀地区地表沉降监测

1992～2002年，北京市的地表沉降处于缓慢发展阶段，沉降速率总体较小，发育有6个小规模的沉降中心，初步形成了北—东部半圆形沉降带，最大沉降速率为－48.3毫米/年。2003～2010年，北京市地表沉降快速发展，沉降漏斗集中分布在东郊和北郊，北—东部半圆形沉降带已经完全形成，最大沉降速率达－143.34毫米/年。

1992～2002年，天津市除中心城区、北部蓟县和宝坻区外，其他区县的地表沉降均有发育，最大沉降速率为－80.74毫米/年，沉降速率超过－50毫米/年的严重区面积为85.73平方千米。2003～2010年，天津市地表沉降无论是速率还是范围都在迅速发展，其中南部和西部最为严重，形成了

3 个沉降带，最大沉降速率达 –134.89 毫米/年。2012～2014 年，天津市地表沉降整体上呈现"北增南减"格局，最大沉降速率由 2003～2010 年的 –108.89 毫米/年增加到 –153.29 毫米/年。

由于 SAR 影像获取原因，1992～2010 年只监测了河北省北部的廊坊市、保定东北部及唐山西部。1992～2002 年，河北省北部的沉降区主要分布在唐山市南部的曹妃甸区、丰南区以及廊坊市区、文安县等零星地区，最大沉降速率为 –108.32 毫米/年。2003～2010 年，廊坊市沉降发展迅速，其西北部和东部地区都出现了大面积沉降。2012～2014 年，河北省形成了纵贯南北的大沉降带，从北部的廊坊市区向西南延伸至高碑店、保定东南（高阳、安国）、衡水西北（安平、饶阳）、石家庄东部、邢台（柏乡、巨鹿）至邯郸东部（肥乡、广平、临漳），其间几个沉降中心的沉降速率均超过 –100 毫米/年。图 8 是 2002～2013 年京津冀重点地区平均沉降速率。

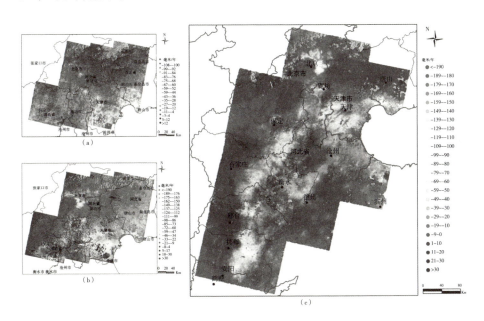

图 8　2002～2013 年京津冀重点地区平均沉降速率

说明：（a）为 1992～2002 年京津冀重点地区平均沉降速率；（b）为 2003～2010 年京津冀重点地区平均沉降速率；（c）为 2012～2014 年京津冀重点地区平均沉降速率。

三　主要监测结论

2014年度京津冀地区重要地理国情监测结果表明：京津冀地区重点大气颗粒物污染源增长明显，尽管该地区植被覆盖状况总体趋好，但仍然形成了北京—天津—唐山、石家庄—邢台—邯郸两个重污染带。城市空间扩展明显，以中心城区向外围的"组团"式扩展为主，占用耕地问题突出，呈现加剧趋势。地壳整体较为稳定，但在主要沉降区、断裂周边变化较大。平原地区地表沉降呈现三地沉降漏斗连接成片的趋势。通过开展京津冀地区重要地理国情监测，提供了及时、客观、翔实的数据，特别是扬尘地表数据、城市空间变化数据、沉降监测数据等及时填补了京津冀地区的地理国情信息数据空白，为京津冀地区大气环境治理、生态文明建设等工作提供可靠的数据支撑和技术保障。

四　结语

地理国情监测是一项长期的系统工程，不仅任务量大、覆盖面广、技术标准复杂，并且项目周期长、资金投入大、数据质量要求高。京津冀地区重要地理国情成果提供了京津冀地区重点大气颗粒物污染源的分布、影响情况，城市空间扩展变化及特点，植被覆盖变化及地表沉降的特点及发展等信息，这些成果可为各级政府制定城市规划及自然资源、生态环境保护等提供重要的参考信息。京津冀地区重要地理国情监测也为全国其他区域开展专题性地理国情监测提供了方法和思路。下一步，将按照国家测绘地理信息局的总体部署，开展常态化的京津冀地区重要地理国情监测。

参考文献

陈效述、王恒：《1982～2003年内蒙古植被带和植被覆盖度的时空变化》，《地理学报》2009 年第 64（1）期。

陈俊勇：《地理国情监测的学习札记》，《测绘学报》2012 年第 41（5）期。

丁艳梅、张继贤、王坚等：《基于 TM 数据的植被覆盖度反演》，《测绘科学》2006 年第 31（1）期。

范洪冬：《InSAR 若干关键算法及其在地表沉降监测中的应用研究》，中国矿业大学博士论文，2010。

王彦兵、洪伟、李小娟等：《基于 D–InSAR 技术的北京城区地面沉降监测》，《测绘通报》2016 年第 5 期。

王涛、顾丽娟、詹华明等：《基于 D–InSAR 技术的天津地区地面沉降监测》，《测绘科学》2013 年第 38（6）期。

岳顺、岳建平、邱志伟等：《基于 D–InSAR 技术的地面沉降监测方法》，《测绘通报》2016 年第 5 期。

翟亮、张晓贺、桑会勇等：《面向地理国情普查的地表覆盖分类技术与试验》，《遥感信息》2014 年第 29（4）期。

张金芝：《基于 InSAR 时序分析技术的现代黄河三角洲地面沉降监测及典型影响因子分析》，中国科学院研究生院（海洋研究所）博士论文，2015。

张继贤、翟亮：《关于常态化地理国情监测的思考》，《地理空间信息》2016 年第 4 期。

张辉峰、桂德竹：《地理国情监测支撑生态文明全过程建设的思考》，《遥感信息》2014 年第 29（4）期。

Bi X, Feng Y, Wu J, et al. Source Apportionment of PM 10, in Six Cities of Northern China. *Atmospheric Environment*, 2007, 41（5）.

Geng G, Zhang Q, Martin R V, et al. Estimating Long-Term PM 2.5, Concentrations in China Using Satellite-Based Aerosol Optical Depth and a Chemical Transport Model. *Remote Sensing of Environment*, 2015, 166.

Jing X, Yao W Q, Wang J H, et al. A Study on the Relationship between Dynamic Change of Vegetation coverage and Precipitation in Beijing's Mountainous Areas during the Last 20 years. *Mathematical & Computer Modelling*, 2011, 54（3–4）.

Qian A N, Xiao–Jian L I, Ke–Wen L V. A Research on the Spatial Structure and Efficiency of China's Expansion of Urban Built-up Area（1990–2009）. *Economic Geography*, 2012.

Wang S J, Ma H, Zhao Y B. Exploring the Relationship between Urbanization and the Eco-Environment—A Case Study of Beijing–Tianjin–Hebei region. *Ecological Indicators*, 2014, 45（5）.

Xin Fang, Bin Zou, Xiaoping Liu, et al. Satellite-Based Ground PM2.5 Estimation Using Timely Structure Adaptive Modeling. *Remote Sensing of Environment*, 2016.

Zhai L, Sang H Y, Gao Y, et al. A New Approach for Mapping Regional Land Cover and the Application of This Approach in Australia. *Remote Sensing Letters*, 2015, 6 (4).

Zhang J X, Li W S, Zhai L. Understanding Geographical Conditions Monitoring: A Perspective from China. *International Journal of Digital Earth*, 2015, 8 (1).

Zhang J, Liu J, Zhai L, et al. Implementation of Geographical Conditions Monitoring in Beijing – Tianjin – Hebei, China. 2016, 5 (6).

B.12
关于地理世情监测近期任务内容的思考

桂德竹　王久辉　张　月　贾宗仁　王　硕　贾　丹　索一凡*

摘　要：　加强地理世情监测，是测绘地理信息服务"一带一路"战略实施、支撑国家"走出去"的重要举措，是参与测绘地理信息国际事务、服务全球可持续发展的重要途径，更是深化测绘地理信息改革创新、建设测绘强国的不竭动力。本文从应用对象、领域及地理区域三个维度对地理世情监测需求进行研究，分析地理世情监测已有基础及存在的不足，提出了近期地理世情监测主要任务的若干建议。

关键词：　地理世情监测　一带一路　需求　任务

十八大以来，党中央、国务院主动应对经济发展新常态、国家总体安全新布局、国家"走出去"新形势，推进实施"走出去"战略，加快各行业、各领域"走出去"步伐。"一带一路"建设是中国新一轮开放和走出去的战略重点，是我国今后相当长时期全面对外开放和合作的战略规划，涉及65个国家，44亿人口，时空域上具有范围广、周期长、领域宽等特点，其推进实施也面临着环境、资源、灾害等一系列问题的挑战。空间对地观测技术

* 桂德竹，国家测绘地理信息局测绘发展研究中心，副研究员；王久辉，国家测绘地理信息局测绘发展研究中心副主任；张月，国家测绘地理信息局测绘发展研究中心，助理研究员；贾宗仁、王硕，国家测绘地理信息局测绘发展研究中心，研究实习员；贾丹，国家测绘地理信息局测绘发展研究中心，副研究员；索一凡，国家测绘地理信息局测绘发展研究中心，研究实习员。

是唯一可以将"一带一路"建设作为整体进行大范围、多尺度、长周期、空间无缝和时间连续认知的途径。以卫星遥感和卫星导航为主要技术手段的地理世情监测,对沿边、周边以及全球重要地区地表自然和人文地理要素的空间分布、特征及其相互关系进行持续的调查、统计、分析、评价和预测,能为"一带一路"建设和沿线国家可持续发展提供空间数据、环境信息与决策支持。为此,中国工程院于 2014 年启动了重点咨询项目"地理世情监测的战略研究"。国家测绘地理信息局在 2014 年完成全球 30 米分辨率地表覆盖制图的基础上,开展全球地理信息资源建设,并推动其写入《中华人民共和国国民经济和社会发展第十三个五年规划纲要》中积极推进。本文重点对地理世情监测需求、现有基础和存在的不足进行分析,提出了近期地理世情监测任务内容的建议。

一 需求分析

地理世情监测作为"按需"的测绘地理信息工作,可分别从"应用对象""应用领域"和"地理区域"三个维度对其需求进行分析,了解我国沿边、周边以及全球哪些区域、哪些领域、哪些内容需求紧迫,从而因地制宜、有序推进。

一是按应用对象分。我国有关部门制定并实施了境外调查与监测计划、谋划重大项目与工程,如科技部的全球生态环境遥感监测年报、中国地质调查局的"一带一路"基础地质调查与信息服务计划以及国防科工局的"一带一路"空间信息走廊建设与应用工程等,不断深化对全球相关地区的精细认知。同时,美洲、欧洲、亚洲等发达国家普遍重视境外资源生态环境监测,制定相关计划,并滚动实施。

二是按应用领域分。①基础设施建设。我国正与"一带一路"沿线国家共同推进"中蒙俄""新亚欧大陆桥""中国—中亚—西亚""中国—中南半岛""中巴""孟中印缅"六大经济走廊建设及"海上丝绸之路"建设,主要包括境内外基础设施建设(综合交通网络、通信网络等)、能源资源和农产品加工基地、面向周边市场的产业基地、区域性国际商贸物流中心等。②跨境流域开发与国际湿地保护。我国有国际河流 42 条、国际湖泊 4 个，其中主要河流 15 条。截至 2015 年，全球有 100 处大型国际重要湿地，中国已有 41 个湿地先后列入《湿地公约》中国际重要湿地名录。与周边国家合作开发和有效管理国际河流湖泊，推动解决跨境流域问题，需要跨境流域及周边地理信息的有效支撑。③公共安全维稳。新修订的《国家安全法》作为法律化"总体国家安全观"，加强了"生态、资源、信息"等领域的安全管控。服务边境地区自然生态审计与国土空间管控、反恐维稳以及参与解决国际事务迫切需要高分辨率影像地图及数据。④国际能源保障。我国能源对外依存度已超过 50%。通过监测支撑我国与周边国家能源合作交流，维护能源输入战略通道的安全。

三是按地理区域分。①"一带一路"沿线。"一带一路"沿线各省在其"十三五"规划纲要中对城镇化发展、基础设施建设、生态环境保护等提出了更多要求。②边境沿线地区。边境地区（包括沿边和周边地区）是我国陆路开放的前沿和国家安全的重要屏障。边境地区测绘地理信息方面的专题需求主要包括社会民生、公共服务、安全维稳和基础设施建设 4 个方面。③全球重点地区。跨界河流开发、文化遗产保护、反恐维稳、粮食安全、能源矿产等领域越来越受到国际社会的关注。

为此，要综合考虑现实需求、技术条件、体制机制、财力支撑、队伍保障等方面的因素，确定地理世情监测的对象内容。一要需求迫切。选取支撑经济发展、促进对外开放、维护睦邻友好等需求最旺盛的领域开展监测，服务国家"走出去"战略。二要技术成熟。充分考虑监测对象的可监测性，当前的技术手段、理论方法等能够支撑监测工作的需要，能够有效持续获取监测信息，能够对监测信息进行处理和统计分析。三要体制顺畅。我国和相关国家、国际组织机构以及测绘地理信息部门与相关部门有较好的合作基础、关系顺畅，监测结果可以有效表达、发布和应用。四要保障到位。监测工作需要提供人、财、物等有效保障。队伍规模、人员素质能长期持续开展监测，经费能足额及时到位，基础资料积累、装备设施能有效满足工作要

求。五要循序渐进。遵循优先沿边、经略周边、面向全球的策略，选择典型地区和重点领域因地制宜开展监测，促进监测成果及时、充分、有效利用，扩大监测影响。

二 现有基础及存在不足

总的来说，地理世情监测有内在需求、有外在动力、有良好基础，但也存在不足。

（一）现有基础

在能力建设方面，积极完善对地观测体系，立项并实施了全球地理信息资源建设项目，开展重点领域的监测示范服务。

一是北斗导航系统初步具备覆盖亚太地区能力。据《中国北斗卫星导航系统》白皮书对其性能的描述：通过在亚太地区进行的测试，结果表明，在北京、乌鲁木齐、西安等重点地区，北斗的定位精度已经优于5米，在低纬度像泰国等地区的精度也优于5米。北斗2012年正式对亚太地区提供服务，正在进行"北斗"第三阶段建设，已完成60%的卫星发射数量。计划在2020年之前形成覆盖全球的服务能力。同时，北斗国际化日益加快，中俄相继签署联合声明，就系统兼容和互操作进行合作，分别在对方境内建设卫星导航系统监测站。基于北斗卫星导航系统建立我国自主的地球参考框架，为地理世情监测提供空间基准。

二是测绘卫星应用全球化发展。卫星遥感是大范围地表覆盖测定及动态变化监测的唯一有效手段，具有不可替代的作用。开展地理世情监测，由于不能在境外实地开展监测，数据获取将依靠主要卫星遥感手段。随着国家重大专项高分辨率对地观测系统（简称"高分"专项）于2012年正式启动以及《国家民用空间基础设施中长期发展规划（2015～2025年)》于2015年10月正式印发实施，遥感测绘卫星发展迅速，先后建立了资源、气象、海洋、环境与减灾卫星系列。我国将在2020年前发射100多颗卫星，并将和其他国家的对地观测平台一起，组成全球对地观测系统，届时卫星的传感器空间分辨率、敏捷机动能力、几何定位精度和应用能力等将显著提升。

三是全球地理信息资源建设。①国家测绘地理信息局立项实施全球地理信息资源开发建设项目。2012 年立项实施的"全球地表覆盖遥感制图工程"，研制全球 30 米高分辨率地表覆盖遥感数据产品；2016 年将建设完成"中巴经济走廊""东盟自贸区"高分辨率地理信息资源，通过"天地图"平台向全球发布与应用；计划利用约 15 年时间，实现基础地理信息资源的全球覆盖，向全球提供在线地理信息与位置服务。②国外普遍重视境外及全球重点地区资源建设，我国先后研制了 1 套 30 米、4 套 1000 米、1 套 300 米分辨率的总共 5 套全球地表覆盖数据产品，实现对边境地区在内的国土范围地理信息的合理覆盖，并建立了常态化的更新机制。

四是全球地理信息服务网络建设。实现了我国分散地理信息资源集成与"一站式"协同服务，引起国际业界强烈反响，土耳其、蒙古国、沙特阿拉伯、巴基斯坦等国表示了合作意向。以"天地图·老挝"支持数字湄公河地理空间框架建设示范项目，在澜沧江—湄公河合作首次外长会议上向大湄公河次区域各国推广。

五是相关科技国际合作加快。①科技部、国家测绘地理信息局于 2009 年启动实施"全球地表覆盖遥感制图与关键技术研究"。②中国科学院于 2014 年启动"一带一路空间观测与认知"科学计划。

六是标准国际化积极推进。当前使用较为广泛的五套全球地表覆盖数据产品皆有较为完整的标准，涵盖了内容指标、处理方法、精度评价等。国外相关监测标准建设发展迅速，体现出对监测标准化工作的高度重视。同时，我国测绘地理信息标准国际化取得实质性突破。测绘地理信息专家分别参加了（ISO/TC211）框架与参考模型（WG1）、地理空间数据服务（WG4）等工作组，首次主导完成了地理信息国际标准《地理信息影像与格网数据的内容模型及编码规则》。

七是国际合作平台布局逐步优化。①发起成立联合国全球地理信息管理协调机制。2013～2017 年，与联合国合作实施中国及其他发展中国家地理

信息管理能力开发项目，推动全球地理信息管理能力建设。②搭建以国际联合研究中心、国际技术分析中心、国际专业期刊等为主要组成的不同层次、不同形式的国际合作平台，发挥我国测绘地理信息技术、产品和管理优势，增进相互了解，提高我国影响力。③参与联合国政府间地球观测组织，如2012年由外交部、国家发展和改革委员会、测绘地理信息局等18个涉及地球观测领域的部门成立的中国GEO部际协调小组，研究制定我国综合地球观测系统建设与发展的长效机制，推进我国地球观测数据共享与应用。

八是探索多元化投入模式。①争取政府直接投资。已在中国—东盟、大湄公河次区域等合作中争取相关资金支持，合作开展地理信息互联互通、科技交流、人才培养、旅游等领域的务实性合作，并将继续通过中国—东盟海上合作基金、中国亚太经合组织合作基金等渠道争取资金支持。②探索市场化运作。国务院2014年11月16日印发的《关于创新重点领域投融资机制鼓励社会投资的指导意见》（国发〔2014〕60号）明确鼓励民间资本参与国家民用空间基础设施建设。代表性的有北斗首个海外组网项目——巴基斯坦国家位置服务网一期工程（2014年）。通过成立组建商业联合体推广北斗导航系统，计划在巴基斯坦卡拉奇市建立5个基准站和一个处理中心，组成区域北斗地基增强网络，覆盖整个卡拉奇地区，实时定位精度达到2厘米，后处理精度5毫米，为巴基斯坦提供实时可靠的北斗高精度定位服务。

（二）存在不足

一是业务支撑能力弱。①数据资源基础不强。边境以内大比例尺地理信息资源不足，边境以外地理信息资源近乎空白。我国的全球地理信息资源开发建设项目刚刚启动，而国外相关国家早已实现对全球重点地区地理信息资源的合理覆盖，并建立了常态化的更新机制。②处理服务能力薄弱。测绘卫星技术较国外仍有差距（性能、种类上）；装备建设分散，特别是卫星遥感采用各部门应用为主的组织模式，卫星系统设计、地面接收和地面应用系统缺乏整合；全球级规模化地理信息生产、更新和服务能力薄弱。③标准规范不够健全。地理世情监测不仅局限于我国本土领域，沿边、周边地区政治、经济、文化、资源要素状况有所不同，其监测内容指标与地理国情普查内容指标有一定差异，需有针对性地制定各监测领域的内容指标。二是组织体系未建立。囿于我国资源生态环境属于部门分管体制，资源生态环境监测工作正逐步从独立开展向部门联合发展，但尚未形成部门联动的局面。三是工作机制不完善。相关部门缺乏渠道了解其他部门对全球地理信息资源建设的需求和具体举措，建设分散且有重复。同时，部门间地理信息交换工作主要通过签订共享协议，形成交换成果目录等方式，通常建立在双方自愿互利的情况下，缺乏监督和约束。四是法规政策不健全。①尚无对地理世情监测的明确法律授权。国内既有的法律法规缺乏境外调查与监测工作的相关内容表述，与此项工作紧密相关的数据共享和地理信息安全保密等规定亟待完善。②尚未制定专门的规划计划。各部门对境外资源生态环境调查与监测工作未统一规划，难以形成监测合力。

三　主要任务

结合各领域地理世情监测需求，按照"因地制宜开展监测、构建监测基础能力、扩大监测成果影响、强化监测法治效力"的思路，着力构建以"全球大地基准测量参考框架体系""全球卫星测绘应用体系""全球地理信息数据资源体系""全球地理信息网络服务体系""全球地理信息技术与知识体系"为主要内容的"五大全球化体系"。以现有国际合作平台为载体，以技术、标准、服务为主要内容，以人才培养为核心，重点围绕"对外经济贸易、地缘政治外交、公共安全维稳、跨境流域开发、国际能源保障、国际湿地保护"等领域，形成有分量、有影响的监测成果。地理世情监测任务框架见图1。

1. 推进全球大地基准参考框架体系建设

2015 年 2 月 26 日，第 69 届联合国大会通过了题为《促进可持续发展的全球大地测量参考框架》决议，这是联合国大会通过的首个关于测绘地理信息工作的决议。联合国正在积极推进全球地理信息管理能力提升工作，全球大地测量参考框架是最基础部分，其所支撑的测绘地理信息全球应用服

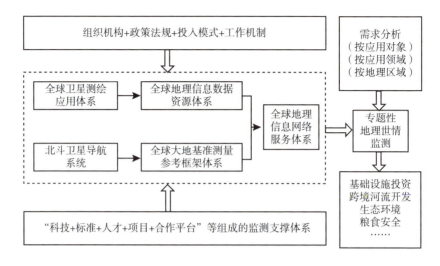

图1 地理世情监测任务框架

务工作是实现可持续发展不可或缺的工具。这是联合国把它作为首个测绘地理信息工作决议的主要原因。我国现代大地测量参考框架基础设施和北斗卫星导航系统可为建设全球大地测量参考框架作出重要贡献，同时我国参与全球大地测量参考框架的建设，也将促进我国北斗卫星导航系统的发展。落实联合国大会的决议，基于北斗卫星导航系统，联合"一带一路"沿线国家，共同建立覆盖亚洲、太平洋、欧洲的大地测量基准，并逐步扩展至全球。建立统一的全球大地基准以及维持该基准的全球卫星定位连续参考站网，开展基于北斗的全球地球形变监测。

2. 加快全球卫星测绘应用体系建设

①加强测绘系列卫星建设。积极推进资源三号03和04星、高分七号业务星的立项与发射，做好干涉雷达、激光测高、重力卫星等卫星的前期设计论证与立项工作，在注重数据质量和保持连续稳定数据源的基础上，加快构建种类齐全、功能互补、尺度完整的测绘卫星对地观测体系，加强测绘卫星星座和应用系统建设。②加快测绘卫星数据中心的全球布局。重点推进金砖国家、加勒比海诸国、太平洋岛国和后续的中巴、东南亚乃至拉美国家等境外部分地区卫星接收台站的建设。③建立全球化的卫星测绘数

据和产品销售与技术服务网络。建立测绘卫星数据目录及服务体系，加强建设测绘卫星数据国际化开发服务平台建设。促进建立国际遥感卫星数据统一体系，实现数据一致化、标准化。加快构建种类齐全、功能互补、尺度完整的测绘卫星对地观测体系。④加强卫星遥感整合。地理世情监测采用以测绘地理信息部门的卫星遥感力量为主，通过资源合作、数据交换、联合观测等方式，推进建立高分辨率卫星联合观测系统协同机制。加强与民政部、国土资源部等部委卫星遥感、信息分析应用等资源和力量的整合。一是充分发挥科技部直属单位——国家遥感中心所属的46个业务部的优势力量。二是充分利用水利、气象、民政等部门的气象、减灾卫星接收应用广播服务系统，整合系列卫星资料。三是充分发挥中科院中国遥感卫星地面站的资源和技术优势。作为国家级民用多种资源卫星地面接收与处理基础设施，地面站能够接收美国、法国、加拿大、欧空局、印度以及中巴合作卫星数据，具备了全天候、全天时全球对地观测的能力。

3. 丰富全球地理信息数据资源体系

以我国高分辨率遥感卫星、全球高精度无控制测图技术与系统为支撑，建立基于国产高分辨率测绘卫星影像的全球测图数据处理与地理信息产品生产服务体系。采取购买、合作、交换等多种方式，采集全球范围特别是重点和热点地区的影像数据和地理信息数据，完成"一带一路"沿线重点区域的必要覆盖。实现对南极地区，特别是重点科考区和权益区基础地理信息的必要覆盖。构建覆盖全球范围的多尺度、多分辨率全球基础地理信息数据库，并基本实现按需动态更新，选择"一带一路"重大战略、重点工程、典型地区开展应用示范。①加强地理世情信息资源建设。地理世情信息资源包括地理世情本底数据、行业部门专题数据等。其中，地理世情本底数据包括多尺度DEM数据、遥感影像数据、遥感影像解译样本数据、地表覆盖数据、地理世情要素数据、元数据以及其他地形地貌数据等。专题数据是为支持地理世情统计分析，从有关国家、国际组织以及我国相关部门收集整理的人口、资源、生态、环境、经济等方面的统计信息数据。②加强地理信息资源交换共享。通过地球观测组织（Group on Earth Observations，GEO）合作平台，中国与国际社会共享全球生态环境遥感监测数据和相关的信息产品。通过签署协议、项目合作等方式不断推进国际间、部门间、军地间地理信息交换共享，逐步建立地理信息数据交换共享平台，实现基础地理信息数据与专题数据的集成、整合和共享。一是建设地理世情监测信息交换共享平台。采取会商签订共建共享协议的方式，逐步推进地理世情信息共建共享。在条件成熟时，建设地理世情监测信息交换共享平台，通过交换和共享平台按照统一标准进行处理和集成整合，然后根据需要反馈给各有关国家、组织和向社会提供使用，推进地理世情监测信息资源共建共享。二是整合完善地理世情基础信息资源。对共享得到的相关数据内容、现势性和精度进行深入分析，对符合要求的数据直接采用；对于部分符合要求的数据，经过数据提取、数据扩充和数据重组等步骤，形成符合地理世情监测要求的数据集加以利用；对于现势性或精度等不符合要求的数据，则作为参考资料使用。

4. 加快全球地理信息网络服务体系建设

①推进面向区域及全球提供地理信息网络服务。以国家地理信息公共服务平台"天地图"为基础，建立境外分布式数据中心和服务中心，进一步聚合相关国家和地区经济社会信息，支持汉语、英语及更多语言，提升全球化服务能力。②推进国家间、区域间、机构间地理信息共享。联合相关国家和国际组织，推进基于面向服务体系架构的公共地理信息标准、共享规则的定义与试验。

5. 加快地理世情监测支撑体系建设

①支持相关科研与示范。围绕全球热点和技术前沿开展国际合作，适时发起我国主导的测绘地理信息国际大科学计划，重点开展全球地理信息资源建设与验证国际合作、重要地理世情监测科技合作与交流。②加快建立地理世情监测标准规范。研发形成地理世情监测标准体系，建立地理世情监测工作中的数据生产处理技术指标，出台"地理世情监测基本统计技术规定"，加强与相关标准规范的衔接。③加强人才队伍建设。一是优化组织布局，建立以测绘地理信息部门为主体、相关部门参与、地理信息企业配合的"小核心、大网络"式地理世情监测组织体系。完善测绘地理信息组织机

构布局，明确承担地理世情监测相关工作职能，形成布局合理、功能完善、保障有力的测绘地理信息事业单位，支撑地理世情监测业务开展。二是加强行业力量整合。加强行业部门之间的共享协作，促进全球资源、环境、生态等信息资源共享。促进测绘地理信息部门、国土资源部、农业部、水利部、环保部、民政部、交通部、海洋局、国防科工局等部门直属卫星应用机构的协作，推动资源卫星及后续星、遥感系列卫星、风云系列气象卫星、环境卫星、海洋卫星、高分系列卫星等在地理世情监测中的应用，实现对更多全球生态环境因子的持续监测与数据更新。加强与军队测绘地理信息部门的深度融合。推动军地测绘成果共享，协调推进高分系列卫星、天绘卫星与民用遥感卫星的协作互补。三是鼓励支持企业参与。通过政府购买服务、招投标等方式，吸引在遥感信息快速处理与应用、信息提取与分析等方面有创新技术或特长的企业参与地理世情监测项目实施，逐步推动地理信息企业成为地理世情监测的重要力量。

6. 完善不同层次不同形式的国际合作平台

①根据地理世情监测开展的需要，进一步优化布局，联合世界知名测绘地理信息科研机构、大学和跨国企业，新建一批国际联合研发中心、国际技术转移中心、国际交流培训中心和国际科技合作创新联盟等。②支持地方推进面向周边的国际合作。支持新疆、福建等"一带一路"沿线省区，推进面向周边的"中国—中亚""中国—东盟"等区域合作平台建设。

7. 加强地理世情监测服务

将应用作为推进地理世情监测的重要抓手。①服务基础设施建设。聚焦铁路、港口、信息通信等重点基础设施领域，支持国家"一带一路"重大工程开展测绘地理信息应用，针对工程设计、建设监督、运行管理等方面的需求，提供测绘、监测与评估等服务。②支持跨境河流沿线合作开发。以澜沧江—湄公河地理空间框架建设与应用项目为示范，推广使用高分辨率测绘卫星、卫星导航定位系统和卫星数据采集系统等空间基础设施，促进跨境河流、界河资源开发和信息化管理合作，带动沿流域信息互联互通，促进流域经济、社会和生态合作发展。③服务资源开发和环境保护。支持油气和矿产

资源相关项目建设，为资源勘探、开采、运输和监管等全过程提供测绘地理信息服务和生态环境影响监测服务。④服务灾害应急救援。参与联合国灾害管理与应急反应天基信息平台等国际灾害应急服务组织，提供全球地理信息资源、技术、装备服务。⑤服务文化遗产保护。研究"一带一路"沿线国家气候、地理、人文区域带的差异与特征，探索遗产空间观测方法适用性及关键技术，为"一带一路"沿线的文化遗产保护提供技术支撑。

公共服务篇

Public Service

B.13

新理念引领测绘地理信息
应用服务新发展

闵宜仁 *

摘　要： 本文阐述了测绘地理信息应用服务新发展的提出背景，总结了"十二五"期间测绘地理信息应用服务取得的成效，分析了测绘地理信息应用服务面临的形势。"十三五"期间，要通过创新、协调、绿色、开放、共享新理念引领测绘地理信息应用服务新发展：以公益性测绘地理信息应用服务为核心，大力实施"地理信息+"战略，积极推动测绘地理信息社会化深层次应用，促进地理信息产业健康快速发展。

关键词： 测绘地理信息　应用服务　地理信息产业　新发展

* 闵宜仁，国家测绘地理信息局党组成员、副局长，高级工程师。

当前，我国第三产业增加值占 GDP 的比重已超过 50%，这表明我国经济已进入一个全新的发展阶段，经济结构正在发生重大变化，转型升级已到了关键阶段，这对测绘地理信息部门也提出了更高的要求。我们必须加快构建新型基础测绘体系，深化供给侧结构性改革，着力推动测绘地理信息应用服务新发展，服务大局、服务社会、服务民生，为推动经济迈上中高端贡献力量。

一 测绘地理信息应用服务成效显著

"十二五"期间，各级测绘地理信息行政主管部门以公益性保障服务为主，积极服务于政府管理决策和国家重大工程。同时，大力推动测绘地理信息的市场化应用，地理信息产业蓬勃发展。

（一）公益性测绘地理信息服务保障有力

开展第一次全国地理国情普查，首次把分类统计作为测绘生产工艺手段，实现了从地图制图到地表覆盖的转变。基本建成了现代测绘基准服务体系，360 个国家卫星导航定位基准站网与地方 1500 多个基准站组网服务，实现了参心坐标系向地心坐标系的转换。国家 1∶5 万基础地理信息数据库实现了主要要素的年度更新，各地建设的 1∶1 万基础地理信息数据覆盖国土面积超过 50%。基本建成了国家地理信息公共服务平台"天地图"，实现了由仓储式提供服务（纸质或者数据库）向网络化平台服务的转变。大力推进数字（智慧）城市建设，全国所有地级城市和 380 余个县级城市启动了建设工作，极大地丰富了市县级基础地理信息资源，提升了信息化水平。2 颗"资源三号"立体测图卫星成功发射，并实现了组网运作，摆脱了长期对国外卫星遥感影像的依赖，地理信息获取能力得到极大提升。研制成功 30 米分辨率全球地表覆盖数据库，并赠送给联合国，提升了我国测绘地理信息在国际上的影响力。积极开展应急测绘保障服务，并成为工作常态，为盈江地震、尼泊尔地震、马航失联等应急事件发挥了重要的测绘地理信息保障作用。持续服务于电子政务，为国务院领导管理决策提供了重要技术支持。

（二）地理信息产业发展取得突破

地理信息产业发展政策更加优化。2014 年初，《国务院办公厅关于促进地理信息产业发展的意见》出台，从国家层面确立了地理信息产业发展的宏观政策，并明确为战略性新兴产业。目前，已有 23 个省（区）政府出台了促进地理信息产业发展的实施意见或者细化政策文件。"十二五"期间，作为地理信息产业的核心——测绘资质单位发展规模不断扩大，服务总值由2011 年的 477.34 亿元增长到 2015 年的 837.05 亿元，后者是前者的 1.75倍；从业人员由 2011 年的 29.06 万人增长到 2015 年的 39.01 万人，后者是前者的 1.34 倍；从业单位由 2011 年的 12512 个增长到 2015 年的 15931 个。产业资本与金融资本融合发展，受到市场持续关注和追捧。目前，已有 16家企业在境内外主板资本市场上市，有 130 多家企业在新三板上市。据监测，2015 年，国内主板（含港股）15 家和新三板 121 家地理信息上市公司的营业收入总额为 131.26 亿元，同比增长 25.81%；净利润总额为 14.78 亿元，同比增长 26.82%。这表明，地理信息产业在经济下行压力较大的情况下，仍保持较快增长速度。

（三）地理信息对国民经济的影响作用显著

地理信息产业作为生产性服务业，具有前关联效应，带动了水利、地矿、规划等行业的发展；地理信息产业作为消费性服务业，具有后关联效应，为汽车、无人机、互联网等行业发展带来一定的市场需求。在《国民经济行业分类》（GB/T4754–2011）的 20 个门类、96 个大类、432 个中类、1094 个小类中，涉及地理信息活动的有 14 个门类、32 个大类、73 个中类、108 个小类。地理信息产业关联作用主要体现在：一是提高了关联产业的劳动生产率，二是提高了关联产业的产品附加值，三是提高了关联产业的技术水平，四是提高了人民生活质量。国家测绘地理信息局利用第三次全国经济普查数据测算显示，2013 年地理信息应用的间接产出约为 4303 亿元。同期国外的发展也验证了地理信息对国民经济影响巨大。据波士顿咨询集团

（BCG）2012 年 6 月发布的一份报告显示，地理信息服务业解决了 50 万人的就业问题，创造直接利润 750 亿美元，间接利润高达 1.6 万亿美元，同时将节省 1.4 万亿美元（约占美国 GDP 的 8.7%）成本[1]有国外研究表明，2013 年加拿大地理信息产业的产值为 23 亿美元，其通过提升生产效率，为加拿大当年 GDP 做出的贡献预估在 207 亿美元，约占加拿大 GDP 的 1.1%[2]。

总体来说，"十二五"期间我国测绘地理信息应用服务工作取得了显著成效，但我们也清晰地认识到工作中还存在一些问题，主要表现在：一是地理信息数据开放不够，还不能满足社会需求；二是测绘地理信息应用深度不够，专项应用开发多，综合性应用较少；三是测绘地理信息资源整合共享不足，按需提供地理信息公共服务的能力还不够；四是推进测绘地理信息应用的思路不够开阔，能力还不足。这些问题，有的是在发展过程中产生的，有的是工作不到位造成的，需要我们积极研究对策，下大气力解决测绘地理信息应用工作中存在的问题。

二　测绘地理信息应用服务面临的形势

"十三五"时期是全面建成小康社会的决胜阶段，也是测绘地理信息事业改革创新发展的关键阶段，要善于观大势、谋全局，掌握产业发展规律，准确研判发展形势，牢牢扭住发展方向，科学谋划发展思路。

（一）五大发展理念提出了新目标

十八届五中全会提出"创新、协调、绿色、开放、共享"的发展理念，顺应了经济发展新常态的转型任务需求，顺应了全面建成小康社会中的短板突围，顺应了中国后发超越的发展要求，为测绘地理信息事业发展提供了根本遵循、行动指南和奋斗目标。创新是应用服务的新动力，协调是应用服务

---

① 《寻找地理信息产业红利》（上篇），http：//www.3snews.net/topic/249000042223.html。
② 《库热西在地理信息产业企业家座谈会上的讲话》，www.sbsm.gov.cn/mtbd/201505/t20150515_69594.shtml。

的内在要求，绿色是应用服务的主战场，开放是应用服务的必然选择，共享是应用服务的最终目的。坚持五大发展理念，需要我们着力提升测绘地理信息发展质量和效益，积极服务国家重大战略和生态文明建设，坚持开放发展、加快实施"走出去"战略，深化地理信息资源共享、大力提升服务保障能力和水平。

（二）国家重大战略提供了新舞台

新常态下，党中央、国务院提出"一带一路"、京津冀协同发展、长江经济带和"互联网＋"、《中国制造2025》、大数据行动纲要等重大战略，制定了一系列改革开放新举措。特别是"互联网＋"行动计划，其本质是一种新的经济模式，具有打破信息不对称、降低交易成本、促进分工深化和提升劳动生产率的特点，为各行各业推进转型升级提供了重要平台和机遇，"互联网＋"的概念其实远远大于"互联网＋传统行业"的概念。这些重大战略的实施为测绘地理信息应用服务工作提供了彰显作用的新时空、大有作为的新舞台。

（三）全面建成小康社会提出了新需求

地理信息是服务经济社会发展的先行者和排头兵，经济越发达的地区对测绘地理信息的需求就越旺盛。我们要建成的全面小康社会是经济、政治、文化、社会、生态文明全面发展的小康社会，协调推进"五位一体"建设离不开测绘地理信息的基础保障作用。中央提出，保持经济中高速增长，迈上中高端水平，必须坚持供需两端发力，在适度扩大总需求的同时，着力加强供给侧结构性改革。我国的测绘地理信息工作要围绕全面建成小康社会这个总目标，适应改革的要求，尽快摆脱以数据采集和加工为主的产业链低端位置，提升研发能力和应用服务能力，推动地理信息深层次应用，增加高质量、高水平的地理信息产品有效供给。

（四）地理信息产业自身发展规律提供了可能

地理信息对国民经济其他行业的价值主要体现在三个方面：一是服务

规划设计，如"多规合一"地理空间信息平台；二是服务运营管理，如物流监控系统；三是服务监督评估，如生态建设评估系统。这也反映了地理信息产业的主要价值、主要领域和主要用户。地理信息资源的价值衡量比物质产品要复杂得多，这是由其劳动性质是复杂劳动的特点决定的，其主要作用方式有：一是促进创新和技术扩散；二是增强决策质量；三是减少生产管理成本，促进需求。地理信息产业对国民经济其他行业的影响机理模型见图1。

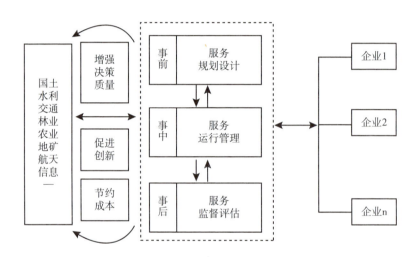

图1 地理信息产业对国民经济其他行业的影响机理模型

地理信息产业的经济特性主要表现为三个方面：一是规模经济效应，是指在一个给定的技术水平上，随着规模扩大、产出增加，平均成本（单位产出成本）逐步下降；二是范围经济效应（多倍效益），是指在同一核心专长领域，促进各项活动的多样化，多项活动共享一种核心专长，从而促进各项活动费用的降低和经济效益的提高；三是联结经济效应，是指复数主体相互联结，通过共有要素多重使用所创造的经济价值，如腾讯、百度等服务商。我们知道，20世纪七八十年代是模拟测绘时期，20世纪90年代是数字化测绘时期，现在的互联网时代则是信息化测绘时期。这三个时期都有一个共同的特点，就是地理信息产业链中应用服务附加值高于数据加工附加值，也就是说，数据加工利润占比越来越小，应用服务二次开发、装备研制、数据获取利润占比越来越大（详见图2）。

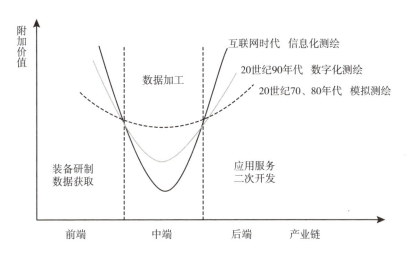

图2　地理信息产业发展附加价值曲线变化

　　基于对当前整体形势的分析与研判，测绘地理信息行业在"十三五"期间依然处于重大发展机遇期。通过以上分析可以看出，测绘地理信息行业发展的历史进程，正由数字化向信息化转化，将来将发展到知识化；测绘地理信息应用服务发展观念，由摸着石头过河到进行顶层设计；测绘地理信息应用服务的战略趋势，由更快（快速保障）、更高（高精度）到更深（深层次应用）；测绘地理信息应用服务行业发展趋势，由开放、融合到智能发展。测绘地理信息服务战略发展内涵，包括新型基础测绘体系、信息化测绘技术体系、信息应用服务体系、测绘地理信息法治体系、组织保障体系。可以说，测绘地理信息技术有限，但应用无限，应用的领域非常广泛。

三　进一步推进测绘地理信息应用服务新发展

　　"十三五"期间，测绘地理信息应用工作总的思路是：坚持创新、协调、绿色、开放、共享的发展理念，在维护国家地理信息安全的前提下，以

公益性测绘地理信息应用服务为核心，以增加公共产品、公共服务和打造大众创业、万众创新"双引擎"为着力点，进一步加强测绘地理信息应用能力建设，加快完善测绘地理信息共享、开放、应用政策和公共服务体系，大力实施"地理信息＋"战略，积极推动测绘地理信息社会化深层次应用，促进地理信息产业健康快速发展。

在公益性应用服务方面，要打造1个应用平台，即地理信息公共服务平台；服务2个重点领域，即电子政务、应急保障；解决3个关键环节，即数据融合、快速反应、科学定密。"地理信息＋"战略是创新2.0下的地理信息服务发展新形态、新业态，是知识社会创新2.0推动下的地理信息服务形态演进，它强调要充分发挥地理信息在生产要素配置中的优化和集成作用，将地理信息的创新成果深度融入经济社会各领域，为产业智能化提供支撑。"地理信息＋"战略主要体现在三个方面：一是地理信息数据＋，即基础数据＋专业数据（信息化）；二是地理信息服务＋，即服务平台＋工作流程；三是地理信息技术＋，即地理信息技术＋其他技术（技术融合）。

（一）培育测绘地理信息应用服务新动力

创新位于五大发展理念之首，也是测绘地理信息应用服务的新动力。我们可以在三方面实现突破：一是突破思想认识的束缚，向全面创新转变。特别是要适应供给侧结构性改革的要求，破除一切阻碍发展的思想认识，释放新需求，创造新供给，提高供给效率；二是突破创新机制的束缚，向注重应用推广转变，改变测绘地理信息部门以基础地理信息资源建设为主的局面，转变到以应用为牵引，主动作为，彰显作用；三是突破创新资源的束缚，向多方联合创新转变。不仅要加强系统内部的资源整合和共享，而且要加强与掌握核心地理信息要素部门的合作和创新，提升地理信息数据的质量和权威性，扩充应用深度。

（二）拓展测绘地理信息应用服务新空间

测绘地理信息应用服务主要围绕服务大局、服务社会、服务民生展开。

在服务大局方面，需要拓展的空间是领导决策服务，新兴的空间有"一带一路"、长江经济带、京津冀一体化等，创造的空间有监测评估服务、精准脱贫服务等。在服务社会方面，需要拓展的空间有地理国情监测、卫星导航定位基准服务以及智慧交通、智能物流、智能环保、智慧公安等，新兴的空间有全球地理信息资源开发利用、海洋地理信息资源开发利用、"多规合一"服务、不动产登记服务等，创造的空间有专题信息的大数据分析、虚拟社区服务等。在服务民生方面，需要拓展的空间有基于网络位置服务、地理信息衍生品开发等，新兴的空间有"互联网 +"服务、个性化地图开发、个性化地理信息系统开发等，创造的空间有无人驾驶地理信息服务、机器人感知系统、虚拟增强系统等。

（三）构建地理信息产业新体系

通过研究发现，地理信息产业有三种发展模式。一是链式发展。地理信息产业链是从"获取—加工—应用"全过程所涉及的各个企业之间基于一定的技术经济关联而形成的链网式产业组织形式，其发展类型有纵向链式发展、横向链式发展、混合发展。二是集群发展。产业领域中联系密切的企业以及相关支撑机构在空间上集聚的现象，其发展类型有技术引领型（如武汉高校）、市场导向型（如广东市场）、政府主导型（如浙江德清）。三是融合发展。产业之间或者内部融合发展渗透、延伸和重组，包括同其他产业的融合发展、产业内部融合发展、融合创新形成新业态。

笔者认为，我国地理信息产业发展模式应实现一体化，即"链（Chain）式发展、集群（Cluster）发展、融合（Integration）发展"一体化（简称"CCI"一体化），发展动力模型详见图3。

这个发展模式是一个有机体，相互独立、相互联系又相互依存。链式发展是基础，强调产业结构调整；集群发展是关键，注重产业空间布局；融合发展是必然，体现产业应用深度。"CCI"一体化发展模式可以有三种方式实现：一是创新完善地理信息产业链式发展模式，树立链式发展的战略思路，选择合理的链式发展方式，把握链式发展的要点。二是注重协调地理信息产业集群发展，以本地优势为基础发展地理信息产业集群，以经济技术联

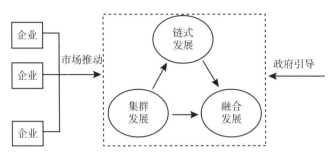

图3 "CCI" 一体化发展动力模型

系为纽带发展地理信息产业集群，以产业园区为载体发展地理信息产业集群。三是积极推进地理信息产业融合发展，全面推广应用测绘地理信息技术，推进地理信息产业链内融合，推动地理信息产业融合创新。

（四）提升测绘地理信息应用服务新能力

测绘地理信息应用服务的前提是能力建设。在现在测绘地理信息应用能力的基础上，瞄准未来发展趋势，合理确定未来应用服务的新能力。一是提升地理信息快速获取能力，加快实施应急测绘能力建设项目，构建国家应急测绘航空基地；发射系列测绘卫星，提升全天候、全覆盖的卫星遥感数据获取能力；尽快启用国家卫星导航定位基准体系，提升高精度位置快速服务能力。二是提升数据服务能力，构建大数据中心（1＋31），包括天地图服务中心、数据交换中心、卫星导航定位服务中心、大数据分析中心等。三是提升地理信息空间分析能力，包括地理国情监测评估能力（土地利用状况监测、地表沉降监测、沙漠化监测等）、灾害评估分析能力、地理设计能力等，实现地理信息"会表达、会说话、会决策"。在此基础上，大力实施"地理信息＋"行动战略，推动地理信息在各行各业的广泛深入应用。

（五）创建地理信息应用服务新机制

有人说，测绘地理信息应用好比沙子，不容易抓起来。如果仅仅从应用的领域来看，确实很广、很多、很杂，不知从何下手。但是，作为政府部门，我们不应该沉迷于个案的应用，而应该从更加宏观的机制层面来考虑应用工作。一是创建政府引导市场调控工作新机制。政府引导市场调控方式具有三个方面的含义：要以市场为基础，发挥市场自发调节和基础性资源配置功能；要发挥政府调节、监督管理和服务的引导作用；政府要根据产业发展和市场情况，采取不同的支持政策和调控措施。在政策制定方面，应该研究制定有利于应用的开放政策、共享政策、保护政策、项目规划等；在公共服务方面，应该提供有利于应用的公共产品，健全公共服务体系；在服务领域方面，应该着重推动在政府管理决策、应急突发事件、国家重大战略等公益性方面的应用。二是创建地理信息共享新机制——融合机制，制定测绘地理信息资源开放共享目录，构建政务地理信息信息点（POI）。三是创建基础设施社会化应用合作新机制，面向市场主体，推动地理信息公共服务平台、卫星导航定位服务系统的市场化运作，利用市场力量扩大应用广度和深度，挖掘其潜在价值。四是创建军民融合新机制，按照《关于经济建设和国防建设融合发展的意见》要求，统筹测绘基础设施建设，建立跨部门跨领域地理信息资料成果定期汇交和位置服务站网共享机制。五是创建地理信息安全管理新机制，牢固树立总体国家安全观，妥善处理好安全与应用的关系，进一步强化多级联动、部门协作的网上地理信息安全监管机制，坚决维护国家地理信息安全。

B.14
确立生态文明体制改革中
测绘地理信息部门的新职能

徐开明*

摘　要：　本文深度分解《生态文明体制改革总体方案》的各项任务，
　　　　　分析其与测绘地理信息工作的关系，结合近两年利用测绘地
　　　　　理信息成果和技术服务于多个部门承担生态文明体制改革任
　　　　　务的实践，探讨构建测绘地理信息工作服务于生态文明建设
　　　　　的业务体系，并对测绘地理信息部门如何更好地服务于生态
　　　　　文明建设提出建议。

关键词：　生态文明建设　自然资源　地理国情监测　测绘地理信息

一　引言

　　2015 年以来，党中央、国务院坚持以改革推进生态文明建设，先后出台一系列重大决策部署，深入系统推进生态文明体制改革，连续印发了《中共中央、国务院关于加快推进生态文明建设的意见》《生态文明体制改革总体方案》等多个指导性文件，连同各部委开展的试点工作（如国家发展改革委等 4 部委《关于开展市县"多规合一"试点工作的通知》等等），生态文明改革的总体布局已初见端倪，各部门在改革中所承担的主要任务和

＊　徐开明，黑龙江测绘地理信息局党组书记、局长，博士，教授级高级工程师，国家百千万人才工程人选，全国先进工作者，享受国务院政府特殊津贴。

目标以及在未来生态文明制度体系建设中的分工定位也逐渐清晰。

生态文明制度改革的目的是保护好现存的自然生态空间、逐步修复遭到破坏的自然生态环境，对各类自然资源开发利用情况进行有效监管。因此，测绘自然生态空间形态，查清自然生态资源存量及空间分布情况，监测各类自然资源变化是贯穿生态文明建设各项任务的主线，这离不开测绘地理信息工作的支撑。由于有关政策制定部门和相关任务承担部门对测绘地理信息工作认识不足，目前出台的各项生态文明改革方案中很少明确测绘地理信息部门的具体分工，但通过分析各项改革任务与测绘地理信息部门技术、成果和业务的关系，研究测绘地理信息工作在生态文明建设中的作用，不仅有利于生态文明建设各项工作的顺利实施，对于推动测绘地理信息部门自身深化改革，促进测绘地理信息事业转型升级，确定在生态文明制度体系中的新职能新定位，具有现实意义和长远意义。本文通过分析《生态文明体制改革总体方案》各项任务与测绘地理信息工作的关系，结合近两年利用测绘地理信息成果和技术服务于多个部门承担生态文明改革任务的实践，提出测绘地理信息部门应抢抓机遇，将自然生态空间监测工作作为生态文明建设的新职能。

二　生态文明制度建设的重点任务与测绘地理信息的关系分析

2015年9月，中共中央、国务院印发了《生态文明体制改革总体方案》，该方案分为10个部分，共56条，提出建立健全八项制度，其中改革任务和举措47条。

在八项制度建设所列的47项改革任务中，与自然生态空间现状调查、自然资源变化监测、各类空间界线划定、为资源有偿使用和生态价值评估提供依据、以地理空间信息支撑建立各类信息平台等与测绘地理信息技术、成果和日常业务密切相关的改革任务多达40条，占总改革任务和举措的85%。详细分析见表1。

 测绘地理信息蓝皮书

表1　《生态文明体制改革总体方案》中与测绘地理信息工作相关的内容

制度	任务和举措	主要内容	测绘地理信息的作用
一、健全自然资源资产产权制度	1. 建立统一的确权登记系统	对水流、森林、山岭、草原、荒地、滩涂等所有自然生态空间统一进行确权登记，逐步划清全民所有和集体所有之间的边界，划清全民所有、不同层级政府行使所有权的边界，划清不同集体所有者的边界	确定自然生态空间的种类、存量、空间分布、划定边界、协助确认权属。建立自然生态空间数据库
	2. 建立健全明确的自然资源产权体系	自然资源资产有偿出让制度方案、自然资源产权制度改革方案，统筹规划，加强自然资源资产交易平台建设	提供地理空间信息服务平台支撑
	3. 健全国家自然资源资产管理体制	按照所有者和监管者分开和一件事情由一个部门负责的原则，整合分散的全民所有自然资源资产所有者职责，组建对全民所有的矿藏、水流、森林、山岭、草原、荒地、海域、滩涂等各类自然资源统一行使所有权的机构，负责全民所有自然资源的出让等	自然资源的现状调查、提供存量和空间分布数据；监测空间位置和数量的变化
	4. 探索建立分级行使所有权的体制	分清全民所有中央政府直接行使所有权、全民所有地方政府行使所有权的资源清单和空间范围	测绘各级政府所属自然资源的范围和空间位置
	5. 开展水流和湿地产权确权试点	探索建立水权制度，开展水域、岸线等水生态空间确权试点	测绘水流、湿地的空间位置、范围
二、建立国土空间开发保护制度	6. 完善主体功能区制度	统筹国家和省级主体功能区规划，健全基于主体功能区的区域政策，根据城市化地区、农产品主产区、重点生态功能区的不同定位，加快调整完善财政、产业、投资、人口流动、建设用地、资源开发、环境保护等政策	提供空间规划底图，各级主体功能区规划的依据，规划内容在实地的空间位置和边界
	7. 健全国土空间用途管制制度	将用途管制扩大到所有自然生态空间，划定并严守生态红线，严禁任意改变用途，防止不合理开发建设活动对生态红线的破坏，完善覆盖全部国土空间的监测系统，动态监测国土空间变化	为生态红线划定提供法定依据；提供技术、队伍、装备，建立国土空间监测系统
	8. 建立国家公园体制	加强对重要生态系统的保护和永续利用，改革各部门分头设置自然保护区、风景名胜区、文化自然遗产、地质公园、森林公园等的体制，对上述保护地进行功能重组，合理界定国家公园范围	测绘各类保护区等国家公园的空间界线，对资源现状进行调查

续表

制度	任务和举措	主要内容	测绘地理信息的作用
二、建立国土空间开发保护制度	9. 完善自然资源监管体制	统一行使所有国土空间的用途管制职责	监测自然生态空间的变化
三、建立空间规划体系	10. 编制空间规划	整合目前各部门分头编制的各类空间性规划,编制统一的空间规划,实现规划全覆盖。空间规划是国家空间发展的指南、可持续发展的空间蓝图,是各类开发建设活动的基本依据。空间规划分为国家、省、市县(设区的市空间规划范围为市辖区)三级。研究建立统一规范的空间规划编制机制	为各类规划提供统一的空间基准、空间规划底图,协调各类规划资料矛盾;建立空间规划平台
	11. 推进市县"多规合一"	支持市县推进"多规合一",统一编制市县空间规划,逐步形成一个市县一个规划、一张蓝图。市县空间规划要统一土地分类标准,根据主体功能定位和省级空间规划要求,划定生产空间、生活空间、生态空间,明确城镇建设区、工业区、农村居民点等的开发边界,以及耕地、林地、草原、河流、湖泊、湿地等的保护边界,加强对城市地下空间的统筹规划	统一空间基准,协调各类规划资料矛盾;为"多规合一"提供统一的空间规划底图和空间规划平台;确定三类空间的边界;确定各类保护区边界;监测规划实施情况
	12. 创新市县空间规划编制方法	探索规范化的市县空间规划编制程序,扩大社会参与,增强规划的科学性和透明度。规划编制前应当进行资源环境承载能力评价,以评价结果作为规划的基本依据	以航空航天遥感、地理信息系统技术支撑规划编制及评价
四、完善资源总量管理和全面节约制度	13. 完善最严格的耕地保护制度和土地节约集约利用制度	完善基本农田保护制度,划定永久基本农田红线,按照面积不减少、质量不下降、用途不改变的要求,将基本农田落地到户、上图入库,实行严格保护	测绘基本农田红线空间位置,建立数据库,实施动态监测
	14. 完善最严格的水资源管理制度	加强水产品产地保护和环境修复,控制水产养殖,构建水生动植物保护机制。完善水功能区监督管理,建立促进非常规水源利用制度	测绘保护区空间位置,对保护区实施动态监测
	15. 建立能源消费总量管理和节约制度	逐步建立全国碳排放总量控制制度和分解落实机制,建立增加森林、草原、湿地、海洋碳汇的有效机制,加强应对气候变化国际合作	碳排放遥感监测与评估

续表

制度	任务和举措	主要内容	测绘地理信息的作用
四、完善资源总量管理和全面节约制度	16. 建立天然林保护制度	将所有天然林纳入保护范围	测绘天然林存量、空间分布情况,监测变化
	17. 建立草原保护制度	健全草原生态保护补奖机制,实施禁牧休牧、划区轮牧和草畜平衡等制度。加强对草原征用使用审核审批的监管,严格控制草原非牧使用	测绘草原存量、空间分布情况;监测禁牧休牧、草原非牧使用情况
	18. 建立湿地保护制度	将所有湿地纳入保护范围,禁止擅自征用占用国际重要湿地、国家重要湿地和湿地自然保护区。确定各类湿地功能,规范保护利用行为,建立湿地生态修复机制	测绘湿地存量、空间分布情况,监测湿地变化
	19. 建立沙化土地封禁保护制度	将暂不具备治理条件的连片沙化土地划为沙化土地封禁保护区	测绘沙化土地现状和空间分布,划定封禁保护区边界,监测保护区变化
	20. 健全海洋资源开发保护制度	实施海洋主体功能区规划;实行围填海总量控制制度,对围填海面积实行约束性指标管理。建立自然岸线保有率控制制度	支撑海洋主体功能区规划,测绘自然海岸线位置,监测围填海面积变化
	21. 健全矿产资源开发利用管理制度	建立矿产资源开发利用水平调查评估制度,加强矿产资源查明登记和有偿计时占用登记管理	支撑建立矿产资源空间分布数据库
五、健全资源有偿使用和生态补偿制度	22. 加快自然资源及其产品价格改革	建立自然资源开发使用成本评估机制,将资源所有者权益和生态环境损害等纳入自然资源及其产品价格形成机制	建立自然资源空间数据库。提供地理空间信息服务平台支撑
	23. 完善土地有偿使用制度	扩大国有土地有偿使用范围,扩大招拍挂出让比例,减少非公益性用地划拨,国有土地出让收支纳入预算管理	提供地理空间信息服务平台支撑
	24. 完善矿产资源有偿使用制度	推进实现全国统一的矿业权交易平台建设,加大矿业权出让转让信息公开力度	提供地理空间信息服务平台支撑
	25. 完善海域海岛有偿使用制度	建立海域、无居民海岛使用金征收标准调整机制。建立健全海域、无居民海岛使用权招拍挂出让制度	开展海洋测绘,对海域、自然海岸线、无居民海岛等进行测绘

续表

制度	任务和举措	主要内容	测绘地理信息的作用
五、健全资源有偿使用和生态补偿制度	25. 加快资源环境税费改革	逐步将资源税扩展到占用各种自然生态空间	建立自然生态空间数据库,对资源变化情况进行动态监测
	26. 完善生态补偿机制	探索建立多元化补偿机制,逐步增加对重点生态功能区的转移支付,完善生态保护成效与资金分配挂钩的激励约束机制。制定横向生态补偿机制办法,以地方补偿为主,中央财政给予支持	监测重点资源变化,对生态补偿成效提供依据
	27. 完善生态保护修复资金使用机制	按照山水林田湖系统治理的要求,完善相关资金使用管理办法,整合现有政策和渠道,在深入推进国土江河综合整治的同时,更多用于青藏高原生态屏障、黄土高原—川滇生态屏障、东北森林带、北方防沙带、南方丘陵山地等国家生态安全屏障的保护修复	测绘存量,监测变量,为生态保护修复成效考评提供依据
	28. 建立耕地草原河湖休养生息制度	编制耕地、草原、河湖休养生息规划,调整严重污染和地下水严重超采地区的耕地用途,逐步将25度以上不适宜耕种且有损生态的陡坡地退出基本农田。建立巩固退耕还林还草、退牧还草成果长效机制	支撑"修养生息"规划编制;确定25度以上不宜耕种且有损生态的陡坡地的空间分布;对退耕还林还草、退牧还草成果进行监测
六、建立健全环境治理体系	29. 建立污染防治区域联动机制	要结合地理特征、污染程度、城市空间分布以及污染物输送规律,建立区域协作机制。在部分地区开展环境保护管理体制创新试点,统一规划、统一标准、统一环评、统一监测、统一执法	提供地理空间信息服务平台支撑,提供监测数据
	30. 建立农村环境治理体制机制	建立以绿色生态为导向的农业补贴制度	提供监测数据
	31. 健全环境信息公开制度	全面推进大气和水等环境信息公开、排污单位环境信息公开、监管部门环境信息公开,健全建设项目环境影响评价信息公开机制。建立环境保护网络举报平台和举报制度	提供地理空间信息服务平台支撑,建立基于空间位置的环境保护公共平台
	32. 严格实行生态环境损害赔偿制度	健全环境损害赔偿方面的法律制度、评估方法和实施机制	提供监测数据
	33. 完善环境保护管理制度	有序整合不同领域、不同部门、不同层次的监管力量,建立权威统一的环境执法体制,制定生态环境监测网络建设改革方案、环境治理监管职能整合方案	提供有关自然生态空间变化监测的数据

续表

制度	任务和举措	主要内容	测绘地理信息的作用
七、健全环境治理和生态保护市场体系	34. 推行用能权和碳排放权交易制度	建立用能权交易系统、测量与核准体系。推广合同能源管理。深化碳排放权交易试点,逐步建立全国碳排放权交易市场,研究制定全国碳排放权交易总量设定与配额分配方案。完善碳交易注册登记系统,建立碳排放权交易市场监管体系	提供碳排放遥感监测和评估数据
	35. 推行水权交易制度	结合水生态补偿机制的建立健全,合理界定和分配水权,探索地区间、流域间、流域上下游、行业间、用水户间等水权交易方式。研究制定水权交易管理办法,明确可交易水权的范围和类型、交易主体和期限、交易价格形成机制、交易平台运作规则等	提供地理空间信息服务平台支撑,确认地区间、流域间空间关系
八、生态文明绩效评价考核和责任追究制度	36. 建立生态文明目标体系	研究制定可操作、可视化的绿色发展指标体系,制定生态文明建设目标评价考核办法	自然生态空间的现状本地数据与变化监测。提供客观、精准、权威的地理空间数据
	37. 建立资源环境承载能力监测预警机制	研究制定资源环境承载能力监测预警指标体系和技术方法,建立资源环境监测预警数据库和信息技术平台	提供地理空间信息服务平台支撑,提供分析评价方法,监测自然生态空间变化
	38. 探索编制自然资源资产负债表	制定自然资源资产负债表编制指南,构建水资源、土地资源、森林资源等的资产和负债核算方法,建立实物量核算账户,明确分类标准和统计规范,定期评估自然资源资产变化状况	进行自然资源资产实物量确认,变化量监测
	39. 对领导干部实行自然资源资产离任审计	以领导干部任期内辖区自然资源资产变化状况为基础,通过审计,客观评价领导干部履行自然资源资产管理责任情况,依法界定领导干部应当承担的责任,加强审计结果运用	测绘到任时自然资源资产存量,监测离任时变化量
	40. 建立生态环境损害责任终身追究制	以自然资源资产离任审计结果和生态环境损害情况为依据,对领导干部离任后出现重大生态环境损害并认定其需要承担责任的,实行终身追责。建立国家环境保护督察制度	为损害评估提供监测数据

　　通过表1分析,测绘自然生态空间形态,查清自然生态资源存量及空间分布情况,监测各类自然资源变化,为资产评估、空间界线划定、空间规划

体系建立、绩效考评、价值评估等生态文明各项任务的实施提供依据和基础数据支撑是测绘地理信息部门力所能及也是责无旁贷的工作。

三 构建测绘地理信息工作服务于
生态文明建设的业务体系

目前制约生态文明制度改革的一大难题是各类与自然生态环境密切相关的资源分属不同主管部门，由于原有部门职能设置是以对资源的"开发利用"为目的，而非以"坚决保护"为目标，在具体的职责划分上既有重复，又有交叉，特别是资源的管理、使用和监督三种权力设定上，或三合一、二合一，集三种或两种权力于一身；或多对一，多家共管或共同监督一类资源，同类生态空间资源在不同部门有着不同的定义（如湿地资源，在国土、林业、环境等部门有不同的分类定义）。这导致既有多重身份而形成的职责不清、监管不力问题，也有"九龙治水"而形成的各自为政、推诿扯皮问题。

生态文明制度体系建设是全面深化改革的一项战略性工程，必须打破现有部门利益格局，突破体制束缚，重新划定各部门在新制度体系中的分工和定位，特别是其中的自然生态空间资源调查与监管工作，应由独立于资源管理和使用之外的专业部门提供客观、详细、精准的资源调查数据，更需要建立常态化的监测体系，提供客观、真实的变化量。测绘地理信息部门不是任何自然资源的使用部门和管理部门，在对自然生态空间的现状调查和变化监测方面拥有四方面优势：一是拥有先进的技术手段，二是积累了丰富的数据成果，三是建立了完整的组织机构和专业测绘队伍，四是独立、客观的监测身份。

自 2014 年开始，黑龙江测绘地理信息局就利用地理国情普查成果和监测技术服务于"多规合一"战略实施、支撑生态红线划定和生态补偿绩效考核、提供"领导干部自然资源资产离任审计"测绘保障、建立"自然生态空间数据库"等方面，进行了卓有成效的探索，取得了一系列成果，先后与发展改

革、环境保护、审计等部门建立了业务合作关系，为测绘地理信息工作融入生态文明建设战略实施，构建新型业务体系，形成新的职能定位奠定了坚实基础。测绘地理信息工作服务于生态文明各项任务流程框架参见图1。

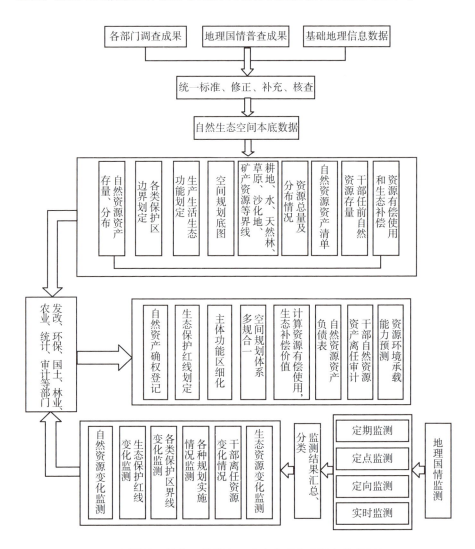

图1 测绘地理信息工作服务于生态文明各项任务流程框架

赋予测绘地理信息部门自然生态空间监测职能对于打破现有部门利益格局，快速摸清自然资源"家底"，对自然生态空间实施客观、公正、独立的监测，解决自然资源"监、管、用"不分所造成的"家底不清、变化不知、责任不明"等突出矛盾是十分必要也是可行的。通过构建以测绘部门为主体的自然生态空间监测体系，形成测绘地理信息部门在生态文明建设中的新职能新定位。

四 建议

2016 年 8 月，历时三年的全国第一次地理国情普查工作圆满完成，成果通过验收，常态化的地理国情监测业务已被列入"十三五"测绘地理信息工作的主要任务之一。库热西局长指出：国家测绘地理信息局将开展地理国情普查和监测作为服务国家改革发展大局的主攻方向，把改革测绘地理信息服务模式、促进事业转型升级作为重要途径全力推进。

尽管最终普查统计分析结果尚未发布，但在地理国情普查项目实施过程中，已经开展了相关应用试验和地理国情监测试验。为使普查成果得到各方认可、经得住历史检验，确保地理国情监测业务能够常态化持续开展，必须在固定的服务对象、确定的产品形式、稳定的业务形态方面作深入研究，分析总结近年来政府各部门陆续开展的各类资源监测业务的共性和个性问题，创新思维，另辟蹊径，突破现有部门分工设置框架，从服务生态文明建设角度，确立测绘地理信息部门在实施自然资源监管特别是自然生态空间监测中的独特地位，找到适合测绘地理信息部门自身特点的地理国情监测内容，使地理国情监测业务不仅成为测绘地理信息事业转型升级的重要抓手，同时也使测绘地理信息工作深度融入国家改革发展大局，在新体制建设中形成新的职能定位。

（一）把地理国情监测的服务对象调整到针对生态文明各项任务保障上来

以地理国情普查成果作为"测绘自然生态空间形态，查清自然生态资源存量及空间分布情况"的基础数据，构建自然生态空间数据库，通过定

期监测、定点监测、定向监测、实时监测手段开展对自然资源变化、生态保护红线变化、各类保护区界线变化、各种规划实施效果、干部离任资源变化、生态资源变化等监测业务，形成为资产评估、空间界线划定、空间规划体系建立、绩效考评、价值评估等生态文明建设各项任务实施提供依据和基础数据支撑的成果形式。

（二）构建新型业务体系，建立常态化部门合作机制

围绕测绘地理信息服务于生态文明建设各项任务，在组织机构方面，针对新的生产流程，即监测数据的获取、处理、分析、成果分发等新业务形态，构建新型业务体系；在技术保障方面，利用空天地一体化的数据获取技术搭建全天候、立体化的自然生态空间监测网络，研究定期、定向、定点和实时监测技术，特别是各类监测技术的数据融合问题；在技术标准方面，强化测绘地理信息空间基准、空间规划底图的法律效力，建立部门间自然资源数据交换标准，强制性解决部门间数据共享和交换问题；在运行机制方面，建立网络化数据运行体系，以自然生态空间本底数据库为核心，构建自然资源监测数据中心，提供公共服务平台，支撑空间规划体系建设。

（三）积极推动自然生态空间监测成为测绘地理信息部门的新职能

适时总结前期普查应用的各项试验成果，将构建自然生态空间监测体系作为测绘地理信息部门深化改革的重要方向之一。采取总体布局、系统设计、各个"击破"策略，利用在组织机构、人才队伍、技术装备和地理信息成果方面的独特优势，发挥地理国情普查（监测）支撑生态文明建设各项任务的保障服务作用，积极参与生态文明制度改革相关承担部门试点工作，并以此为契机，以常态化的业务和标准化产品提供相应服务，逐步建立与发展改革部门、城乡规划部门、生态环境保护部门，以及各类资源管理和综合监管部门点对点的合作机制和业务运行机制，最终推动自然生态空间监测成为测绘地理信息部门在生态文明制度改革中的新职能。

B.15
测绘地理信息公共服务模式改革初步研究

——以江苏省为例

熊 伟　徐永清　刘 芳　陈 熙*

摘　要：　本文围绕国家关于加强供给侧结构性改革的具体要求和测绘
地理信息转型升级的实际需要，以近年来江苏省测绘地理信
息公共服务模式改革实践为基础，阐述了当前测绘地理信息
领域的两种公共服务供给模式发展情况，即政府自行组织生
产和提供公共产品、政府在生产领域购买服务和自行提供公
共产品，分析了被动窗口链状式、共建共享星状式、互联在
线网状式、按需前置定制式等四种测绘地理信息公共服务提
供模式，并提出了推进测绘地理信息公共服务模式改革的四
方面建议。

关键词：　测绘地理信息　供给侧　结构性改革　公共服务　模式

近年来，中央层面多次提到要加快推进供给侧结构性改革，提高有效供
给能力，通过创造新供给、提高供给质量，扩大消费需求。另外，测绘地理
信息公益业务在“十二五”期间开始由单一化向多元化发展，正在形成以

* 熊伟，国家测绘地理信息局测绘发展研究中心，副研究员；徐永清，国家测绘地理信息局测
绘发展研究中心副主任，高级记者；刘芳，国家测绘地理信息局测绘发展研究中心，助理研
究员；陈熙，国家测绘地理信息局测绘发展研究中心，研究实习员。

"新型基础测绘、地理国情监测、应急测绘、航空航天遥感测绘、全球地理信息资源开发"等五大业务为支撑的新的测绘地理信息公益服务格局。面对全面深化改革的总体要求以及加快测绘地理信息转型升级的客观需要，必须站在新的历史起点，不断深化测绘地理信息公共服务模式研究，通过总结经验、剖析问题，掌握发展规律、提出改革策略。本文主要结合江苏省测绘地理信息局（以下简称江苏局）、南京市规划局（以下简称南京局）、扬州市国土资源局（以下简称扬州局）、镇江市国土资源局（以下简称镇江局）在公共服务模式改革方面的实践情况，按照中央关于加强供给侧结构性改革的具体要求，浅谈新时期推进测绘地理信息公共服务模式改革的若干思考。

一 测绘地理信息公共服务供给模式和提供模式分析

（一）测绘地理信息公共服务供给模式

公共服务是 21 世纪公共行政和政府改革的核心理念，其以合作为基础，强调政府的服务性和公民的权利。公共服务供给模式，是指通过集体性的制度安排，对公共服务的供给者、服务的数量和质量、生产与融资方式、管制方式等作出决策、安排并进行监管①。基于供给主体及其运行机理的不同，公共服务供给模式可划分为三种类型：政府供给、市场供给②、志愿供给。结合江苏省实际情况，测绘地理信息公共服务供给模式已经呈现多元化发展趋势，政府购买服务的方式已经得到运用。

1. 政府自行组织生产和提供公共产品

政府供给模式是以政府作为公共服务的供给主体，表现为公共服务的提供与生产不可分离，政府在公共服务供给中全权负责，承担资金供应者、生产安排者、服务提供者等多种角色。这种模式具有权威性、计划性、普遍性

---

① 叶响裙：《公共服务多元主体供给：理论与实践》，社会科学文献出版社，2014，第 31 页。

② 市场供给模式存在的前提条件之一是必须符合政府制定的相关规则。

的特点。

目前，江苏省省级基础测绘、地理国情普查、应急测绘等公益业务主要采用政府供给模式。第一，根据《江苏省测绘条例》《江苏省省级基础测绘项目管理办法》（苏发改区域发〔2007〕346号）等有关规定，江苏省省级基础测绘经费已纳入省财政预算，江苏局以年度计划的方式向其直属单位同步下达生产任务和经费，如1∶1万基础地理信息更新项目由江苏省测绘工程院、江苏省基础地理信息中心等单位具体实施。同时，所有基础测绘成果的最终提供环节由江苏局相关直属单位来完成。第二，江苏局制定了比较完善的《江苏省测绘应急保障预案》，建立了由领导机构、办事机构、工作机构、市县机构、社会力量等组成的多层次、全方位应急测绘组织体系，形成了由政府组织领导、全社会力量协同参与的应急测绘保障格局。比如，在"6·23"阜宁、射阳龙卷风冰雹特别重大灾害救助中，省、市测绘地理信息行政主管部门第一时间启动应急测绘保障预案，提前完成了各项应急保障任务，为指导灾害评估和灾后重建提供了准确翔实的地理信息数据，受到省应急办和盐城市委市政府的高度肯定。应急测绘作为典型的政府供给模式，无论是在省级还是在地市级层面，正在逐渐发展成为一个相对独立的测绘地理信息公益业务。第三，从2013年开始，江苏省地理国情普查按照"全省统一领导、部门分工协作、地方分级负责、各方共同参与"的原则，采用省、市级普查机构依据任务类型、技术难易程度、操作可行性等情况进行分级负责的方式组织实施。整个普查工作由各级财政分别投资作为保障，省级投入8800万元，省级普查工作机构（江苏局）主要负责业务指导和监督检查等工作，具体的省级普查生产任务由局属事业单位负责完成。

2. 政府在生产领域购买服务和自行提供公共产品

政府购买公共服务，是指政府根据其法定职责，将为社会发展和公众日常生活提供服务的事项，交由有资质的社会组织及市场主体来完成，并根据其提供服务的数量和质量，按照一定的标准进行评估后支付服务费用的行为。根据江苏省的情况，测绘地理信息领域的公共服务供给模式存在一种特殊现象，即既不能完全归类于政府供给模式，也不能简单归类于市场供给模

式，具体来说就是生产环节采用政府购买服务的方式，而实际提供环节仍采用政府主导的方式进行。这种情况部分存在于省级基础测绘，大量存在于市级测绘地理信息公益业务中。

第一，长期以来，江苏省省级基础航空摄影等基础测绘任务，均采用政府采购的方式。2014年，江苏省财政厅、民政厅联合印发《省级政府向社会组织购买服务工作方案的通知》，之后连续3年（2014~2016年）将基础测绘列入省政府购买服务的重点实施项目，尤其是2016年江苏省财政厅明确要求省级基础测绘项目购买服务的金额不低于2000万元，而这一年财政拨款资金为9900万元，包括基础测绘和地理国情监测共用航飞经费2751万元等。在实际购买服务层面，江苏省测绘工程院2014年公开招标基础测绘项目入围供应商，确定了20多家合作单位（有效期两年），参与1∶1万航空摄影测量、数字正射影像（DOM）制作、地形图野外采集及建库、1∶1万水下地形测量等项目；江苏省基础地理信息中心2015年通过招标确定了35家合作单位（有效期一年），参与地理信息系统软件开发、三维建模、图件制作等项目。目前，江苏局正在按照相关部门要求组织编制省级基础测绘领域政府购买服务的具体实施方案。

在江苏省市级基础测绘生产领域，由于没有完备的测绘地理信息公益生产队伍（有关情况见表1）作为支撑，因此大部分任务均通过政府购买服务的方式完成。比如，南京局2004年开始进行基础测绘项目招标工作并制定了相应的实施办法，此后大多数基础测绘项目均采用政府采购、市场化运作方式来完成，测绘成果主要依托南京市城市规划编制研究中心等直属单位对外提供。扬州局长期以来主要采用购买服务的方式完成基础测绘任务，2016年5月28日，扬州市政府办公室印发《扬州市地理空间框架建设与应用管理办法》（扬府办发〔2016〕78号），明确规定，通过购买服务的模式，公开选拔在遥感影像、地理信息数据库建设、地理信息系统开发方面有经验和实力的技术团队来进行数据更新及平台维护，并深度挖掘地理信息数据的潜在价值。目前，扬州市地理空间框架运行维护更新资金按年度计划已落实298万元，主要包括基础地理信息数据更新、软件系统维护、示范应用更新维护和软件网络支撑环境维护四个方面，并按照该办法要求和工作计划完成了维护管理工作中的相应招投标工作。镇江局从 2005 年开始会同市发展改革委编制镇江市基础测绘规划，已完成"十一五""十二五"和"十三五"基础测绘规划编制工作，"十二五""十三五"规划列入政府规划编制序列。在组织实施方面，镇江局根据政府批准的规划内容，在每年年底编制下一年度的实施方案及经费预算，报请市财政局批准。第二年初根据批准资金通过政府采购方式向社会公开招标，招标包括规划实施项目的承担单位和监理单位。项目完成后组织专家对项目开展验收，最后将验收报告、监理报告、测绘成果等提交给局档案室管理，数据成果统一存放在市国土资源信息中心，按相关规定向社会提供使用。

表1　南京、扬州、镇江测绘地理信息主管部门所属测绘地理信息类事业单位情况

江苏省地级及以上城市的测绘地理信息事业单位名称	从事测绘地理信息工作的人员数量	备注
南京市城市规划编制研究中心	26 人（乙级测绘资质）	负责测绘管理相关信息系统和数据库的建设和维护工作等
南京市城市地下管线数字化管理中心	约 20 人（丙级测绘资质）	负责地下管线信息资源建设等
南京市城市建设档案馆（南京市城市建设档案管理处）	……	负责历史档案、纸质地图管理等
扬州市国土资源调查中心	约 40 人（乙级测绘资质）	负责测绘地理信息数据的管理和提供等
镇江市土地勘测事务所	24 人（乙级测绘资质）	负责测绘地理信息数据的入库等工作

第二，江苏省市级地理国情普查项目主要采用政府购买服务的方式完成。从 2013 年开始，江苏省开始开展地理国情普查工作，市级财政总投入 2.92 亿元，市级普查机构（市级测绘地理信息主管部门）主要负责本地区普查工作的协调和组织实施。市级普查生产任务采用招投标的方式，选择由具备相应生产能力的甲级测绘资质单位完成，同时招标符合资质要求的监理

单位。比如，扬州市地理国情普查采取全市统一招标的形式，制定了全过程质量控制、全员质量控制、分类质量控制等严格的质量管控制度，避免了普查过程中因实施单位不同而造成的各县（市、区）普查属性认定的标准不一致影响成果质量，确保各项工作高质有序完成。另外，地理国情普查形成的成果由市级测绘地理信息部门负责管理和统一组织提供。

（二）测绘地理信息公共服务提供模式

从产品或服务提供工程中所依托的媒介来看，测绘地理公共服务提供模式总体上可以分为离线柜台和在线网络两种。进一步从服务提供主体和客体之间的逻辑关系以及服务的便捷化和精细化程度看，测绘地理信息公共服务提供模式，又可细分为被动窗口链状式、共建共享星状式、互联在线网状式、按需前置定制式等四种。调研单位向外提供公共服务的模式，大致都可以归类于上述四种情况。

1. 被动窗口链状式服务情况

根据江苏省情况，一直以来，各单位主要采用被动窗口链状方式，实施严格的审核程序，向全社会提供各种地形图、4D 成果、影像等数据以及重要地理信息数据和相关信息等。基于测绘成果的安全使用特性，使其在测绘地理信息部门向外提供公共产品和服务的各种模式中始终占据着主导地位。比如，南京局针对用户单位提供免费地图服务，暂不提供个人服务，而用户单位只需提交建设项目在当地的立项证明和立项批文、单位介绍信、申请表和个人身份证等四类材料，就可在南京局服务窗口免费领取相应项目范围之内的地图；江苏局、扬州局、镇江局也主要依托政务服务窗口对外提供基础地理信息数据或地图资料，只是各单位对外提供服务的手续或原则略有不同。被动窗口链状式服务模式有其自身局限性，主要表现在服务效率相对不高等方面，因为所有的用户单位都必须驱车前往服务提供单位所在地获取所需数据（必要时还需带着硬盘拷贝数据）。由于地理信息的安全保密等特性，这种公共服务提供模式在一定时间范围内将长期存在，而且依然会占据主导地位。

2. 共建共享星状式服务情况

共建共享星状式服务模式的典型特征是各专业部门依托安全可靠的专用网络和统一的数据中心，共享各自的空间数据，并持续更新共享。其运行机制是，各共建共享单位共同建立地理空间信息数据采集分工和交换机制，基于统一的空间定位基准，处理、整合、集成已有的与地理空间位置有关的信息数据，形成地理空间数据资源目录，以及标准统一、内容丰富、形式多样的地理空间信息及其相关数据库群，使各共建单位能够实时访问并获取相关地理信息数据。在此种公共服务提供模式下，测绘地理信息部门负责提供统一的空间定位基准和基础地理信息数据，对统一数据中心进行初期平台建设和长期维护等。

根据江苏省情况，江苏局建立了初级版的共建共享模式，已与数个相关委、办、厅、局搭建空间信息服务专网。比如，根据江苏省环保厅构建1831 平台①的建设需要，搭建了专门的网络，实时提供基础地理信息数据，辅助监测太湖的排污状况等。同时，江苏省政府 2015 年开始组织政务外网建设，预计 2016 年底建成，届时江苏局将依托政务外网着力推动全省空间信息共享交换平台建设。南京局依托政务专网，利用"天地图·南京"公众版和政务版，大力推动共建共享服务。其中基于政务外网，依托"天地图·南京"公众版免费提供地图底图及注记、影像底图及注记、兴趣点等满足各委、办、局所需的多种调用服务，已与市农业委员会、环保局、水务局、各市辖区城管局等 20 多家单位形成了初级版共建共享星状式服务模式。扬州局借"数字城市"建设的契机，积极推动地理信息资源的共建共享，形成了由市政府主导、相关部门协作共建的发展模式。市政府办公室于2016 年 5 月 28 日正式出台《扬州市地理空间框架建设与应用管理办法》，明确了市政府办公室、市测绘地理信息行政主管部门、市规划局、各级政府

---

① "1831"中的"1"，是建设一个全省共享的生态环境监控平台；"8"是集成饮用水水源地、流域水环境、大气环境、重点污染源、机动车尾气、辐射环境、危险废物、应急风险源 8 个子监控系统；"3"是组建省、市、县三级生态环境监控中心；"1"是一套数据管理，实现对全省生态环境的现代化监管。

部门和国有企事业单位、市信息化行政主管部门、市财政局、市政府信息资源管理中心等各部门在地理信息资源共建共享中的职责与分工等方面要求。此外，按照《扬州市地理空间框架建设与应用管理办法》要求，2016年6月14日，扬州市国土资源局与规划局签订《国土规划地理信息成果共享及更新工作方案》，进一步明确了共建共享的工作细则，正在着力推进地理信息共享应用专网建设，对数据交互更新进行探索。至此，扬州市测绘地理信息共建共享星状式服务模式的雏形已基本形成。镇江局主要依托数字镇江地理空间框架建设，积极推进地理信息共建共享。2013年11月13日，镇江市政府办公室出台《镇江市人民政府办公室关于加强"数字镇江"地理空间框架建设应用与运行维护管理的意见》等，明确指出，"数字镇江"地理空间框架由市政府统一组织建设，各部门、企事业单位和社会公众根据权限及所在的网络环境共享使用；市国土资源局会同相关部门，负责"数字镇江"地理空间框架的建设与推广应用以及日常运行数据库管理和地理信息数据的采集、编目、发布、更新和维护等工作，制定相关数据标准和管理制度；发展改革、住建、规划、民政、环保、气象、公安、保密、财政等部门按照各自职责分工，协同做好相应工作。目前，镇江市测绘地理信息共建共享星状式模式尚未建立，主要由于政务专网自身的局限性，大部分基础地理信息数据无法在专网上运行，部门间的空间数据共享渠道没有打通。基于这一现状，市保密局2016年初开始按照新的保密要求，牵头组织建设政务涉密专网，使得未来依托该专网推进部门间空间数据的共建共享成为可能。

3. 互联在线网状式服务情况

互联在线网状式服务模式是一种基于互联网面向社会大众的测绘地理信息服务提供模式。根据调研情况，各单位已经建立了相对成熟的在线地理信息服务模式，即依托互联网和公众版"天地图"面向全社会提供基本地理信息服务。比如，江苏局于2011年完成公众版地理信息公共服务平台——"天地图·江苏"的建设，并开始面向社会提供服务，同时大量用户单位基于"天地图·江苏"公众版进行了再次开发利用。"天地图·南京"公众版于2012年9月正式上线，几年来，除提供基本的电子地图服务外，还为不同使用群体提供了差异化服务，如推出了"天地图·南京"中学生版，在地图中设有学生感兴趣的地标；开发了全国第一个"天地图"英文版地图，方便青奥会期间各国友人使用。此外，从 2015 年 9 月到 2016 年 6 月，"天地图·南京"公众版提供的矢量底图和矢量注记服务在线访问量大幅增加（详见图1）。"天地图·扬州"2013 年 5 月正式上线，开始为公众的日常出行、地址检索、驾车导航等提供参考信息，以及各项地理信息服务资源的接入功能，包括在线调用瓦片底图服务、接入专题业务信息、地名地址和 POI 等动态数据资源等。"天地图·镇江"于 2012 年 5 月正式上线后，开始向社会大众提供在线的地图服务，包括地址查询、单位查询、线路优化，以及市内天气预报、公共自行车、空气质量等方面的空间信息服务和各种数据的调用服务等。

图1 "天地图·南京"矢量底图和矢量注记服务在线访问量情况

总的来看，测绘地理信息部门主导的互联在线网状式服务模式已经形成，但是还不完善。比如，大众用户作为信息消费者和提供者的作用尚未得到充分发挥，尤其是用户根据个性爱好主动提交主题数据以及纠正平台错误数据或信息线索等方面的优势未得到有效发挥。同时，测绘地理信息部门主导的互联在线网状式服务的功能和效果还不能有效满足大众用户的实际需求。

4. 按需前置定制式服务情况

按需前置定制式服务提供模式是针对无法通过网络进行互联而又对地理空间数据有迫切需求的用户单位，这种模式在现阶段已经得到较好的应用，前提是用户单位对地理信息的作用有充分的了解。根据江苏省情况，南京局根据有关单位的具体要求提供相应的定制服务和前置服务，在南京市公安局社区可视化综合信息系统建设、绿地规划地理信息系统建设，以及高淳区、栖霞区、雨花区政府管理系统建设等方面发挥了重要作用，为紫金农商银行提供有偿定制地图服务等。扬州局针对扬州市警用地理系统（PGIS）必须运行于公安专网中的特殊要求，以及公安系统现有的基础地理信息资源严重滞后的现实情况，为市公安局定制了两步走的方案，即第一步为 PGIS 系统提供离线数据的前端嵌入，先解决"有"的问题；第二步，在公安专网内部署专门面向 PGIS 系统的一套服务体系，逐步实现基础地理信息资源在公安专网内的前置，解决"优"的问题。

二 推进测绘地理信息公共服务模式改革的若干建议

结合江苏省情况，无论是省级还是市级测绘地理信息部门，都在按照全面深化改革和供给侧结构性改革的要求，稳步推进测绘地理信息生产组织模式以及服务提供模式改革，并取得积极成效。其改革发展实践，对进一步谋划和推动测绘地理信息公共服务模式改革具有重要启示意义。为此，建议从以下四个方面加快推进测绘地理信息公共服务模式改革。

（一）创新测绘地理信息公益业务生产组织模式

江苏省在基础测绘、地理国情监测、应急测绘等公益业务领域业已形成的生产组织模式，是我国市场经济体制不断完善和成熟发展的结果，符合政府职能转变的要求，体现了改革发展的前进方向。其中，测绘地理信息部门在生产领域购买服务，从表面上看是落实上级部门的改革要求，但从根本上看，是要充分发挥市场在资源配置中的决定性作用，提高财政资金的使用效益，不断提升管理的效率和质量。目前，江苏局明确了三类购买服务的领域，一是航空航天遥感影像的获取、沿海滩涂测量等不具备实施条件的项目，二是大地水准面精化、重力测量等技术要求含量相对比较高的项目，三是 CORS 站点的北斗升级改造等基础设施及设备的采购项目。扬州局除了在数据获取、采集等领域运用政府购买服务的方式以外，2016 年已通过招投标方式公开选取在遥感影像、地理信息数据库建设、地理信息系统开发方面有经验和实力的技术团队，进行扬州市地理空间框架数据更新及平台维护。基于此，一方面说明不是所有的测绘地理信息生产项目都适合采用政府购买服务的方式进行，另一方面也展现了测绘地理信息相关生产环节采用政府购买服务方式来运作的可能性。具体到全国的实践工作层面，创新测绘地理信息公益业务生产组织模式的关键之一，依然是推进测绘地理信息领域政府购买服务。但是，由于各地生产力发展水平、市场经济成熟度以及财政支持情况等都不一，为此，根本是要结合实际情况，稳步推进测绘地理信息领域政府购买服务。按照 2013 年 9 月份国务院印发的《关于政府向社会力量购买服务的指导意见》（国办发〔2013〕96 号）和 2014 年 12 月财政部联合民政部、国家工商总局印发的《政府购买服务管理办法（暂行）》，充分考虑本地和本单位关于财政体制改革的要求、财政资金投入状况、公益队伍力量情况等方面因素，研究确立适合本地本单位的政府购买服务领域或项目。此外，从现阶段来看，主要还是在生产环节引入市场竞争机制，采用政府购买服务方式来运作，提高了工作效率，而在终端服务提供上仍以政府部门为主。

（二）不断强化测绘地理信息窗口链状式服务

长期以来，由于测绘地理信息成果的安全保密特性，被动窗口链状式服务模式在测绘地理信息部门对外提供服务模式中始终占据重要地位，江苏省的情况也切实反映了此现状。纵使在互联网高速发展和大数据应用日趋成熟的时代背景下，这一服务手段相对落后、服务效率相对不高的服务模式，依然有其存在的必要性和必然性。同时，围绕服务于国家总体安全观和提升测绘地理信息行政管理效率等方面，必须进一步优化窗口链状式服务程序。比如，加快推出覆盖全行业、一站式的测绘地理信息成果目录服务系统，并建立定期甚至实时更新机制，利用实名制及必要工作信息等方式验证注册用户身份，同时依托这个平台开展涉密成果在线受理申请使用等方面的工作，包括受理申请的答复及成果提供时间的确立等，使在线受理申请与实地审核及直接提供数据或产品服务能够更好地衔接起来，切实节省用户的时间、物力、人力成本，不断提高窗口链状式服务的效率。

（三）大力推动测绘地理信息网络化在线服务

当前，加快大数据部署，深化大数据应用，已成为稳增长、促改革、调结构、惠民生和推动政府治理能力现代化的内在需要和必然选择[①]。全球范围内，运用大数据推动经济发展、完善社会治理、提升政府服务和监管能力正成为趋势。而促进大数据发展的前提是要实现网络化，实现数据和信息的互联互通。因此，从提高政府信息化管理能力和效益的角度来说，首先要按照国务院印发的《政务信息资源共享管理暂行办法》的要求，加快构建数据共享交换平台，实现各部门与该平台的联通，并按照政务信息资源目录向共享平台提供共享的政务信息资源，从共享平台获取并使用共享信息。可以说，测绘地理信息部门历年来着力推动地理信息共建共享的举措完全符合时代发展要求，同时江苏省的实际情况也切实反映了这一要求。其中，扬州市政府办公室印发的《扬州市地理空间框架建设与应用管理办法》明确提出，扬州市地理空间框架原则上以提供在线服务为主要应用方式，一般不提供离线数据，这为今后实现扬州市地理信息的共建共享提供了有力的法制保障。另外，受政务网络发展现状以及各部门对测绘地理信息认识不够等因素影响，推动地理信息共建共享在实践工作层面遇到不少难题。为此，各级测绘地理信息部门无论是从贯彻落实政府要求还是加强测绘地理信息有效供给的角度出发，都应大力推动部门间地理信息的共享应用。此外，对于经过保

---

① 国务院：《促进大数据发展行动纲要》，2016 年 8 月 31 日。

密处理后基于互联网提供的测绘地理信息服务，面对同类商业化服务带来的冲击，应充分利用市场机制推动公众版"天地图"建设，在体现政府公益性的同时，注重利用商业模式创新等推出更加满足社会公众衣食住行娱需要的服务。

（四）积极发展测绘地理信息按需前置定制服务

测绘地理信息按需前置定制服务是满足特定用户单位特殊应用需求的一种服务模式，江苏省的实际情况反映，目前应用较多的主要集中在公安等部门。从根本上来说，这种服务模式主要存在于单位之间数据信息无法通过或不适合通过网络连接的阶段，基础地理信息数据能够得到安全应用，往往也能发挥重大作用和产生实际效益。目前来看，仍十分有必要发展按需前置定制服务，应主动挖掘对测绘地理信息前置定制服务存在特殊需求的行业领域或用户单位，提供优质的公益保障服务。

B.16

丝绸之路经济带内蒙古测绘地理信息保障服务的思考

王重明　杨俊杰　昂格鲁玛*

摘　要：　本文阐述了内蒙古自治区在国家"一带一路"战略中丝绸之路经济带建设中的重要意义和作用，分析了测绘地理信息在其中的重大机遇和挑战，从"创新、协调、绿色、开放、共享"五大发展理念出发，找准测绘地理信息的切入点，研判内蒙古测绘地理信息的优势，探索内蒙古测绘地理信息为丝绸之路经济带建设提供保障服务的方向和对策，为测绘地理信息深度融入丝绸之路经济带建设提供参考。

关键词：　"一带一路"　丝绸之路经济带　内蒙古自治区　测绘地理信息　保障服务

　　"一带一路"是我国提出的世界共同发展的伟大倡议，借鉴古老丝绸之路概念，以形成"互联互通"的新桥梁，是实现各国"政策沟通、道路联通、贸易畅通、货币流通、民心相通"的重大决策。内蒙古自治区是国家"一带一路"战略中丝绸之路经济带建设的重要节点，在我国向北开放中占有重要的战略地位，特别是在"中蒙俄经济走廊"建设中具有明显优势。

---

*　王重明，内蒙古自治区测绘地理信息局局长、党委书记；杨俊杰，正高级工程师，内蒙古自治区测绘地理信息局总工程师，党委委员；昂格鲁玛，内蒙古自治区测绘地理信息局，硕士，工程师。

自治区先后出台了《加强同俄罗斯和蒙古国交往合作的意见》《内蒙古建设国家向北开放桥头堡和沿边经济带规划（2015~2020年）》等政策文件，助力和实施国家丝绸之路经济带战略，需要测绘先行。因此，我们要认真分析国内国际需求，研判优势和短板，把握重大战略机遇，找准测绘地理信息的切入点和结合点，以"创新、协调、绿色、开放、共享"五大发展理念，充分发挥测绘地理信息工作的基础性、先行性和公益性作用，为丝绸之路经济带建设提供交通运输、公共管理、精准农业、国土资源、城乡规划建设、防灾减灾、物流交通、跨境监管等领域的地理信息服务，促进空间信息互联互通，提升空间信息应用的国际化服务能力和地理信息应用水平。

一 内蒙古在丝绸之路经济带中的重要意义和作用

国家发展改革委、外交部、商务部联合发布的《推动共建丝绸之路经济带和21世纪海上丝绸之路的愿景与行动》圈定重点涉及的18个省份，内蒙古是西北6省中的重要节点，特别是在"中蒙俄经济走廊"建设中具有明显优势（见图1）。2016年6月23日中国、蒙古国、俄罗斯三国签署了

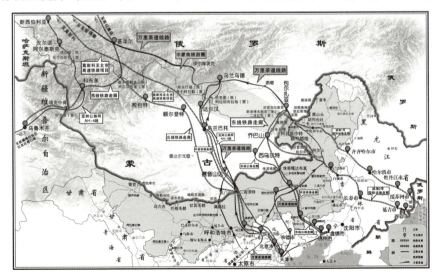

图1 中蒙俄经济走廊规划建设示意

《建设中蒙俄经济走廊规划纲要》，提出建设东、中、西三个方向的经济走廊。其中，东、中两条线均涉及内蒙古自治区：东线主要经内蒙古自治区珠恩嘎达布其、阿尔山、满洲里到蒙古国的乔巴山再到俄罗斯的包尔扎亚，连接到西西伯利亚大铁路；中线主要经内蒙古自治区二连浩特到蒙古国的乌兰巴托再到俄罗斯的乌兰乌德，连接到西西伯利亚大铁路，这条线也是蒙古国"草原之路"的主要方向。根据国家《丝绸之路经济带和21世纪海上丝绸之路建设战略规划》和"中蒙俄经济走廊"建设的布局，内蒙古在参与丝绸之路经济带战略中提出六个走向（见图2）。

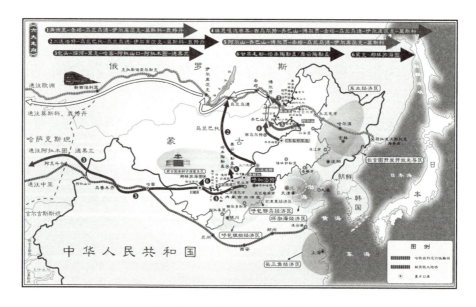

图2　内蒙古参与丝绸之路经济带战略走向示意

　　六个走向：1. 满洲里—赤塔—乌兰乌德—伊尔库茨克—鹿特丹；2. 二连浩特—乌兰巴托—乌兰乌德—伊尔库茨克—莫斯科—鹿特丹；3. 包头—临河—策克—哈密—阿拉山口—阿拉木图—德黑兰；4. 珠恩嘎达布其—西乌尔特—乔巴山—博尔贾—赤塔—乌兰乌德—伊尔库茨克—莫斯科；5. 阿尔山—乔巴山—博尔贾—赤塔—乌兰乌德—伊尔库茨克—莫斯科；6. 甘其毛都—塔本陶勒盖、策克—那林苏海图。

（一）区位优势

内蒙古横跨我国东北、华北、西北，内与8省区毗邻，外与蒙古国、俄罗斯两国有 4200 多千米的边境线接壤，现有国家级对外开放口岸 19 个，是我国进出口能源资源的重要通道和与俄蒙经贸合作的重要平台。

（二）传统和文化优势

中俄、中蒙之间的友谊源远流长，内蒙古不仅有连接内地与蒙古国、俄罗斯的古丝路、古茶路、古盐路的历史古道，也有与两国在经贸往来、地区合作、文化交流等方面的密切认同。

（三）经济结构互补

经济互补性及契合度是深化合作的基础，中俄、中蒙存在产业结构、市场结构的差异性和经济技术的互补性，经济相互依存度及相互关联度较高，双边经济融合度较高，也有进一步深化的潜力。目前，中俄陆路货物运输量的 65%、中蒙陆路货物运输量的 95% 都经过内蒙古自治区口岸。

（四）基础设施优势

内蒙古作为国家向北开放的最主要门户，大力推进基础设施建设。自治区加快路网建设，开工建设甘其毛都—临河等口岸公路、临河—哈密高速公路、通辽—鲁北高速公路等。内蒙古铁路建设也不断提速，额济纳—新疆哈密铁路全线通车。目前已开工建设首条高铁：张家口—呼和浩特铁路客运专线，该条高铁线路建成后将与规划建设的北京至张家口铁路客运专线相连，内蒙古将加快速度融入京津冀协同发展战略，发挥承东启西交通枢纽的重要作用。

（五）综合优势明显

内蒙古作为资源富集区、水系源头区、生态屏障区、特色文化区，从经济发展、生态安全和向北开放等角度看，产业定位和功能定位十分重要，一直肩负着我国向北开放的桥梁和窗口的使命，具备服务于"一带一路"国家战略的多项功能。内蒙古自治区"8337"发展思路①明确定位，要努力建设充满活力的沿边经济带，打造祖国北部边疆亮丽风景线，在中蒙俄经济走廊建设中发挥更大作用，进一步巩固和提升内蒙古在国家生产力布局和经济分工体系中的优势地位。

二　测绘地理信息与丝绸之路经济带的结合点

近年来，随着经济快速发展，社会发生深刻变化，人民生活水平极大提高，各行业信息化的不断深入，决策将日益依赖数据和分析，管理将更加注重国情世情，测绘地理信息工作与政府管理决策、企业生产运营、人民群众生活的联系更加紧密，各行业对地理信息保障服务的需求更加旺盛，测绘地理信息发展直接融入经济社会发展的主战场。党的十八大"一带一路"战略的提出为测绘地理信息事业发展提供了大有可为、大有作为的重要战略机遇，也提供了巨大的发展空间。丝绸之路经济带建设的切入点首先是互联互通的基础设施、口岸建设、产能投资、生态环保、"绿色能源"合作等，在信息化社会中，这一切都需要以地理信息为支撑，实现丝绸之路经济带各类信息的空间化集成、在线访问，为各类决策与应用提供实时定位与地理信息服务。在这一大好前景下，我们要在主动融入丝绸之路经济带战略中选准定位，发挥优势，大力推进新型基础测绘，着力推动地理信息资源转化应用，持续促进地理信息产业的发展壮大，不断提升服务科学决策、服务经济发展、服务生态文明建设、服务民生需求的能力，努力开创测绘地理信息事业转型升级发展新格局。

（一）丝绸之路经济带建设所需位置服务

杨元喜院士在中国测绘地理信息学会 2015 年学术年会上指出，"'一带

---

① 内蒙古自治区原党委书记王君于 2013 年 3 月 19 日在自治区传达贯彻全国两会精神干部大会上提出了"8337"发展思路，即"八个发展定位""三个着力""三个更加注重""七项重点工作"。

一路'是一条信息高速公路，这条路会更多、更宽，路上的'货物'也会更丰富，但这条高速公路要想真正发挥价值一定需要时间和地理空间基准的支撑"。因此，在融入丝绸之路经济带建设中，首先要为丝绸之路经济带建设中的"六大路网"（公路、铁路、水路、空路、管路、信息高速路）建设、口岸建设、城镇建设、生态环境保护等领域提供跨区域、实时、高精度、快速的位置服务。

（二）丰富的测绘成果与地理信息资源

在丝绸之路经济带建设中，基础设施建设是关键，基础设施要实现跨国、跨地区"互联互通"，则离不开测绘地理信息资源的支撑。目前，大部分丝绸之路经济带沿线区域的测绘成果较陈旧，数字化成果严重不足，更新较慢，不能满足规划建设需要。因此，我们在融入丝绸之路经济带建设中，要提高地理信息获取能力，建立稳定的航空航天遥感影像获取机制，推进新型基础测绘体系，改革传统的基础地理信息获取、处理、更新方式，为丝绸之路经济带建设提供急需的地理信息资源。

（三）共建共享的信息资源平台

丝绸之路经济带建设中各行业、各领域将产生海量的信息资源，而这些信息资源急需一个统一高效的时空信息资源平台进行整合、管理、共享和分析，避免产生重复建设和"信息孤岛"现象。因此，在互联网＋、云平台、大数据时代背景下我们要建立以地理信息为基本载体的共建共享信息资源平台，研究出台有关政策法规和标准规范，建立国家级的共建共享体系，建立数据更新维护体系及分发服务模式，实现各类信息资源无缝交互，满足各行各业对信息资源的需求。基于我国自主研发的国家地理信息公共服务平台、北斗导航定位系统，以技术交流、产品展示、人员培训、产品输出等方式，为"一带一路"沿线国家提供技术援助，支持其进行地理空间信息的规范化整合、在线发布、网络服务，推进丝绸之路经济带区域位置服务平台的联网与协同，进而在丝绸之路经济带建设中实现区域信息共享与战略协同。

（四）常态化的地理国情监测体系

全球气候变暖已成为世界共同关注的问题，"绿色"可持续发展成为各国的共识，习近平总书记在深入考察内蒙古自治区时提出殷切的期望："要把祖国北部边疆这道风景线打造得更加亮丽"，让内蒙古的天更蓝、水更清、草更绿、空气更清新。因此，在融入丝绸之路经济带建设中，我们要开展常态化地理国情监测，对地表覆盖要素和人文、自然、地理要素等地理国情进行动态监测，为丝绸之路经济带建设中的区域协调发展、主体功能区规划、城市形态变化、生态环境承载力、自然资源资产管理等领域提供现势性强的国情信息和科学决策。

（五）及时的测绘地理信息保障服务

构建面向各个层次和领域的地理信息公共服务体系，重点建设一图、一库、一平台，实现数字城市向智慧城市的过渡升级，形成较完善的应急保障服务体系，助力丝绸之路经济带建设。扩大在新型城镇化建设、资源环境承载力监测、"多规合一"、精准扶贫和应急保障等经济社会发展急需领域的中高端地理信息供给，彰显地理信息大数据的价值，切实发挥测绘地理信息的基础性、先行性保障服务能力。

三　内蒙古测绘地理信息工作的优势

近年来，内蒙古测绘地理信息事业以"围绕中心，服务大局"的发展思路，充分发挥测绘地理信息资源优势和行业特色，测绘地理信息工作主动服务自治区经济建设和社会发展取得了显著的成效，为内蒙古测绘地理信息融入丝绸之路经济带建设奠定了坚实的基础。

（一）转变思想观念，搭建新型基础测绘平台

近年来，随着我国经济发展进入新常态，供给侧结构性改革大力推进，

测绘地理信息工作重要性日益彰显。内蒙古自治区测绘地理信息以"围绕中心，服务大局"的全新理念，不断在思想观念、职责定位、组织结构、技术构架、服务模式等方面实现变革和创新，将工作重点由以测绘基准建设、基础地理信息采集为主，向以测绘基准管理服务、基础地理信息更新共享与公共应用服务、地理国情监测、应急测绘服务保障为主转变，发挥边境省区优势，为对外开放提供测绘地理信息保障服务，进一步强化了基础地理信息服务的政府公共属性和权威性，在为自治区丝绸之路经济带建设和全面深化改革提供优质服务中彰显价值。

（二）提升内在动力，搭建地理信息基础设施和人才培养平台

在建设向北开放的重要桥头堡和充满活力的沿边开发开放经济带的重要时期，不仅需要开阔的视野，前瞻的理念，更需要站在全区发展需求和新技术应用的前沿。内蒙古坚持以敢为人先的勇气、探索创新的精神，立足社会应用需求和事业发展需要，引进、消化、吸收先进技术，购置了航空遥感影像获取装备——无人机航空摄影系统、航空数码相机、倾斜数码相机和机载激光雷达（LIDAR）系统，航空航天遥感影像处理装备——"像素工厂"、倾斜航空摄影数据三维处理系统，野外数据采集装备——三维扫描测量系统、野外调查专用设备等，这些装备的引进填补了自治区空白。研制了地图自动化出版系统、地理信息应急监测系统等，建立起以遥感、地理信息系统、卫星导航定位、计算机网络及三维建模等技术为基础，以地理信息开发利用为核心的地理信息获取、处理、应用的高技术服务体系。多次邀请测绘界院士和知名学者来内蒙古自治区讲学、参与项目建设，以"项目＋人才"模式培养锻炼自治区测绘科技人才，通过与武汉大学联合创办测绘地理信息领域院士专家工作站、测绘工程专业硕士班，培养了多名技术骨干，极大地提升了内蒙古测绘地理信息事业发展的内生动力。

（三）助力信息化建设，搭建地理信息资源平台

内蒙古自治区测绘地理信息局发挥人才、技术和装备优势，深入挖掘地

理信息资源，充分发挥测绘成果的作用，将先进的测绘技术与信息通信技术
和互联网平台深度融合，建成了包括自治区 GPS B 级网、似大地水准面模
型与全球导航卫星连续运行参考站组成的权威、唯一、统一、高精度的内蒙
古自治区三维现代测绘基准；1:1 万比例尺基础地理信息数据日益丰富，覆
盖面积达 61.7 万平方千米，覆盖率为 52.2%，城乡大比例尺基础地理信息
数据更加翔实。多种航天航空影像数据覆盖全区，内蒙古地理信息公共服务
平台全面建成，盟市级数字城市——地理空间框架基本建成并投入应用，基
本构建天地空一体的内蒙古地理信息数据体系，测绘地理信息数据成为这些
主要城市政府和公众服务的基础。基于"一张图""多规合一"的理念逐步
落实，助推了内蒙古信息化建设。

（四）丰富服务成果，搭建信息资源共享协同平台

内蒙古自治区积极发挥地理信息数据资源优势，拓展和延伸测绘地理信
息为社会公众服务的内容和形式，与自治区发展改革委、统计、住建、民
政、矿产、林业、交通、水利、公安、卫生等有关部门合作，签署共建共享
协议，主动服务，为多个政府部门多次提供了基础地理信息及技术服务，合
作开发了多个专题地理信息应用示范系统。基于数字城市、卫星导航定位和
地理信息公共服务平台的应用已广泛深入各级政府决策、电子政务、城市建
设与管理、公共交通、教育医疗、国土资源、农林牧等各个行业诸多领域，
并走入寻常百姓家，为广大群众日常出行、学习、生活等提供了便利。

（五）创新服务方式，搭建地理信息成果转化应用平台

研究成果转化方式，搭建多种转化平台，建立位置服务、航天航空遥感
数据获取处理、地图可视化等服务中心，充分利用地理国情普查数据、基础
地理信息数据库，创新服务，积极为自治区党委政府和各部门研制专用地
图，更新完善便民服务成果，建设测绘地理信息资料服务数据库，拓展测绘
地理信息为社会公众服务的内容和方式。例如，围绕自治区"丝绸之路经
济带""向北开放桥头堡"建设等重点工作需要，研究编制了"'一带一

路'内蒙古建设国家向北开放桥头堡和沿边经济带发展规划工作用图"（见图3）和中国"一带一路"中的内蒙古丝绸之路经济带工作用图及系列工作地图，展示"一带一路"当前工作的重点方向、重点项目、重点国别和地区，反映"六大走廊"（新欧亚大陆桥、中蒙俄、中国—中亚—西亚、中国—中南半岛、中巴、孟中印缅经济走廊）、走廊上的"若干支点国家、地区"以及打通走廊的"六大路网"等信息，并突出表现中蒙俄经济走廊规划建设项目中与自治区相关的重点线路和重点项目，为丝绸之路经济带建设的规划和实施推进提供直观的地图服务。

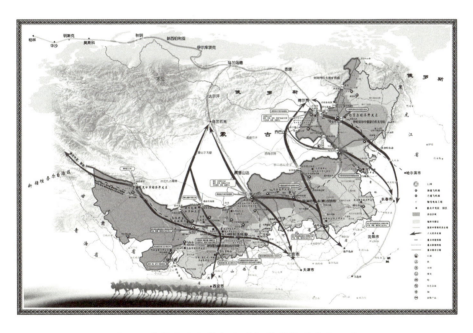

图3　内蒙古参与丝绸之路经济带战略走向示意

（六）驱动事业发展，搭建地理信息科技创新平台

内蒙古测绘地理信息事业发展以科技创新为驱动力，把科技创新摆在事业发展的核心位置，不断提高原始创新、集成创新和引进消化吸收再创新能力，推进基础性科研技术攻关，让我们的测绘装备、数据资源等要素

"活起来",促进科技和服务的深度融合。建立了内蒙古自治区测绘地理信息领域院士专家工作站,制订了院士专家工作站工作方案和测绘地理信息科技创新方案,凝练技术攻关,着眼 3～5 年未来发展和转型升级等开展课题研究,实施科技攻关和科技应用项目;研发了测绘地理信息项目库,完善了科技体制机制,创新了科技管理模式,形成"谋划一批、储备一批、评审一批、实施一批"良性循环,推动测绘地理信息事业更快更好发展。

四 测绘地理信息服务对策

展望未来,我们要深入落实党的十八大和十八届五中全会精神,主动融入国家"一带一路"重大战略,坚持"围绕中心,服务大局、服务社会、服务民生"宗旨,推动测绘地理信息资源开放应用,加快地理信息资源共建共享,切实提升测绘地理信息服务理念、方式和水平,充分发挥测绘工作基础性、先行性作用,更好地为国家向北开放桥头堡和沿边经济带建设提供测绘保障服务。

紧密结合《国民经济和社会发展"十三五"规划》《全国基础测绘中长期规划纲要(2015～2030 年)》和国家、自治区有关专项规划,以五大发展理念为主线谋划测绘地理信息事业发展:坚持创新发展,解决发展动力问题,着力提升测绘地理信息发展质量和效益;坚持协调发展,解决内部结构和外部统筹问题,不断增强事业发展内在活力和整体实力;坚持绿色发展,解决自身转型升级问题,充分发挥地理国情监测服务国家重大战略和生态文明建设中的作用;坚持开放发展,解决提升国际竞争力和影响力问题,加快实施走出去战略;坚持共享发展,解决地理信息资源共享和有效供给问题,大力提升服务保障能力和水平[1]。具体对策如下。

---

① 库热西:《在全国测绘地理信息工作会议上的讲话》,2016 年 1 月 11 日。

（一）及时提供准确的位置服务

首先要完善现代大地测绘基准体系，进一步提高自治区似大地水准面精度，开展北斗卫星导航定位系统建设与应用，实现北斗、GPS、GLONASS多星、多系统综合定位服务能力，为丝绸之路经济带建设提供更高精度、实时、动态的导航与位置服务。建立完善数据实时处理、系统维护和服务机制，推动北斗系统由专业化应用向社会化应用转变，大幅提升现代大地基准服务能力。

（二）改革基础地理信息获取方式

重点推进新型基础测绘，实现由传统的定期、全要素、成片推进测绘方式转变为动态、重点要素、按需更新方式，切实提高基础地理信息获取时效。针对自治区地域辽阔的实际，建立航空航天遥感影像获取、处理新机制，实现基础地理信息重点要素快速更新，自治区经济社会活跃地区、县级以上政府所在地基础地理信息数据覆盖面进一步扩大，数据现势性进一步增强。按照《内蒙古建设国家向北开放桥头堡和沿边经济带规划（2015～2020年）》，建成以满洲里、二连浩特等19个口岸及城镇为桥头堡，以边境旗市为主体，内联经济腹地、外接俄蒙的充满活力的沿边经济带的要求，为满足丝绸之路经济带建设中重点口岸和沿线城市城镇规划建设需要，开展口岸及沿线城市基础地理信息数据获取与更新，实现高分辨率航天航空影像数据旗县（市区）政府所在地每两年覆盖一次。

（三）推动智慧城市—时空信息云平台建设

在国家"一带一路"战略实施推动下，自治区沿线城市与俄蒙经贸往来日益频繁，各项合作逐步深入，形成海量的数据信息，智慧城市—时空信息云平台能够高效地获取、整合和共享这些数据资源，对进一步深化双边经贸合作有着重要作用。未来将大力推进已建设完成的数字城市—地理空间框架向智慧城市—时空信息云平台的转型升级，加快智慧城市—时空信息云平

台建设试点，充分利用"天地图"地理信息公共服务平台，建立"一带一路"战略决策支持系统，进一步提升测绘地理信息服务水平。

（四）开展地理国情监测服务亮丽风景线生态文明建设

按照《内蒙古自治区党委、自治区人民政府关于加快推进生态文明建设的实施意见》，以"丝绸之路"经济带为重点区域，在主体功能区建设、自然生态系统保护和建设、环境保护和资源综合利用、生态文明制度体系构建、自然资源资产管理等方面，充分利用地理国情普查数据，结合基础地理信息数据和各行业专题数据，开展专题性地理国情监测和基础性地理国情监测，全面提供地理信息服务。加大协调力度，促进业务协作，建立与党委政府、有关部门、军队及行业上下沟通顺畅、运转协调、公正权威、公益服务的地理国情监测常态化工作机制，形成真实客观、形式多样的地理国情信息产品，提供持续、稳定的地理国情信息服务保障。

（五）提升地理信息应急保障能力

建立专业的应急测绘队伍和快速机动的地理信息获取、处理、交换、发布平台的基础设施，建立自治区应急综合数据库和应急地理信息平台，形成集应急监测车、无人机航空摄影、数据快速处理、应急地图快速输出、指挥调度系统为一体的测绘应急服务保障机制，实现在自然灾害、公共突发事件发生时，及时、有效、全面、准确地为自治区政府及相关部门提供事故灾难发生区域的应急测绘地理信息成果，辅助决策。

（六）加强测绘地理信息成果拓展应用能力

大力推进测绘地理信息资源开放，推进地理信息资源共享交换体系建设，纵向上与国家、军队和地方融合共享，横向上与政府相关委、办、厅、局在国家法律法规和合作协议框架下共建共享。同时，推动地理信息社会化深层次应用，充分利用各种地理信息数据资源和其他相关成果资料，开发多种类、实用方便尤其是"丝绸之路"经济带和国家向北开放桥头堡和沿边经济带建设急需的地理信息产品。以科技创新作为驱动力，发挥院士专家工作站作用，科技创新与测绘地理信息项目安排、成果推广应用相结合，建立"一带一路"科技创新平台，推动测绘地理信息装备、技术、标准、服务和品牌"走出去"。创新测绘地理信息服务新模式，不仅要服务自治区经济社会建设，也要拓展服务领域，以地图和地理信息为载体，融入文化建设，提升软实力。实现"四项服务"格局，即服务基础设施建设、服务自然灾害应对与社会治理、服务新型城镇化与信息化建设、服务经济社会发展。同时，增强发展整体性，为自治区新农村、新牧区建设和"十个全覆盖"工程、脱贫攻坚工程等提供测绘地理信息保障服务。

参考文献

国家发展改革委、外交部、商务部：《推动共建丝绸之路经济带和 21 世纪海上丝绸之路的愿景与行动》，2015 年 3 月。

韩彦婷：《"一带一路"战略中内蒙古的发展定位与对策研究》，《现代经济信息》2015 年第 17 期。

胡鞍钢、马伟、鄢一龙：《"丝绸之路经济带"：战略内涵、定位和实现路径》，《新疆师范大学学报》（哲学社会科学版）2014 年第 2 期。

郎俊琴：《内蒙古推进向北开放战略构建沿边开发开放经济带》，《内蒙古日报》2013 年 3 月 14 日，第 1 版。

李新：《丝绸之路经济带对接俄罗斯跨欧亚发展带及其内蒙古的地位和作用》，大陆桥网，http：//www. landbridgenet. com/wenku/2014 – 11 – 13/15752. html。

刘万华：《论"丝绸之路经济带"建设的目标定位与实施步骤》，《内蒙古社会科学》2014 年第 6 期。

《内蒙古建设国家向北开放桥头堡和沿边经济带规划（2013～2020）》，2013 年 9 月。

《内蒙古自治区国民经济和社会发展第十三个五年规划纲要》，2016 年 1 月。

杨臣华：《"一带一路"建设中的内蒙古机遇》，《北方经济》2015 年第 5 期。

《中华人民共和国国民经济和社会发展第十三个五年规划纲要》，2016 年 3 月。

B.17

以地理空间信息为载体　探索
城市大数据建设路径

张远　袁超*

摘　要：　重庆市综合市情系统是重庆市大数据建设以及信息服务改革
的重要探索，结合重庆实际，在顶层设计指导下，统筹规划，
分步实施，在大数据标准规范、数据资源体系建设、软件平
台研发、运维机制保障等方面取得实效。综合市情信息分类
与编码标准突显其创新性，在大数据云服务技术实现、社会
公共信息资源共建共享机制建设等方面也有所突破，该系统
是实现全市信息化改革转型、推动"智慧重庆"建设的有益
探索和实践。

关键词：　社会公共服务变革　大数据　三库四平台　综合市情　智慧
城市

一　引言

改革开放30多年来，中国经济持续高速增长，成功步入中等收入
国家行列。但随着改革开放进入深水区，受人口红利衰减、"中等收入
陷阱"风险累积、国际经济格局深刻调整等一系列内外因素的影响，国

---

*　张远，正高级工程师，重庆市规划局副局长；袁超，重庆市地理信息中心。

家发展正进入"新常态"，改革进入攻坚时期，社会改革成为本阶段全面深化改革的重要内容，创新社会公共信息服务被提到前所未有的高度。从来没有"毕其功于一役"的改革，改革永远是一个不中断的事业。为适应新变化，我们迫切需要进一步深化改革，形成国家稳定发展的新动力。

随着工业化、城镇化的快速发展与不断融合，城市不断扩张，社会矛盾更加复杂，使得城市综合管理的难度越来越大，面临的挑战也越来越多。社会公共信息资源共享应用能力不足，大数据对政务管理、传统产业和社会公众服务尚不能适应，新业态发展面临体制机制障碍，跨界融合型人才严重匮乏等问题，亟须加以解决。如何做好社会公共信息资源整合与应用，对促改革、调结构、降成本、惠民生具有重要作用。近年来，全国各地及相关部门在社会公共信息服务方面做了很多有益探索。国家发展改革委、财政部等12个部门组织实施信息惠民工程，取得初步成效。福建省建成了电子证照库，推动了跨部门证件、证照、证明的互认共享，初步实现了基于公民身份证号码的"一号式"服务；广州市的"一窗式"和佛山式的"一门式"服务改革，简化群众办事环节，优化服务流程，提升了办事效率；上海市、深圳市通过建设社区公共服务综合信息平台和数据共享平台，基本实现了政务服务事项的网上综合受理和全程协同办理。

在重庆，经过十多年建设，"数字重庆"地理信息公共服务得到了广泛应用。全市36个委、办、局基于平台建设了上百个应用系统，我们与20多个部门签订了数据共享协议。近年开展的1∶5000基础测绘、重庆市第一次地理国情普查、全市地下管线普查工程等，形成了全市地理空间信息成果共享应用更强大的基础格局。2013年，我们以云计算、大数据、移动互联网、空间信息技术等现代信息技术为支撑，对分散在各委、办、局的公共信息资源进行整合，根据需求进行重组、提炼和空间集成，建立信息共享应用机制，消除行业部门间的信息壁垒，着手搭建全市社会公共信息资源汇聚、共享、交换的平台——重庆市综合市情系统，努力探索城市大数据整合应用新途径和"新常态"下的社会公共服务新模式。

二 重庆大数据发展

从大数据中发现新知识及创造新价值，正迅速成为新一代的信息服务业态，数据已成为国家基础性战略资源。目前，我国在大数据发展和应用方面已具备一定基础，拥有市场优势和发展潜力，但也存在政府数据开放共享不足、产业基础薄弱、缺乏顶层设计和统筹规划、法律法规建设滞后、创新应用领域不广等问题，亟待解决。

为促进大数据产业发展，重庆市政府充分发挥主导作用，加快推进经济社会领域公共信息资源的整合与应用。2014 年印发的《重庆市社会公共信息资源整合与应用实施方案》（渝办发〔2014〕45 号）提出，以自然人、法人、地理空间等三大信息数据库为基础，以各部门业务管理信息系统为支撑，以现代信息技术为手段，构建政务共享、信息惠民、信用建设、社会治理等四大应用平台，成为网络架构合理、基础数据共享、行业管理独立、公共平台统一、信息应用安全可信可控的开放式信息资源管理系统，简称"三库四平台"建设任务。

（一）三大基础数据库

（1）自然人信息数据库。以公安部门人口户籍信息库为基础，以公民身份证号码为标识，逐步叠加人力（人事）社保、计划生育、公共卫生、文化教育、就业收入、纳税缴费、民政事务等其他信息。

（2）法人信息数据库。以工商部门企业法人信息库为基础，以统一社会信用代码为标识，逐步叠加机关法人、事业法人、社团法人等其他合法机构信息，覆盖全社会各类法人机构。

（3）地理空间信息数据库。以规划部门地理信息库为基础，以坐标点为标识，逐步叠加交通、水利、通信、土地、矿产、地质等有关信息。

（二）四大公共应用平台

依托三大基础数据库和各行业部门的业务数据库，搭建重庆市政务共享、信息惠民、信用建设、社会治理四大公共应用平台，实现信息资源分散采集、整合使用、数据共享。

（1）政务共享应用平台。在过去电子政务和"金"系列工程基础上，进一步强化各部门政务信息共享交换，加强政务工作协同办理，提高部门的办公效率和行政效率，并依法向社会进行统一的政务公开。

（2）信息惠民应用平台。通过汇集与民生息息相关的教育、卫生、交通、社保、民政、住房、就业、养老、食品药品安全、公共安全、社区管理、基层事务等公共服务信息，对其进行深加工处理，建设"一站式"的网上服务大厅，联通区县政务中心、乡镇公共服务中心和村社便民服务中心，提供基于"实名制"的多种信息服务，提高群众办事便利程度，减轻办事负担，提升政府公共服务能力与水平。

（3）信用建设应用平台。以各部门履行公共管理职能过程中产生的信用信息为基础，通过采集、整合、应用，形成统一的信用信息共享平台，为行政部门、企业、个人和社会征信机构等查询政务信用信息提供便利。

（4）社会综合治理应用平台。按照中央综治办的建设标准，统筹搭建"9＋×"综合治理信息系统平台，通过基层队伍信息采集比对，实现对人、地、物、事、组织等基础信息的实时更新，按需共享校核公安、民政、司法、卫生计生、房管、教育等职能部门业务数据，为社会治理有关部门案（事）件交办、流转、反馈及考评等提供业务协同支撑。

随着"三库四平台"建设工作的逐渐深入，慢慢发现在"三库"与"四平台"之间缺少一个连接枢纽，缺少打通数据库、支撑平台应用的重要载体。谁有资格、有能力担当整合各类数据，打通信息流的大任？三大类基础数据即人口数据、法人数据、地理空间信息数据中只有地理空间数据可以作为载体，地理空间数据无所不在，可以担当整合各类数据和构建城市大数据的大任。因此我们提出构建"3＋1＋×"的格局，"3"为三库，"×"为四平台及更多的应用，"1"为整合三库以及各类信息资源，为各类应用和共享交换提供支撑的平台。它是重庆市社会公共信息资源整合与应用的重要

纽带，它是以空间数据集成综合信息的共享交换平台，由此，重庆市综合市情系统建设应运而生。这是以地理空间信息为载体构建的城市大数据平台（见图1）。

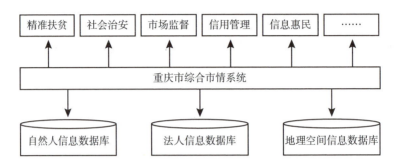

图1　重庆市综合市情系统的定位

三　综合市情系统建设

　　重庆市综合市情系统是支撑全市社会公共信息资源汇聚、整合、发布、共享和应用的平台，是全市标准统一、内容融合、开放共享的信息服务系统。目前正在开展的综合市情系统一期工程已上线运行，一期工程以地理信息为载体共整合了19个市级部门的各类信息，这是重庆城市大数据的雏形，也是下一步拓展覆盖市级其他部门和区县信息的基础平台。重庆市综合市情系统建设的组织推动是以市政府常务副市长作为领导小组组长，19个市级部门为成员单位，领导小组办公室设在市规划局。系统主要建设内容包括：基础支撑体系、标准规范体系、数据资源体系、应用软件体系及长效运行维护机制，系统总体架构见图2。

　　（1）基础支撑体系，主要包括网络、服务器、存储等设施及信息安全支撑环境。

　　（2）标准规范体系，主要包括《重庆市综合市情信息分类与编码标准》与《重庆市综合市情信息共享目录》。

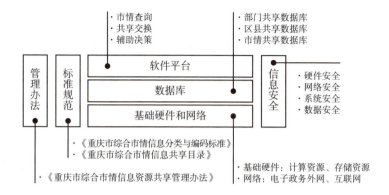

图2 重庆市综合市情系统总体架构

（3）数据资源体系，主要包括基础地理、地表数据、各类规划、经济社会和城市运行五大门类数据，按照归属形成部门共享数据库、区县共享数据库、市情共享数据库。

（4）软件平台体系，主要包括资源目录管理、共享交换、市情查询、辅助决策等系统。

（5）长效运维机制，主要包括《重庆市综合市情信息资源共享管理办法》及相关实施细则。

（一）标准规范

互联网、移动通信、大数据和云计算等信息技术快速发展，需要新技术标准研制及时跟进，加快技术创新成果向标准成果转化，促进新技术成果的推广应用。重庆通过政府引导、专家领衔、部门参与，共同推进公共信息资源标准化工作，形成了《重庆市综合市情信息分类与编码标准》，该标准整合大数据资源，是支撑智慧城市建设和运行的一项基础性和先导性工作，今后可以成为支撑"智慧重庆"的信息资源共享应用标准体系。

1. 主要特点

《重庆市综合市情信息分类与编码标准》通过建立覆盖全市、稳定且唯一的地理实体编码，确定该地理实体所属的地理数据分类、所在的空间网格位置及数据尺度大小，进行唯一地理标识。再以地理实体编码为基础，加载其他自然和社会信息，通过组合编码实现全市社会公共信息资源的空间关联与结构化集成。标准主要有以下特点。

（1）不同门类编码长度不一。

标准从全市综合信息资源服务需求出发，将综合市情信息分为基础地理、地表数据、各类规划、社会指标和城市运行等五大门类数据。每个门类根据应用需求数据分级不同，门类间的编码长度不同，同一门类下数据编码长度相同。

（2）综合信息空间整合。

标准以地理空间实体为载体，通过地理空间实体唯一编码标识，与地表数据、各类规划、经济社会、城市运行等综合信息的分类编码进行组合，实现行业标准与地理空间信息标准的整合。

（3）分类编码唯一。

现行体制下，同一数据资源多头交叉管理的现象众多，各部门有各自的部门标准。本标准对所有市情数据进行了唯一编码，确保数据分类的唯一性，部门管理权限及范围作为属性进行关联。

2. 主要内容

标准根据信息层级分为 5 个门类，39 个一级类，172 个二级类，1690 个要素类。其中，基础地理、地表数据、各类规划、经济社会和城市运行五个门类分别由 A、B、C、D、E 等 5 个字母标识。

（1）基础地理类。

基础地理类编码由 13 位码组成，主要是地理空间实体数据，包括地形图、地下空间、地表覆盖、地名地址、影像地图、三维地图等。

例如，"城市建设用地"编码为 XA0301010101R，从左到右，X 代表"行政区划"，A 代表"基础地理"门类，03 代表一级类"地表覆盖"，01 代表二级类"城乡用地"，01 代表三级类"建设用地"，向下逐级细分，最后 1 位字母 R 代表"尺度"（见表 1）。

表1　基础地理类编码示意

一级类	二级类	三级类	四级类	五级类	类别代码
地表覆盖(03)					XA0300000000R
	城乡用地(01)				XA0301000000R
		建设用地(01)			XA0301010000R
			城乡居民点 建设用地(01)		XA0301010100R
				城市建设用地(01)	XA0301010101R
				镇建设用地(02)	XA0301010102R
				乡建设用地(03)	XA0301010103R
				村庄建设用地(04)	XA0301010104R

行政区划（X）编码由 12 位数字码组成，按照省（市）、区县、乡镇、村分级编码。行政区划编码结构见图 3。

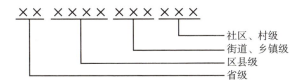

图3　行政区划编码结构

例如，500113107004 是重庆市巴南区安澜镇龙岗社区的编码。

（2）地表数据类。

地表数据类编码由 17 位码组成，主要是基础地理空间数据相关的自然和社会属性信息，可与基础地理组合编码。

例如，"住宅用地"编码为"XA0301010101RB0101010101010101"，前面"XA0301010101R"代表了"住宅用地"所属"城市建设用地"的空间编码，后面"B0101010101010101"代表了"住宅用地"的地表信息分类编码（见表 2）。

表 2　地表数据类编码示意

门类	一级类	二级类	三级类	四级类	五级类	六级类	七级类	八级类	类别代码	组合编码	属性字段
地表数据(B)									B0000000000000000	XA00000000000000001RB0000000000000000	
	地表覆盖(01)								B0100000000000000	XA030000000000RB0100000000000000	
		城乡用地(01)							B0101000000000000	XA0301000000RB0101000000000000	
			建设用地(01)						B0101010000000000	XA030101000000RB0101010000000000	
				城乡居民点建设用地(01)					B0101010100000000	XA0301010100RB0101010100000000	
					城市建设用地(01)				B0101010101000000	XA030101010101RB0101010101000000	
						居住用地(01)			B0101010101010000	XA030101010101RB0101010101010000	
							一类居住用地(01)		B0101010101010100	XA030101010101RB0101010101010100	
								住宅用地(01)	B0101010101010101	XA030101010101RB0101010101010101	
								服务设施用地(02)	B0101010101010102	XA030101010101RB0101010101010102	地类名称、土地位置、土地面积、权属信息、用途、范围、时间

212

（3）各类规划类。

各类规划类编码由18位码组成，主要是经济社会发展规划、城乡规划、国土规划、环境保护规划等规划数据。可与基础地理组合编码。

例如，大都市区规划的城市轨道，规划类别代码为"XC0202010808010306"。组合编码为XA0101020200RC0202010708010306，"XA0101020200R"对应基础地理类的"城市道路"（见表3）。

表3　各类规划类编码示意

五级目录	六级目录	七级目录	八级目录	类别代码	组合代码	属性字段
交通规划(08)				XC0202010708000000	XA0101000000 RC0202010708000000	名称、来源、版本、批文号、时间
	铁路规划(01)			XC0202010708010000	XA0101010000 RC0202010708010000	名称、来源、版本、批文号、时间
		规划铁路(01)		XC0202010708010100	XA0101010000 RC0202010708010100	名称、来源、版本、批文号、时间、类型、状态
		远景规划铁路(02)		XC0202010708010200	XA0101010000 RC0202010708010200	名称、来源、版本、批文号、时间、类型、状态
		规划市郊铁路(03)		XC0202010708010300	XA0101010000 RC0202010708010300	名称、来源、版本、批文号、时间、类型、状态
			铁路枢纽环线(01)	XC0202010708010301	XA0101010000 RC0202010708010301	名称、来源、版本、批文号、时间、类型、状态
			市郊铁路射线(02)	XC0202010708010302	XA0101010000 RC0202010708010302	名称、来源、版本、批文号、时间、类型、状态
			利用国铁开行市郊铁路线路(03)	XC0202010708010303	XA0101010000 RC0202010708010303	名称、来源、版本、批文号、时间、类型、状态
			市郊铁路站点(04)	XC0202010708010304	XA0101010000 RC0202010708010304	名称、来源、版本、批文号、时间、类型、状态
			利用国铁开行市郊铁路站点(05)	XC0202010708010305	XA0101010000 RC0202010708010305	名称、来源、版本、批文号、时间、类型、状态
			城市轨道(06)	XC0202010708010306	XA0101010000 RC0202010708010306	名称、来源、版本、批文号、时间、类型、状态

（4）经济社会类。

经济社会类编码由 12 位码组成，主要是有关经济社会的统计信息。编码第一位是行政区划码，确定该项统计信息的所属区划单元。

例如，"增值税"的信息分层编码为"XD0401010101"，从左到右，"X"代表所属行政区划，"D"代表"经济社会类"，向下逐级细分（见表4）。

表4　经济社会类编码示意

财政（04）					XD0400000000
	财政收入（01）				XD0401000000
		一般公共预算收入（01）			XD0401010000
			税收收入（01）		XD0401010100
				增值税（01）	XD0401010101

（5）城市运行类。

城市运行类编码由 8 位码组成，主要是城市建设与管理相关的动态信息。可与"基础地理"或"地表信息"组合编码。

例如，"土地出让"的组合编码为"XA0104030100RB010300000000000E010101"，"XA0104030100R"代表"基础地理类"中的"宗地图斑"，"B0103000000000000"代表"地表信息类"中的"地籍"信息，"E010101"代表"土地出让"在城市运行类中的类别代码（见表5）。

表5　城市运行编码示意

门类	一级类	二级类	三级类	类别代码	组合编码	属性字段
城市运行（E）				E000000	XE000000	
	市场（01）			E010000	XE010000	
		土地市场交易（01）		E010100	XE010100	
			土地出让（01）	E010101	XA0104030100RB0103 000000000000E010101	位置、土地类型、面积、成交金额、时间
			土地供应（02）	E010102	XA0104030100RB0103 000000000000E010102	位置、土地类型、面积、供应方式、时间
			地票交易（03）	E010103	XA0104030100RB0103 000000000000E010103	位置、土地类型、成交面积、成效金额、时间

（二）数据资源

1. 全面的数据资源体系

以空间为汇集基础，以时间为变化轴线，以需求为应用方向，形成标准统一、结构开放、属性丰富的综合市情共享数据库，包括基础地理、地表数据、各类规划、经济社会、城市运行五大类数据资源。

2. 科学的数据组织方式

综合市情共享数据库按照空间、时间与属性三大序列进行组织，按市域、区县、镇街乡、社区村不同层级区划进行数据组织（见图4）。通过对综合数据的时空整合与统计分析，实现对历史的回顾、现状的掌握和趋势的预见。

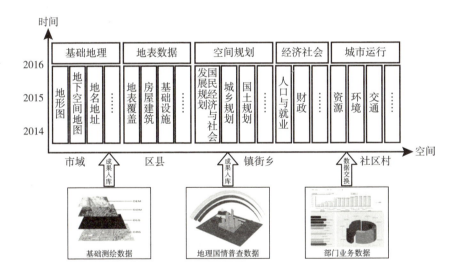

图4 综合市情数据组织方式

3. 高效的数据流转模式

市情数据流转过程包括共享、整合、应用三个部分，数据在部门共享数据库、区县共享数据库、综合市情共享数据库与各种应用库之间进行流转（见图5），实现数据的高效应用。

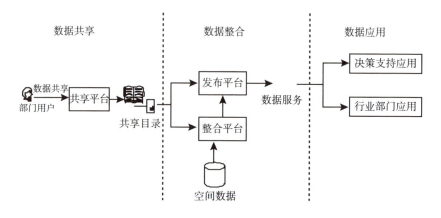

图5 综合市情数据流转模式

数据共享：部门、区县通过共享平台将各自的数据资源汇聚到综合市情数据资源池。

数据整合：对接入系统不同来源、格式、内容、组织方式的异构数据进行标准化处理、属性清洗和信息整合。

数据应用：部门、区县向综合市情系统申请使用数据服务，然后植入各自业务工作中开展多种应用。

（三）软件平台

重庆市综合市情系统软件平台通过云端一体化GIS技术，支持结构化、半结构化、非结构化数据的清洗存储和融合分析，支持多线程、高并发、高吞吐量的数据上传下载，提供高速的数据读写与便捷的应用开发能力，实现"一窗口受理、一平台共享、一站式服务"的共享交换，主要由资源目录、共享交换、市情查询、辅助决策四个软件模块组成（见图6）。

1. 资源目录

依据《重庆市综合市情信息共享目录》，在部门和区县两个维度上形成全市信息资源总目录。通过资源目录可快速查找所有部门的资源元数据情况，如资源名称、服务地址、服务类型、负责单位等内容。

资源目录　　共享交换　　市情查询　　辅助决策

图6　重庆市综合市情系统主界面

2. 共享交换

实现全市信息资源的共享、更新和应用，包括共享动态、数据聚合、数据授权、数据更新和应用接口调用。

共享动态：支持部门资源排行、平台新闻、共享动态、热点数据、部门资源使用和专题资源排行等内容的展示。

数据聚合：提供空间文件、数据库、服务接口和文档资料等多种形式的数据共享方式，实现信息资源快速共享。

数据更新：系统提供增量更新、替换更新、在线编辑等更新手段，保障系统数据的时效性。

应用接口：提供资源申请、二次开发、应用案例、标准规范等开发模块，通过开放的数据服务接口，以及覆盖主流技术的二次开发 API，为政府部门、社会公众提供方便快捷的应用开发支持，扩展社会资源价值空间。

3. 市情查询

按照统一的数据资源标准，系统对共享数据资源进行标准处理和空间整合，形成全市统一的综合市情共享资源库（见图7），向用户直观展现平台丰富的数据资源，提供便捷的查询服务。

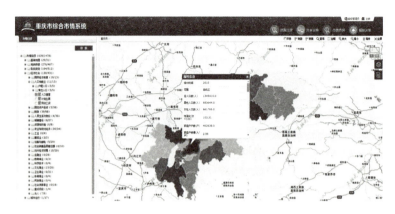

图7　市情查询内容展示

4. 辅助决策

运用互联网服务思维和大数据分析手段，系统开展跨领域、跨渠道的综合分析，了解领导决策和政务管理需求，应对时事热点和社会焦点，对综合市情信息资源进行深入挖掘，触发形成不同维度的辅助决策主题，以智慧地图、实景三维、预测报告、分析图表等多种方式展示决策支撑内容，开展个性化服务的精准推送。

（四）运行维护机制

为规范和促进重庆市社会公共信息资源共享，保障全市社会公共信息资源共享交换唯一平台的有效运行，重庆过去以第248号市长令出台了《重庆市地理信息公共服务管理办法》，结合综合市情系统的建成，正在制定《重庆市综合市情信息资源共享管理办法》，对信息资源共建共享、共享交换、运行维护、成果应用等相关机制作了明确规定与要求。

共享交换：各部门通过系统提供的多种共享方式将不同类型的数据资源共享至市情系统，确保共享数据的准确性和有效性；市情系统按照严密的分级授权管理体系，对用户进行安全认证，严格信息资源使用权限，保障信息资源安全可控；各部门按照市情系统提供的增量更新、全量更新和在线编辑等方式，定期更新部门共享数据。

运行维护：系统建设部门按标准要求做好市情系统数据资源的汇聚、清洗、整合、更新及软件运行维护管理等工作；依托重庆市两江云计算中心，系统运行于政务外网和互联网。

系统应用：面向政府、部门和社会应用，发挥大数据和移动互联网对信息资源和公共服务深度融合的平台作用，引导要素资源向社会公共服务集聚，推动网络化、智能化、服务化、协同化服务能力变革，创新社会公共服务模式。目前，第一期工程是以市政府和部分市级部门应用为主体，下一阶段将实现政府、职能部门和社会应用并举，尤其是加大面向社会服务的力度。

四 系统应用成果

按照整合社会公共信息，提升资源应用价值，更好地服务大局、服务社会、服务民生的建设目标要求，重庆市综合市情系统建设已初见成效，在数字重庆成果基础上，提档升级，实现了全市社会公共信息资源"横向整合、纵向贯通"的共享应用格局。

（一）领导决策市情查询系统

按照时间、空间、行业的数据组织方式，采用在线/离线方式，在平板电脑 PAD、手机移动端为领导提供随时随地的信息服务（见图8），主要有用户登陆、服务目录、地图浏览、数据展示、信息推送、数据下载、数据更新、系统管理等服务。

（二）两江新区市场信用监管平台

充分运用综合市情系统强大、高效的数据共享交换能力，实现了市场监管大数据的纵横融合共享，通过与市工商、质监、食品药品监管等部门横向整合，将工商、质监、食药监业务信息和空间进行标准化集成，建立了"网格化+分类监管"的市场监管新模式（见图9）。

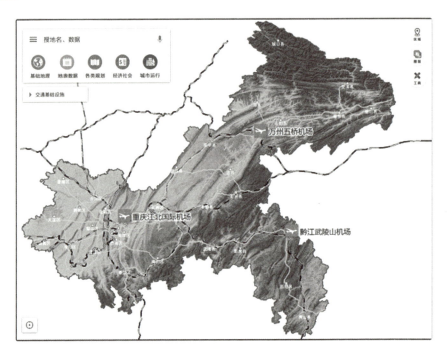

图8　领导决策市情查询系统

图9　两江新区市场信用监管平台

（三）综合区（县）情系统

基于综合市情系统的统一标准及设计架构，建成了重庆大渡口、九龙坡、綦江等综合区情系统，形成支撑区县建设管理权威的信息共享应用平台（见图10），逐步实现全市公共信息资源"纵向贯通"的应用目标。

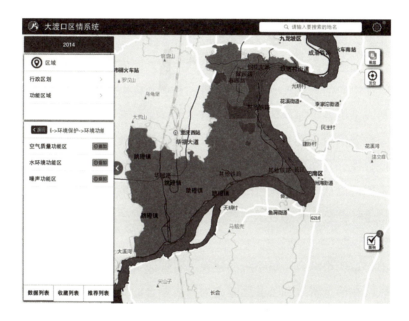

图10　大渡口区情系统

五　思考与展望

过去20年，开启了数字时代，人们感悟到了数字时代的便捷，数字时代也深刻地改变了人们的生存方式和习惯；未来20年，人们将看到数字世界和物理世界的深度整合，数据产生、数据之间的连接、数据服务将会出现大幅度增长。公共信息资源正逐渐从专业级产品转化为社会级产品，呈现出动态的生命周期，增长状态的用户认知度和忠实度，大规模、高转化率的刚性需求等资源特质。人们将越来越依赖于信息、依赖大数据。但是，现行体制格局造成的共享限制、重复投入、信息分散等状况，已经无法通过大量增加供给来匹配需求和解决问题，这就不可避免地造成了公共信息供需矛盾。信息共享的需求如此名正言顺和理所当然，很有必要从供给侧想办法，针对常态化的应用需求，利用新兴的信息技术，按照统一的数据标准，制定合理的共享机制，整合各类信息为大数据，数据的聚合将产生"化学作用"，将衍生出新的更多的需求，将形成大数据需求、建设、应用的互动新格局。

近年来，重庆市采用信息技术手段对分散在各委、办、局的信息资源进行整合，服务政府决策、行业管理及公众生活，已成为促进政府行政管理与服务方式加快向信息化转变的重要举措。在前期成果基础上，运用新兴信息技术，集成全市各类地理信息、地表自然和人文要素信息、经济社会发展信息、空间规划信息以及城市运行信息，形成以空间数据为载体，面向领导决策、行业管理、公众生活提供分层级、分类别、开放性信息服务的综合市情系统，不但可以从空间的角度随时随地辅助领导决策，支撑行业管理，还可以支撑搭建社会公共信息资源服务平台，实现全市公共信息资源整合和共享应用。

目前，重庆市综合市情系统的建设，将朝向大数据迈进，发挥大数据和移动互联网在信息资源和公共服务方面深度融合的作用，引导要素资源向社会服务集聚，推动智慧政务管理和信息惠民的模式变革。社会服务资源配置能够不断优化，公众将享受到更加公平、高效、优质、便捷的服务，逐步提升全社会对融合创新的认识，加快形成开放、共享的社会运行新模式，实现社会公共信息资源整合与应用"网络化、智能化、服务化、协同化"的转型目标。系统正在推动各行业主管部门将服务性数据资源向社会开放，鼓励基于市情系统为社会公众提供实时、便捷的公共服务。比如：实时交通运行状态查询、出行路线规划、网上购票、智能停车等服务；利用综合市情系统的大数据挖掘技术分析人口迁徙规律、公众出行需求、枢纽客流规模、车辆船舶行驶特征等，为优化城市交通规划与建设、安全运行控制、运输管理决策提供支撑；针对能源、矿产资源、水、大气、森林、草原、湿地、河流等各类生态要素，利用综合市情系统多源数据采集和大数据分析能力，优化监测站点布局，扩大动态监控范围，构建资源环境承载能力立体监控系统，实现全市各级政府资源环境动态监测信息互联共享；利用综合市情系统整合市场信息，挖掘细分市场需求与发展趋势，为社会公众、企业开展个性化定制服务，提供决策支撑，研发大数据公共服务产品，大数据驱动创新创业等。

未来，系统将为政府管理、公共安全、应急救援、社会治理、经济发展和公众生活等方面提供更多、更便捷的智慧服务。让海量数据和实时、快捷的计算可以兼得，给使用者带来极速自由的大数据分析体验，最终期望为重庆社会公共服务带来巨大的变革，共享新的智慧工作与生活。

参考文献

陈彦光：《地理数学方法：基础和应用》，科学出版社，2011。

程大章：《智慧城市顶层设计导论》，科学出版社，2012。

李德仁、姚远、邵振峰等：《智慧城市中的大数据》，《武汉大学学报》2014 年第 39（6）期。

娄策群：《信息管理学基础》，科学出版社，2013。

〔美〕阿尔杰：《大数据云计算时代数据中心经典案例赏析》，人民邮电出版社，2014。

涂子沛：《大数据：正在到来的数据革命，以及它如何改变政府、商业与我们的生活》，广西师范大学出版社，2012。

张璐：《大数据平台网络信息安全问题研究》，《电脑知识与技术》2016 年第 12（6）期。

张学旺、李舟军、沈伟等：《集群政务协同业务平台架构及关键技术研究》，《计算机科学》2010 年第 37（4）期。

赵刚：《大数据：技术与应用实践指南》，电子工业出版社，2013。

赵勇：《架构大数据：大数据技术及算法解析》，电子工业出版社，2015。

赵震、任永昌：《大数据时代基于云计算的电子政务平台研究》，《计算机技术与发展》2015 年第 25（10）期。

郑永年：《不确定的未来：如何将改革进行下去》，中信出版社，2014。

产业产品篇

Geoinformation Industry and Products

B.18
德清地理信息小镇建设实践与思考

陈建国*

摘　要：　本文全面回顾了浙江省测绘与地理信息局推动地理信息产业
　　　　　发展的举措，深刻阐述了德清地理信息小镇的建设发展概况，
　　　　　总结了促进德清地理信息小镇建设发展的主要做法和体会，
　　　　　从正确定位发展目标、修编完善发展规划、狠抓落实实现目
　　　　　标等三个方面系统提出了进一步加强德清地理信息小镇建设
　　　　　发展的思路和举措。

关键词：　地理信息产业　德清　地理信息小镇　发展

＊　陈建国，浙江省测绘与地理信息局局长、党委书记。

2010年2月，省编委批复同意浙江省测绘局更名为浙江省测绘与地理信息局（以下简称浙江局），机构规格恢复为正厅级，同时增加地理信息产业发展规划和政策制定，培育引导地理信息产业发展等行政管理职能。为了落实职能，履行职责，浙江局把建设省地理信息产业园，引导地理信息及相关产业集聚发展作为引领全省地理信息产业发展的重要抓手。经前期沟通协商、反复比较、研究论证，最终决定选择在德清科技新城建设省地理信息产业园。2011年5月，浙江局与德清县人民政府签订了合作建设产业园的框架协议，同年10月，在杭州联合召开产业园推介暨成果展览会，产业园规划建设和招商引资工作全面展开。2012年5月24日，产业园奠基，园区道路等基础设施和产业用房建设全面启动。2015年6月，省政府批准省地理信息产业园以德清地理信息小镇冠名，列入浙江省第一批特色小镇创建名单，开启了产业园建设的新篇章。

一 德清地理信息小镇建设发展概况

这些年，国内一些地方都在陆续建设地理信息产业园，一般都按工业园区的方式规划建设。浙江省地理信息产业园如何规划建设？应当采用怎样的供地方式？浙江局和德清县政府进行了认真的思考与反复的研究。我们认为，地理信息产业有别于制造业和其他的工业产业，它是一个人脑加电脑的知识密集型、技术密集型高科技产业，没有废气、废水和噪声污染，是产城融合的楼宇经济。因此，省地理信息产业园的规划设计应当秉承产城融合的发展理念，建成后的产业园就是一座名副其实的科技新城，这为后来被省政府确定为地理信息小镇打下了基础。在用地方式上，我们综合考虑了地理信息企业日后融资、上市、抵押以及作为一座新城来规划建设等多方面的因素，没有采用工业用地的方式，而是采用了科技和商业用地的方式供地。

（一）明确发展目标，高起点规划设计

我们以"做产业、做科技、做城市"为发展理念，以建成"国家级地

理信息科技产业园"为建设发展目标，以"立足浙江、辐射全国、影响世界"为发展的努力方向。合作框架协议签订以后，在抓紧开展土地征用、农房拆迁的同时，立即开展了园区的规划设计工作。为了做好规划设计工作，我们邀请了德国罗兰·贝格国际管理咨询有限公司进行战略咨询，做了概念性规划，在此基础上请新加坡 CPG 集团公司做了控制性详细规划。规划设计方案出来后我们通过召开地理信息企业座谈会，请了近 100 位地理信息企业家对规划设计方案提出修改意见。高起点规划为高标准建设打下了扎实的基础。为了园区建设的高质量、高品质，园区建设项目分别由国内知名的建筑企业中国联合工程公司、上海第五建筑公司、浙江建工集团承担。

（二）加强组织领导，推进园区建设

浙江省地理信息产业园总规划面积 1970 亩，分三期建设，第一期工程 508 亩。为了加强对园区建设工作的组织领导，浙江局和德清县政府联合成立了园区建设指导小组，及时研究解决园区建设工作中存在的重大问题，德清县政府成立了专门的工作班子，协调推进园区建设工作。目前，第一期工程已经全面展开，已经累计投入建设资金 40 多亿元，园区"三纵两横"主要干道等基础设施全面建成，已有 24 幢产业大楼建成并投入使用，26 幢产业大楼正在抓紧建设中，联合国全球地理信息管理德清论坛永久会址正在按计划施工，预计 2018 年上半年可以投入使用，与园区配套的人才公寓已经全面开工建设，中小学、幼儿园等其他配套项目已经建成并投入使用。科技部、国家测绘地理信息局、省委省政府多位领导多次到产业园视察指导工作，对园区建设给予了肯定。2015 年 10 月，联合国副秘书长吴红波一行到浙江访问，专门考察了省地理信息产业园（地理信息小镇）和联合国全球地理信息管理德清论坛永久会址建设情况，给予了充分肯定和高度赞扬。

（三）筑巢引凤，引导集聚发展

在做好园区建设工作的同时，我们高度重视产业园推介和招商引资工作，截至 2016 年 6 月底，已有 100 家省内外地理信息及相关企业和中科院、

武汉大学、浙江大学、中国测绘科学研究院等大院名校相关机构落户产业园，协议投资金额已经超过100亿元。创投基金、天使基金等一大批融资和基金公司已纷纷落户产业园。入园企业已累计完成产值近50亿元，实现税收超过3亿元。浙江省地理信息产业园（德清地理信息小镇）已经成为全国同类园区中最具影响力的地理信息产业园区之一。

（四）鼓励创新，科技要素加快集聚

在鼓励创新和"南太湖""英溪人才"计划等政策措施的推动下，国内相关的科技要素资源正在逐步向产业园集聚。中科院遥感所微波特性移动测量重点实验室、德清武汉大学技术转移中心、浙江大学遥感与GIS创新中心、中欧感知城市创新实验室、院士工作站等一批科技创新平台已在产业园建成运行。国内首个地理信息专业众创空间——"地理信息梦工场"在产业园建立，已有20多个项目团队进驻。在浙江省科学技术协会的支持下，省测绘与地理信息学会产业园协同创新服务驿站等科技创新载体陆续建立。"大众创业，万众创新"的局面正在逐渐形成。

（五）特色小镇建设，迎来新的发展机遇

2015年6月3日，省地理信息产业园以德清地理信息小镇冠名（以下简称地理信息小镇），被省政府列入浙江省第一批特色小镇创建名单，这是新的发展机遇，也是新的挑战，以后的产业园建设将被赋予更多的新的内涵。我们因势利导，应势而变，根据特色小镇建设要求，及时研究提出地理信息小镇建设发展的理念和目标，修改完善建设发展规划。地理信息小镇建设规划将更加明确测绘地理信息文化氛围和测绘地理信息对促进经济社会发展以及给人们生活带来便利这个主题，突出集产业、城市、科技、文化、旅游、生活等功能于一体，地理信息产业特征鲜明，产城融合理念全面体现的建设发展目标。探索建立一种生产、生活、生态"三生融合"的新型经济发展业态，力争将德清地理信息小镇建设成世界测绘地理信息领域的"达沃斯"。

二　促进德清地理信息小镇建设发展的
主要做法和体会

德清地理信息小镇建设发展能够取得现有的成效，主要是浙江省委省政府的高度重视，国家测绘地理信息局和省级各有关部门的大力支持，浙江局和德清县政府的通力合作，德清县委县政府和科技新城管理委员会的积极作为和敢于担当。在促进地理信息小镇建设发展方面我们主要采取了以下措施和做法。

（一）领导重视

德清地理信息小镇从建设之初到逐步成长发展，都得到了国家测绘地理信息局的关心、指导和支持，产业园奠基开工、省政府召开的促进地理信息产业发展座谈会、重大的地理信息产业发展推荐会，国家测绘地理信息局领导都亲临出席，给予指导，国家测绘地理信息局领导班子成员几乎都到过德清地理信息小镇视察指导工作。省委省政府对德清地理信息小镇建设发展和全省地理信息产业发展都很关心重视。省政府主要领导、常务副省长、分管副省长多次对地理信息产业发展作出重要批示，省委省政府多位领导都专程到德清地理信息小镇视察，指导工作。时任省长李强在视察时指出，地理信息产业是浙江省发展信息经济的重要切入点，要认真规划，积极推进。

（二）政策支持

为了促进全省地理信息产业发展，浙江省政府出台了一系列文件和规划。2012 年，在全国率先出台了《浙江省人民政府关于促进地理信息产业加快发展的意见》，同年批准印发了《浙江省地理信息产业发展"十二五"规划》。2014 年，浙江省人民政府办公厅印发了《关于进一步推进地理信息产业发展的实施意见》。文件明确了省政府扶持、支持、培育地理信息产业发展的政策措施，明确了省政府有关部门和市、县人民政府在促进地理信息产业发展中的职责任务；规划明确了"十二五"期间浙江省地理信息产业发展的重点领域和主要任务。在省政府规划、政策的指导下，浙江局制定印发了《关于支持浙江省地理信息产业园企业发展的若干意见》，德清县人民政府也出台了系列配套政策。从市场准入、项目支持、成果提供、人才支撑、税收优惠、服务保障等多个方面对入园地理信息及相关企业予以扶持和支持，为地理信息产业发展和地理信息小镇建设提供政策支持，营造良好的发展环境。进入"十三五"以来，省委省政府更加重视地理信息产业发展，《浙江省国民经济和社会发展第十三个五年规划纲要》将加快发展地理信息产业作为发展信息经济的主要内容，将《浙江省地理信息产业发展"十三五"规划》列入省政府规划体系编制目录，由省发展改革委和浙江局联合发布。

（三）组织保障

为了确保地理信息产业平稳健康发展，浙江建立了促进地理信息产业发展的组织保障和协调机制。2013 年，省政府建立了 17 个省级部门和德清县政府参加的促进地理信息产业发展联席会议制度，负责落实省政府有关促进地理信息产业发展的政策措施，明确了部门职责分工，及时研究解决产业发展和地理信息小镇建设中遇到的问题，形成支持地理信息产业发展和地理信息小镇建设发展的合力。为了加强对地理信息小镇建设工作的领导，浙江局和德清县政府共同成立了地理信息小镇建设指导小组，通过不定期召开专题会议，协调双方工作，确定发展目标和重大工作事项，研究解决建设发展中出现的重大问题，促进地理信息小镇加快建设，健康发展。浙江局也始终把加快地理信息小镇建设，促进地理信息产业发展作为本局的重要工作职能，列入主要工作目标和议事日程，明确分管局领导和职能处室负责并主抓此项工作，要求机关其他处室积极配合协助，合力做好工作。针对地理信息产业发展和地理信息小镇建设发展中遇到的困难和问题，及时协调省级相关部门，帮助解决规划、立项、土地、能耗等发展建设中的重大问题，提供资源要素保障。德清县委县政府作为地理信息小镇建设的主要责任主体，高度重

视，认真履行建设方职责，遇有重大问题，主要领导亲自协调解决。县委县政府配备了强有力的地理信息小镇建设管理领导班子和工作机构，由一名县委常委专职领导，负责日常工作。

（四）用心服务

为了帮助扶持入园地理信息企业健康发展，我们在用心服务上下功夫。在地理信息小镇建设了浙江省基础地理信息和测绘档案资料异地备份存放（分发）中心，设立了地理信息小镇行政服务窗口，为入园企业零距离提供地理信息数据和行政审批服务。对入园企业和科研机构实行"零规费"政策，以奖励方式给予入园企业"两免三减半"的税收优惠，入园企业可以成本价购买商业地产性质的产业用房。对高层次人才和科研项目按团队，德清县政府提供项目启动资金，工作场所或房租补贴。依据法律法规规定，适当降低入园新兴地理信息企业市场准入门槛，并按优惠政策提供基础地理信息数据，同等情况下优先购买入园企业的技术、产品和服务。加强与武汉大学、浙江大学、中科院、中国测绘科学研究院等高校和科研机构合作，引进科技资源，为入园企业创新发展提供智力支撑。建立"地理信息梦工场"、省测绘与地理信息学会科技助力驿站等创新载体，支持入园企业创业创新。将入园企业高层次人才纳入政府南太湖和英溪人才计划予以资助，设立地理信息助学基金，鼓励支持学子学成到园区企业服务。通过提供人才公寓、购房补贴、租房补贴等方式为入园企业员工解决住房问题。为了帮助入园企业引进人才，与国内20多所高校签订了学生到园区就业和实习的合作协议。为了为园区企业提供云计算、宽带、服务器托管等空间信息基础设施保障，积极引进了中国联通华东云计算中心落户地理信息小镇。在国家测绘地理信息局的大力支持下，联合国全球地理信息管理德清论坛永久会址入户地理信息小镇，并开工建设，这将为地理信息国际交流合作搭建起重要平台。在地理信息小镇积极营造"亲""清"新型政商关系。指导帮助企业成立社团，定期举办科技沙龙、技术合作、文体活动，促进入园企业加强联系沟通和交流合作。地理信息小镇管理委员会还积极帮助入园企业领导家属联系安排工作，解决员工子女入学入托问题，利用周末休息时间组织入园企业员工登山越野、健身跑步。

（五）引导集聚

筑巢是为了引凤，引导地理信息企业集聚发展是建设地理信息小镇的主要目的。因此，积极引导地理信息及相关企业到地理信息小镇集聚发展是地理信息小镇建设的重要任务。在这方面我们主要采取了以下措施。一是举办推介洽谈会。每年都在北京、上海等地举办不同形式的推介会，全方位宣传推介地理信息小镇及相关政策。二是邀请企业到地理信息小镇参观考察。广泛邀请国内较为知名的地理信息及相关企业到地理信息小镇参观考察，亲身感受德清和地理信息小镇优美的自然生态环境、便捷的交通、浓厚的文化底蕴和质朴的民风、配套的基础设施、优惠的政策和重商亲商的真情实义。三是主动上门拜访。省局领导和县委县政府领导主动到相关央企、名企等与地理信息产业有关的企业登门拜访，宣传推介地理信息小镇，进行沟通和交流。四是以商招商。通过先期入园的地理信息企业在地理信息小镇创业发展的亲身感受，宣传推介地理信息小镇，以商招商，目前入驻地理信息小镇的企业中有相当一部分是通过这种方式引进的。五是规范和诚信服务。小镇建设自启动以来一直依法按规办事，确保入驻企业的合法权益切实得到保障。凡是在推介招商中向企业作出的明确承诺一定积极兑现，并认真解决入驻企业在发展中遇到的困难。

（六）经验体会

回顾总结几年来地理信息小镇的建设发展，我们有以下几点体会。

1. 好的管理机制是保证

地理信息小镇建设发展和管理运行采取地方政府和省级行业主管部门相结合，以地方政府为主的方式。省测绘与地理信息局作为行业主管部门具有熟悉掌握行业整体情况，了解地理信息技术、产业发展现状和趋势，履行制定规划计划、产业政策，组织空间信息基础设施建设，管理和提供基础地理信息数据，测绘与地理信息统一监管、统筹协调职能等优势，在地理信息小镇建设发展规划制定、发展方向把握、产业政策制定、省级政府相关部门工作协调、政府掌握的要素资源配置保障等方面能够发挥主导作用。德清县作为县一级地方政府，具有掌握资源广泛，可以独立制定政策和规划决策，调动配置资源和统筹协调能力强等省级行业主管部门不具备的优势，在地理信息小镇建设中能够发挥基础和主要作用。统筹和发挥双方优势，形成合力和综合效应，为地理信息小镇建设又好又快发展提供了保证。

2. 好的发展理念是基础

地理信息产业是信息产业的重要组成部分，从整体上说是高端服务业，是"人脑＋电脑"的产业，是楼宇经济，与其他工业制造业有明显的区别。根据其产业特点，产业园布局、规划、建设、用地性质应当与其他的工业园区有明显的区别。因此，我们对产业园的规划、建设和发展理念是"做产业、做城市、做科技"，坚持"高起点规划、高标准建设"，按照一座现代化的科技新城来规划建设产业园，力求将产业、城市、科技、文化、生活、旅游、会展等功能融为一体，这也为后来的德清地理信息小镇建设奠定了坚实的基础，也是有别于全国其他地理信息产业园的特点。

3. 好的发展环境是关键

地理信息小镇能够得到较好发展，这与浙江良好的产业发展环境有关。德清除了优美的生态环境、便捷的交通，临近杭州，与南京、上海相邻的区位优势，配套的基础和公共设施等自然和人文环境外，还有一个好的发展环境。省委省政府对发展地理信息产业高度重视，在全国最早出台了一系列配套促进地理信息产业发展的政策，时任省长李强、常务副省长袁家军、省委常委、组织部长廖国勋、省委常委统战部长王永康、副省长黄旭明等多位省领导先后专程到地理信息小镇视察调研、指导工作，发展改革、经信、科技、财政、国土、建设等多个省政府组成部门主要领导先后到地理信息小镇指导工作，帮助地理信息小镇解决建设发展中存在的困难，袁家军常务副省长还在地理信息小镇专门组织召开"省政府促进地理信息产业发展座谈会"，充分听取专家学者和业内知名企业家对促进地理信息产业发展的意见，并聘请10位院士为省政府发展航空航天和空间信息产业特聘专家。省长、常务副省长还多次亲自协调解决地理信息小镇建设发展过程中遇到的重大问题，省促进地理信息产业发展联席会议专门研究需要省政府相关部门协调解决的有关问题。

三　进一步加强德清地理信息小镇建设发展的思考

德清地理信息小镇是一个以地理信息产业为核心、以项目为载体、以科技创新为动力，生产生活生态相融合，产业、科技、文化、会展、生活、旅游等为一体的特定区域，是正在积极探索培育的、产城融合的地理信息产业发展新空间。从产业园到小镇，将突破原有的产业发展模式和范畴，极大地丰富建设和发展的内涵。浙江省地理信息产业园建设虽然取得了显著成绩，但仍然处于起步阶段，存在的困难、问题和挑战仍然不少，特别是作为以地理信息产业为特色的小镇建设，面临许多新的挑战，任务十分艰巨。

（一）正确定位发展目标

德清地理信息小镇应该是地理信息产业特色鲜明、地理信息文化氛围浓厚、地理信息技术给生产生活带来便利的特定区域，应该按照这样的发展理念来确定小镇建设发展目标，布局建设小镇各项功能，形成总体发展格局。小镇建设发展目标应该是：地理信息产业集聚发展示范区、地理信息科技创新先行区、地理信息国际合作交流区、地理信息科技文化体验展示区、宜居宜业宜游新城区，使小镇成为世界测绘地理信息领域的"达沃斯"。

（二）修编完善发展规划

在浙江省地理信息产业园建设发展规划的基础上，根据小镇建设发展目标和功能定位，修改编制完善德清地理信息小镇建设发展规划，规划要根据已经基本确定的小镇建设发展总体目标和功能定位，认真研究和分析判断国内外经济发展形势，国家和省促进地理信息及相关产业发展和特色小镇建设

的政策，在进一步明确总体目标的同时，细化和明确各分项建设目标，主要建设任务和工程项目，明确确保规划实施和目标实现的政策和保障措施。地理信息小镇建设规划编制没有现存的范例和经验可供借鉴，需要根据基本明确的发展理念和建设发展目标，积极探索实践，要充分听取测绘地理信息、城市规划、区域经济规划、旅游、会展等各个方面专家的意见，通过咨询、评审、论证等多种方式，确保修编完善后的规划科学、前瞻、可操作，成为地理信息小镇建设发展的美好蓝图。

（三）狠抓落实实现目标

只有苦干实干，狠抓落实，才能绘就美好的蓝图。要将德清地理信息小镇建设成为世界地理信息领域的"达沃斯"，我们面临的任务十分艰巨，可谓任重道远。我们只有一步一个脚印，脚踏实地，以超人的胆识和智慧，以积小胜为大胜，才能实现这个宏伟目标。要充分发挥省政府促进地理信息产业发展联席会议、省测绘与地理信息局、德清县人民政府的作用，进一步完善和细化促进地理信息产业发展的各项政策，并确保这些政策落地。要进一步采取更加积极有效的措施，引导国内外知名的地理信息及相关企业到德清地理信息小镇集聚发展，在小镇形成完整配套的地理信息产业链，尤其要在与其他信息技术融合发展上下功夫。要认真按照规划确定的发展目标和建设任务，逐项抓好落实，确保规划实施和目标任务全面实现。

B.19
地理信息产业供给侧改革
的思考与探索

王悦承　段晓艳*

摘　要： 推进供给侧结构性改革，是以习近平同志为总书记的党中央
着眼我国经济发展全局提出的重大战略思想。作为国家战略
性新兴产业，地理信息产业最近几年一直保持着高速增长，
但也面临着诸多挑战。本文以地理信息产业为探讨重点，从
企业转型、资本运作、产业结构、产品供给等角度，探索地
理信息企业在供给侧的革新之路，并对地理信息产业的发展
提出了一些针对性的建议。

关键词： 地理信息　产业　供给侧　改革

一　供给侧改革的背景及意义

在 2015 年 11 月 10 日召开的中央财经领导小组第十一次会议上，习近平总书记首次提出了"供给侧结构性改革"，明确提出在适度扩大总需求的同时，着力加强供给侧结构性改革，着力提高供给体系质量和效率，增强经济持续增长动力。之后李克强总理在"十三五"规划纲要编制工作会议上强调，在供给侧和需求侧两端发力促进产业迈向中高端。在 APEC 会议上，

---

* 王悦承，泰伯研究院执行院长；段晓艳，泰伯研究院助理分析师。

"供给侧改革"被习近平总书记再次强调，指出要解决世界经济深层次问题，必须下决心在推进经济结构性改革方面作出更大努力，使供给体系更适应需求结构的变化①。

当前，经济社会发展步入新常态，国家提出"四个全面"战略布局，以及"一带一路"、京津冀协同发展、长江经济带三大发展战略②。在新常态下，对于地理信息产业的需求侧结构也随之转变。因此，认清需求侧结构转变的实质，就要对应抓住地理信息产业供给侧改革的关键。

二　地理信息产业现状

我国地理信息产业作为新兴产业，发展迅猛，已具备一定的产业规模③。近年来，国家不断搭建产业发展平台，通过放宽准入、数据开放、项目驱动、规范市场等举措促进产业发展。浙江、四川、山东、江苏、湖南等地产业园集聚效应显现，中地理信息地理信息股权投资基金启动运营，智慧四川产业投资基金设立，浙江引入风投基金和信贷投放助推产业发展。北斗"百城百联百用"行动计划成效明显，浙江建设国家地理信息创客空间"地理信息梦工场"等，促进了测绘地理信息新型应用的蓬勃发展。

至2015年末，全国具备测绘资质的单位总数达到15931家，同比增长9.8%。测绘资质单位完成服务总值837.05亿元，同比增长23.1%，在近十年的复合增长率达到21.34%。"十二五"期间，全国测绘资质单位累计完成服务总值3130.99亿元。图1显示了我国近十年来地理信息产业具备测绘资质单位的总产值增长情况。可以看出，我国地理信息产业正处于快速成长阶段，但是增长率自2012年起有所减缓。

2015年，我国地理信息产业呈现出蓬勃发展的良好态势，并渗入各行

---

① 胡鞍钢、周绍杰、任皓：《供给侧结构性改革——适应和引领中国经济新常态》，《清华大学学报》（哲学社会科学版）2016年第2期。

② 张继贤、顾海燕：《关于新型测绘的探索》，《测绘科学》2016年第2期。

③ 钟耳顺、刘利：《我国地理信息产业现状分析》，《测绘科学》2008年第1期。

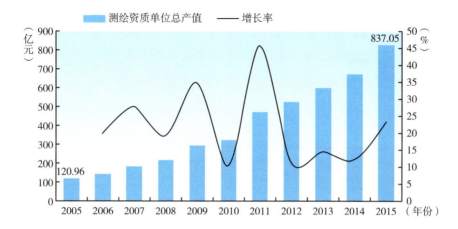

图 1 2005～2015 年具备测绘资质的测绘单位的测绘服务总产值

资料来源：国家测绘地理信息局编《2016：中国测绘地理信息年鉴》，测绘出版社，2016，第 524～525 页。

各业当中。

图 2 显示，除去测绘地理信息本身的业务需求，私营企业、城乡建设与规划、国土资源、水利水电等系统均涉及测绘地理信息服务，尤其是私营企业的服务产值在 2015 年达到了近 257 亿元。

但是，从图 2 也可以看出，测绘地理信息很多应用规模还比较小。因此，想要拉动经济增长质量和效益，全面提升地理信息产业的全要素生产力，就要多行业全面触及，建立更加高效的供给体系，才能满足不断变化的需求，形成国家经济增长源源不断的动力。

根据不同的投入机制，地理信息产业的供给体系分为两部分：公益性服务供给和市场服务供给①。公益性服务方面，依据国家发展和改革委员会与国家测绘地理信息局联合印发实施的《测绘地理信息事业"十三五"规划》，"十三五"时期，测绘地理信息事业要按照供给侧结构性改革的要求，扩展测绘地理信息业务领域，打造由新型基础测绘、地理国情监测、应急测绘、航空航天遥感测绘、全球地理信息资源开发等"五大业务"构成的公

---

① 刘芳：《以需求为导向探索测绘地理信息供给侧改革》，《中国测绘》2016 年第 2 期。

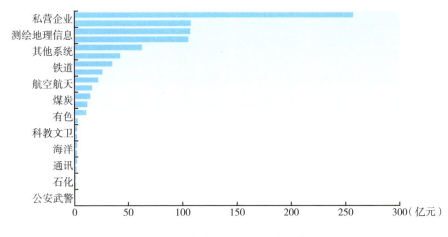

图2　2015年各行业测绘服务总产值

资料来源：国家测绘地理信息局编《2016：中国测绘地理信息年鉴》，测绘出版社，2016，第539页。

益性保障服务体系。市场服务供给方面，在国家经济下行的大环境下，地理信息产业依然保持快速增长，但企业发展和产业结构仍存在一定问题。

三　地理信息产业供给侧问题

作为供给侧的改革，应该首先抓住关键要素，牵一发而动全局，即这一改革不仅要解决新的增长动力等表层问题，而且要推动解决一系列系统化的社会问题。供给侧问题主要表现在以下几方面。

（一）传统企业自生能力不足

我国20世纪80年代的经济改革是"供给改革"成功的一个范例，其特点就是改革的落脚点为企业，致力于提高企业生存力，抓住企业，就抓住经济增长的命脉。

传统企业的升级转型问题，可以看作是地理信息产业服务升级的核心要素。传统企业遇到各种各样的困局，需要通过转型来攻破。根据泰伯智库所调研的关于地理信息行业传统企业转型调查报告，94.1%的被调查者认为，传统测绘地理信息企业需要转型。

根据该调查报告，被调查者普遍认为传统企业有五大标签，分别为：劳动力密集型、技术更新缓慢、毛利率低、缺乏综合人才、管理模式落后。对于测绘地理信息企业的类型，测绘仪器类、遥感数据类、服务类等领域的传统企业占据大部分。而且与不完全是传统企业和非传统企业相比，传统企业的全要素生产率最低（见表1）。

表1 三类测绘地理信息企业对比

类型	传统企业	不完全是传统企业	非传统企业
2015 年员工平均营业收入(万元)	36	45	54
平均成立年限(年)	13	10	7

资料来源：泰伯智库 2016 年 8 月版《传统测绘地理信息企业转型调查报告》。

从市场角度，调查结果显示（见图3），76% 的被调查者认为它们需要转型就是因为所在市场增长有限，迫切需要进入新市场。不仅如此，恶性竞争、行业环境恶劣、政策变化、利润率不断下降都是驱动传统企业转型升级的主要因素。也正因为如此，同质化竞争使得众多小型企业缺乏聚集能力，

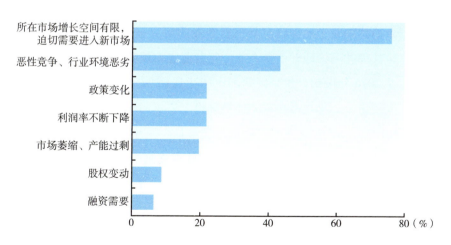

图3 促使传统企业转型的主要因素

资料来源：泰伯智库 2016 年 8 月版《传统测绘地理信息企业转型调查报告》。

在资源共享、技术融合、市场推进工作中举步维艰。地理信息产业供给侧改革的阻力。

可以说，转型是当下企业必须要面临的一个问题，并且将长期存在下去。依据国家发展改革委、国家测绘地理信息局联合发布的《国家地理信息产业发展规划（2014～2020年)》，到2020年，地理信息产业仍将保持年均20%以上的增长速度。那么，为了顺应规划的发展速度，供给侧改革将越来越有必要。

（二）企业规模与资本运作有限

企业是地理信息产业发展的主体。然而，目前我国地理信息企业的总体规模仍然较小，产值超过亿元的企业数量很少。

根据泰伯智库2016年6月版《国内外地理信息上市企业2015年度监测报告》，2015年国内15家地理信息上市企业平均营业收入为12.91亿元，其中营业收入最高的为遥感卫星制造企业——中国卫星，2015年营业收入为54.48亿元。15家上市企业的营业收入总额为193.89亿元，仅相当于瑞士测绘企业——海克斯康2015年营业收入的89.78%，国内外企业的规模差距十分明显。

另据泰伯智库关于地理信息新三板企业的研究报告（见图4），目前大部分新三板挂牌的测绘地理信息企业，年营业收入规模都集中在1000万～2亿元，截至2016年中旬，这个区间的比例达到82%。由此预见，没有挂牌的企业规模要更小，小规模企业的比例理论上要更高。

从2014年开始，在新三板挂牌的地理信息企业开始增多，直至2016年5月已经达到了121家，在审22家。尤其是传统测绘企业，相较于其他新型企业比较难获得资本支持，积极拥抱新三板也是获取资本来源的手段之一。

打造大型企业，保持企业的持续稳定发展，已经成为地理信息行业供给侧改革的重要任务。国际上，许多大型企业是通过兼并和收购发展起来的，而在我国目前的条件下，发展大型企业主要还是靠企业自身的拓展。

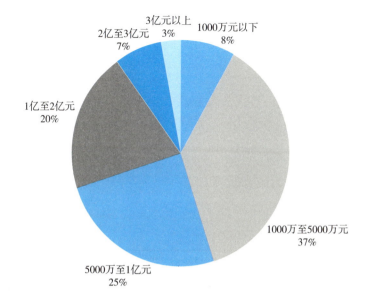

图4 挂牌新三板企业 2015 年营业收入规模

资料来源：泰伯智库 2016 年 5 月版《地理信息企业与新三板并购》。

（三）产业结构不合理

地理信息产业并非独立的产业，其生命力在于与各行各业的深度融合。从产业链来看，地理信息产业主要包括硬件制造、数据生产、软件开发与信息服务。

我国地理信息产业结构不合理，上游和下游都非常薄弱，中游的企业接近 1 万家，上游的北斗芯片制造等硬件制造企业近些年发展尤其迅速，但遍地开花的北斗产业园模式，也造就了产业的同质化现象。而下游的应用服务方面，地理信息产业发展"微笑曲线"说明（见图5），随着经济社会和技术的进步，产业价值的创造和获取主体进一步分离，大量的利润沉淀到产业链的终端环节——应用服务①。但是，由于技术创新和产品研发能力有限，

① 闵宜仁、石勇、牛凌峰：《中国地理信息产业发展模式及其实现路径研究》，《中国软科学》2016 年第 3 期。

再加上与国际化水平存在一定差距，产业的应用服务能力也因此受到限制。供给侧结构与需求侧结构相悖，难免造成市场发展的不协调。

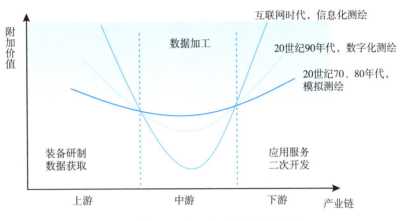

图5　地理信息产业发展微笑曲线变化

（四）产业高质量、高水平的有效供给不足

我国地理信息产业发展正处于初期阶段，地理信息技术发展一直跟踪和追赶美、法、加等发达国家脚步。主要表现为自主研发能力不强，知识产权不足，特别是软件及解决方案也是依赖国外的先进技术。我国测绘地理信息企业生产产品主要面向中低端市场，高端市场仍被国外企业垄断。

（五）行业产品缺乏大众化

地理信息大众化产品的设计和研发也明显不足，无法满足公众多样化、快速发展的需求。李德仁院士就曾指出，地理信息在产业化发展过程中最大的问题是没有走向大众化。目前，地理信息产业的发展依然停留在以满足政府和专业应用为主的层面上，对大众化地理信息需求的挖掘和开发力度不够。

四　地理信息产业供给侧改革的建议

针对以上地理信息产业供给体系存在的问题，只有在充分把握需求的情况下，才能深化产业布局和结构调整，实现供给侧结构应对需求变化的适应性和灵活性，并引领培育新需求，增加有效供给。

（一）传统企业升级转型刻不容缓

依据泰伯智库传统企业转型调查报告，被调查者认为最有未来商业前景的方向分别是：空间大数据、LBS 以及物联网。现在已经有很多企业开始布局相关业务，如无人驾驶、AR/VR、物联网等（见图 6）。

为了布局目前被看好的转型方向，传统企业转型最有效的两个途径是开辟新业务、革新技术。除此之外，观念转变、传统业务升级、管理模式升级、新市场开拓、并购重组、人力变革等都是转型的重要因素。而在转型过程中的关键要素都离不开人才、资本、技术和渠道。

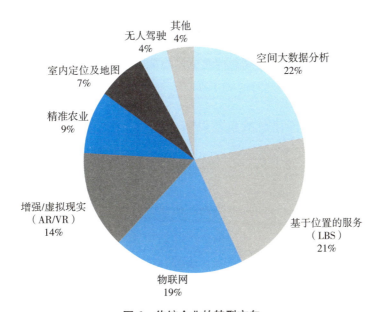

图 6　传统企业的转型方向

资料来源：泰伯智库 2016 年 8 月版《传统测绘地理信息企业转型调查报告》。

可以说，改革成功与否的关键还是要看企业自身对整个市场的把握，清楚地了解供给侧问题，解决与改善地理信息产业发展条件和环境，用新手段

在新领域创造新供给，不断满足市场对地理信息日益增长的需求，才是企业升级转型的最终目的。

（二）布局地理信息产业的供给能力"网"

供给能力网的布局，主要体现在三种供给能力的建设上。首先是自主创新，提高地理信息核心技术的自主创新能力，利用这种创新能力来整合地理信息技术与其他技术，创新服务与商业模式，加速对新技术、新成果的高效商业化转换。

其次是对地理信息数据的获取能力。在地理信息产业，数据是一切的基础，高效获取空间数据的能力将是地理信息服务提供的保障，因此，在避免同质化的同时，还要大力促进北斗导航卫星系统和国产遥感卫星的产业化应用。

最后是"云"服务能力，"云"基础的建设将有力促进多源异构数据的有效供给，减少资源的浪费，提高行业抗风险能力，对地理信息使用者提供不间断的服务保障，通过云计算，实现对海量数据的挖掘与新知识的发现[1]。

（三）拓展地理信息的有效供给

地理信息产业只有打破行业界限，实现多维度融合，对供给层面才能产生源源不断的需求。

事实上，地理信息成果的最大用户应该是社会大众，只要生产出能够满足大众需求的多样化产品，地理信息产品的市场容量无限[2]。地理产品服务于城管、电信、公安、环保、金融、旅游、农林、应急等行业的需求不断增长，几乎覆盖了国民经济的所有行业。目前我国经济处在一个新的发展阶段，互联网＋、智慧城市、物流发展、旅游、养老和农村产业的发展都有赖于新的产品支撑，地理信息产品的创新供给思维越来越重要。

---

[1] 谢业文、肖纯桢：《关于测绘地理信息产业转型升级的思考》，《江西测绘》2015年第4期。
[2] 曹秋华、丁彪、杨程：《测绘地理信息产业创新发展刍议》，《能源技术与管理》2016年第4期。

（四）把握好政府和市场的关系

从政府的角度，一方面，需要加大政府财政资金支持力度。增加投入并加快对地理信息创新技术的产业化，以及各类服务平台建设。另一方面，要对行业各类相关标准进行完善，使得供给侧体系规范化。

再者是要改善地理信息企业投融资环境。政府应引导各类型金融机构支持地理信息企业发展，对能提供有效供给的项目等给予政策和资金上的重点倾斜，强化需求对接，为更好地提供地理信息服务创造良好的制度环境。

五　结论

当前，我们身处"十三五"规划的开局之年，作为地理信息产业大军中的一分子，我们都要有大观局，要清楚地认识到，地理信息产业供给侧结构性改革已经势在必行，产业转型升级刻不容缓。

互联网＋、大数据、数据挖掘＋、云计算等概念层出不穷，这无疑告诉我们，发展的黄金时期已经来临，只有敢于改革，创造新的供给体系，地理信息产业才能站上新的高度，迎来新的机遇与发展，共享新一轮改革盛宴。

参考文献

曹秋华、丁彪、杨程：《测绘地理信息产业创新发展刍议》，《能源技术与管理》2016年第4期。

胡鞍钢、周绍杰、任皓：《供给侧结构性改革——适应和引领中国经济新常态》，《清华大学学报》（哲学社会科学版）2016年第2期。

刘芳：《以需求为导向探索测绘地理信息供给侧改革》，《中国测绘》2016年第2期。

闵宜仁、石勇、牛凌峰：《中国地理信息产业发展模式及其实现路径研究》，《中国软科学》2016年第3期。

谢业文、肖纯桢：《关于测绘地理信息产业转型升级的思考》，《江西测绘》2015年第4期。

张继贤、顾海燕：《关于新型测绘的探索》，《测绘科学》2016年第2期。

钟耳顺、刘利：《我国地理信息产业现状分析》，《测绘科学》2008年第1期。

B．20
地理信息产品有效供给的思考与实践

王康弘　王　丹*

摘　要： 供给侧改革是我国 2016 年的重点工作内容，更是"十三五"时期经济工作中全面实现小康社会目标的重要举措。当前地理信息产业飞速发展，地理信息产品更新换代加快，是赶超国际知名品牌的关键时期，如何加强地理信息技术创新，推进地理信息产业供给侧改革，推出更多更好的地理信息产品和服务，是地理信息企事业单位面临的一个重要课题。本文从地理信息产品供给现状、地理信息产品有效供给之道探索和超图软件的地理信息产品有效供给实践三个方面分别进行了简要阐述。

关键词： 地理信息产品　有效供给　超图软件

一　地理信息产品供给现状

根据 2014 年国务院办公厅发布的《关于促进地理信息产业发展的意见》（国办发〔2014〕2 号），地理信息产业是以现代测绘和地理信息系统、遥感、卫星导航定位等技术为基础，以地理信息开发利用为核心，从事地理信息获取、处理、应用的高技术服务业。这一定义明确地理信息产业总体属于高新技术产业，而且属于战略性新兴产业。在供给侧改革促进产业结构优

---

* 王康弘，北京超图软件股份有限公司副总裁，博士；王丹，北京超图软件股份有限公司品牌中心总经理。

化中，地理信息产业属于优先支持发展的产业。

近年来，我国地理信息技术迅速发展，地理信息基础设施建设不断加强，在一些领域已经取得了可喜的成绩，尤其是国产 GIS 软件和部分中低端国产测绘硬件装备，已经在市场应用中凭借技术创新和服务质量，占据了中国市场份额的主体地位。

（一）地理信息产品国产化供给明显增加

近十多年来，中国是全球经济发展最快的国家，庞大的经济总量和日新月异的建设速度，无疑也让中国成为全球地理信息技术最大的需求和应用市场。同时，中国也成为全球地理信息产业发展最快的地区，一大批自主创新的国产化地理信息技术也在地理信息产业发展过程中不断涌现并成长壮大。

1. 北斗卫星导航系统逐步取代 GPS

北斗卫星导航系统（BeiDou Navigation Satellite System，BDS）是中国自行研制的全球卫星导航系统，是继美国全球定位系统（GPS）、俄罗斯格洛纳斯卫星导航系统（GLONASS）之后第三个成熟的卫星导航系统。2012 年 12 月 27 日，北斗卫星导航系统对外宣布正式提供区域服务，2020 年左右完成覆盖全球的建设目标。北斗卫星导航系统打破了 GPS 在中国商业应用的垄断地位，为中国地理信息产业提供了自主可靠的定位系统。同时北斗卫星导航系统在国际上的"走出去"计划也在快速推进，在多个国家和地区建成了地基系统，为地理信息产业走出去起到很好的基础和示范作用。随着北斗卫星导航系统的日益完善，更多卫星导航应用将摆脱对 GPS 的依赖，在卫星导航产品供给方面实现国产化。

2. 国产高分辨率卫星遥感体系初成气候

2012 年初，由国家测绘地理信息局主持发射的首颗测绘卫星"资源三号"成功发射，其采集的遥感影像以 2 米分辨率为主，运行近三年时间为测绘地理信息应用提供了丰富的数据。2014 年 8 月 19 日我国发射了高分辨率对地观测系统高分二号卫星，标志着我国遥感卫星分辨率进入 1 米级时代。2016 年 8 月 10 日，我国高分三号卫星发射成功，意味着我国自主研制的首颗多极化、C 频段合成孔径雷达卫星，同时也是世界上性能最先进的 C 频段多极化合成孔径雷达卫星发射成功。在接下来的几年里，后续高分卫星系列还将陆续发射。作为地理信息产业数据采集的重要来源之一，高分卫星将逐步打破欧美卫星影像对我们商业应用的垄断和控制。同时，与北斗一样，中国高分卫星也启动了走出去战略，为全球其他国家和地区提供服务。

2015 年我国首颗自主研发的高分辨率对地观测光学成像卫星"吉林一号"发射成功。

3. 国产 GIS 软件市场份额已超过50%

GIS 软件是地理信息产业落地到各个行业信息化的重要计算机软件工具。在 20 世纪 90 年代国产 GIS 软件就开始起步，到 21 世纪头 10 个年头，随着中国信息化的发展，以 SuperMap GIS、MapGIS 和 Geostar 为代表的国产 GIS 在融合互联网等 IT 新技术创新方面表现出了强劲势头。2010 年，国产 GIS 软件市场份额超过 50%。2014 年 10 月 10 日，国家测绘地理信息局宋超智副局长在中国地理信息产业大会上提出，GIS 平台软件国产化率的下一个四年目标是 70%。此外，中国 GIS 软件也开始在国际上崭露头角，如超图软件积极开拓国际市场，在日本、韩国、东南亚和中东地区发展了数十家代理商，产品在一百多个国家和地区广泛应用。国产 GIS 软件在中国国产基础软件和中间件软件领域中是真正依靠市场推广占据市场份额主体的典型代表。

（二）地理信息产品供给依然存在低端过剩、高端不足的问题

我们也应该认识到，地理信息产品的时效性特征非常强，一方面是地理信息技术全面依靠计算机、现代制造业等技术，这些支撑技术更新换代发展快，决定了测绘地理信息产品更新换代非常快；另一方面是我国处于高速建设发展期，地理信息发展日新月异，对测绘地理信息产品需求量与日俱增。从产品供给角度来看，地理信息产业本身就存在需要不断进行技术转型、产业升级的问题，在转型过程中也会存在以下两方面的主要问题。

1. 低端测绘地理信息产品过剩，同质化现象普遍

比如，在硬件产品领域，一些中低端手持测绘设备等；在应用服务领域，

一些数据加工处理服务等；在软件领域，一些简单功能的应用型桌面软件等。这些产品不但同质化严重，甚至相互恶性竞争，以低价冲击市场，不能提供良好的质量和服务保障，最终导致地理信息产品用户的需求不能得到满足。

2. 部分高端测绘地理信息产品供给不足

比如，一些高精度测绘设备的核心部件，遥感影像处理软件技术，高分辨率卫星影像供应，这些地理信息产品从技术和质量角度都还不能充分满足市场需求，我们在这些领域依然受制于人。一方面加大了我们使用这些测绘地理信息产品的经济负担，另一方面也使我们在地理信息安全领域不能充分实现自主可控。

二 地理信息产品有效供给之道探索

加强地理信息产品有效供给，需要从供给侧和需求侧两端都做工作。从需求侧来说，主要是加快地理信息产品标准的制定和完善，加强对市场上地理信息产品的检测和监管。从供给侧来说，则需要通过技术创新增强产品领先性，通过建立和完善质量控制体系不断提升产品质量。同时，服务于供给侧和需求侧两端的人才培养工作也至关重要。

（一）政府要完善标准，加强监管

首先，部分现行标准已经过时，不能适应新技术和新应用的需求，甚至制约了新技术的应用。在地理信息标准建设方面总体滞后于地理信息应用的需求，还有很多功课需要做。

其次，大量新技术和新应用缺乏标准的指导和规范。例如，新兴的倾斜摄影技术和应用，GIS 云计算与大数据相关的标准等。

再次，普遍存在机械套用国外标准的问题，缺乏我国自主的标准。例如，在空间数据交换标准方面事实上还依赖国外的格式标准，这使得我们在实现地理信息产品自主可控方面缺乏标准的保障。

我国地理信息产品既存在标准和法律法规建设滞后的问题，又存在相关标准和法律法规执行监督机制不健全的问题，导致有法不依、有标准不能落地实施的情况时有发生。这需要在完善标准和相关法律法规过程中，进一步完善对地理信息产品的检测和监管机制建设。

（二）供给侧：技术创新，完善质量控制体系

1. 通过创新解决地理信息产品供给同质化问题

地理信息技术是信息化技术和地理相关科学交叉集成的综合技术，地理技术的应用过程一直贯穿着地理信息技术和产品不断创新的过程，也正是在地理信息技术不断应用过程中推动了地理信息产业的不断发展。技术创新与应用创新一直是地理信息产业发展的动力所在。

在我国地理信息产业发展过程中，2000 年以前，主要是通过消化吸收和模仿国外地理信息产品模式；2000 年以后，随着 PC 与互联网的快速发展，开始了地理信息自主微创新的时代；2010 年后，随着移动互联网、3D、云计算和大数据等技术的发展成熟，国产地理信息产品开始通过创新在很多领域走在了国际地理信息产品技术的前列。

在供给侧改革的时代，地理信息产品不但可以通过进一步加强自主创新能力建设解决地理信息产品的有效供给，实现对发达国家在地理信息产业领域技术创新的弯道超车，还可以为我国供给侧改革加大自主创新产品有效供给作出示范。

2. 通过建立质量控制体系解决地理信息产品供给品质问题

很多企业事业单位在研发和生产地理信息产品过程中，在提供地理信息相关应用服务过程中缺乏严格的质量控制体系，对其发展形成制约。提高品质不但能增加客户满意度，还能提高地理信息产品生产的效率，从根本上解决地理信息产品有效供给的问题。

（三）人才培养：产学研结合，培养优秀人才

截至 2013 年底，我国地理信息产业年产值由 2009 年的 931.9 亿元提升至近 2600 亿元，企业数达 2 万多家，从业人员超过 40 万人。要实现地理信

息产品供给侧改革，人才培养改革尤为重要。人才作为不可替代的重要资源，是创新供给的重要因素。随着国家信息化建设的进程加快，互联网＋的快速推进，BAT等互联网企业对地理信息人才的需求和吸引力逐步加大，地理信息产业人才培养尤为重要。

1. 培养市场需要的专业型人才

地理信息企业是知识技术密集型企业，其技术应用水平的高低，决定着地理信息产品的生产效率、质量和水平。目前我国测绘地理信息高等院校一般更注重学生专业理论知识的培养，容易忽视学生技术应用能力的培养，较容易出现"眼高手低"现象。一方面是地理信息专业学生逐年增加，工作不好找；另一方面是地理信息企业需求缺口大，高水平、高能力的优质人才供不应求。这就需要企业单位与学校教学联合起来，更多地让企业参与GIS教育过程，培养提升技能，让产学研落到实处。

2. 培养能结合先进IT技术前沿的技术型人才

在云计算、物联网、移动互联网、大数据、智慧城市五大技术发展如火如荼的今天，地理信息产品的提供方式、服务领域等发生深刻变革，地理信息企业需要具有较高专业理论水平和科研能力尤其是善于学习和掌握IT前沿技术的人才。这些人才与IT前沿技术结合，解决用人单位和育人单位供需两难的问题，让地理信息产品更好地为社会信息化建设服务。例如，"不动产信息登记""无人机测绘操控""海洋测绘"等地理信息产业的新兴职业都迫切需要专业人才。

三 超图软件的地理信息产品有效供给实践

GIS软件平台是测绘地理信息的基础和核心，是该领域技术创新的发展制高点。超图软件自1997年开始研发平台软件产品，平台软件产品从最初的com组件产品，发展到Web产品、二三维一体化产品，再到如今的云平台产品，迎合用户需求的创新产品推出速度越来越快，研发能力目前已经处于国内外先进水平。同时，由超图软件自主研发的精益敏捷研发管理体系，以敏捷开发、自动测试、持续集成为主要特征，可快速响应用户需求，有力支撑了超图软件的创新研发。在人才培养方面，超图通过 GIS 大赛、青年教师研讨会、"9·15GIS 节"、辅助教学、共建实验室等举措，走出了一条独具特色的产学研之路。

（一）创新地理信息产品技术

2015 年 9 月，超图软件推出新一代云端一体化 GIS 平台软件 SuperMap GIS 8C，丰富和完善了跨平台、二三维一体化、云端一体化三大技术体系，并在倾斜摄影自动化建模、自主可控芯片龙芯支持等方面实现了全新技术突破（见图 1）。

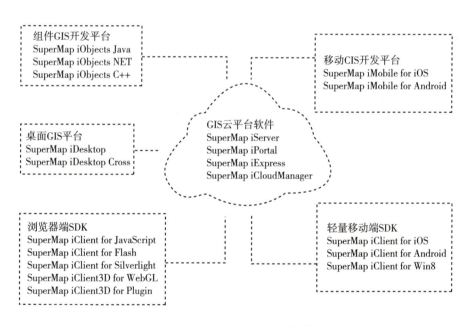

图 1　SuperMap GIS 8C 平台产品

1. 云端一体化 GIS 技术体系

基于云计算和移动计算等新一代信息技术，针对国家信息化建设和市场需求，超图软件设计了云端一体化 GIS 体系架构，打造了包括集约化的 GIS 云、多样化 GIS 端和一体化 GIS 系统的云端一体化 GIS 技术体系。基于云端

一体化 GIS 技术体系，超图软件提供强大的云 GIS 软件，配套丰富的 GIS 端，协助用户更快速地搭建高效、稳定的 GIS 系统，满足更多样化、大众化的应用需求，实现了云 GIS 服务与各种智能终端的一体化协同，并在多项 GIS 关键技术上取得了突破性进展，形成了全新的 GIS 体系架构。

2. 二三维一体化 GIS 技术体系

超图软件从内核层面打造二三维一体化的全系列产品，为倾斜摄影、BIM、三维管线、VR（虚拟现实）等领域的行业应用解决方案提供产品与技术支撑。GIS 平台软件的二三维一体化技术可应用在很多方面，如地下管线、城市管理、应急指挥调度等等，为政府提供智能辅助决策等功能。超图软件在三维模型快速构建、海量数据处理、多种数据格式导入、三维设施网络分析等方面提供了强大的技术支撑，并实现了对 GIS 云服务的支持，为用户带来更为广阔的应用空间。

3. 跨平台 GIS 技术体系

近年来，在国际国内 GIS 平台厂商都基于 Windows 内核研发的情况下，超图软件研制了跨平台 GIS 内核，支持国产芯片、国产操作系统以及超计算机平台。目前，跨平台 SuperMap GIS 软件体系已经成为 SuperMap GIS 平台最大的差异化优势之一。

现在，不仅是 GIS 基础平台软件支持跨平台，在应用方面，超图应用事业群统计 GIS 系统、水利"一张图"系统、气象服务平台、环保"一张图"系统，以及专用事业部的相关系统等，都是基于 Linux 系统而构建，系统安全系数高，非常稳定。从平台软件到应用系统，超图的跨平台技术体系已经非常成熟，能够很好地进行相应的支撑与开发。

（二）精益敏捷研发管理体系

从 2008 年起，超图软件创新完善精益敏捷研发管理体系，将精益思想、精益质量管控模式与敏捷研发模式相结合，快速响应用户需求，软件研发流程和质量管控完美结合，不断推出高质量、高可靠性的 GIS 产品（见图 2）。

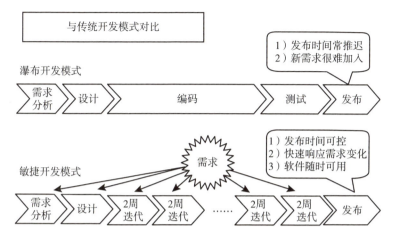

图 2　敏捷开发与传统瀑布开发模式对比

超图软件创新的精益敏捷研发管理体系以用户需求为核心，采用迭代、循序渐进的敏捷开发方法，以 24 小时自动测试、代码审查和持续集成为主要特征，能够极大地提升和保障产品质量，有效提升研发团队的管理效率和客户满意度，有力支撑了超图软件的创新研发，在国产 GIS 软件研发及应用中发挥了重要作用，还被某保险公司斥资数百万元引进和应用，未来或可被定制化地应用到更多软件公司当中。

（三）加强地理信息产业人才培养

超图软件长期坚持产学研相结合的方式，采用多种方式推进中国 GIS 教育、普及 GIS 知识，首创了"9·15GIS 节"，每年举办 SuperMap 杯全国高校 GIS 大赛、全国高校教师 GIS 技术研讨班、高校辅助教学等活动，已影响到百万人群。与各大高校师生的密切互动，对于推动中国的 GIS 教育、培育 GIS 人才起到相当大的推动作用。

目前，超图已与超过 100 所高校设立了 GIS 共建实验室，设立了数十个 GIS 人才培养基地和人才就业实习基地。通过高校辅助教学等活动，走进数十所高校，将最新的 GIS 技术和应用零时差带到高校课堂，构建了一个产学研互动交流的平台，为高校学生提供更多的实践和展示机会。

当前，中国的 GIS 发展非常快，相关技术和产品与国外同类产品相比毫不逊色，甚至在某些方面还有所超越，高校也应该优先使用国产的优秀 GIS 软件进行教学和科研。

四 结语

我国地理信息技术正处于飞快的发展和演化之中，中国已成为全球地理信息技术最大的需求和应用市场，国产 GIS 软件市场份额已超过 50% 。但目前地理信息产品供给依然存在低端过剩、高端不足的问题，低端测绘地理信息产品过剩，同质化现象普遍，部分高端测绘地理信息产品供给不足。要加强地理信息产品有效供给，需要从供给侧和需求侧两端做工作。从需求侧来说，主要是加快地理信息产品标准的制定和完善，加强对市场上地理信息产品的检测和监管。从供给侧来说，则需要通过技术创新加强产品领先性，通过建立和完善质量控制体系不断提升产品质量。同时，服务于供给侧和需求侧两端的人才培养工作也至关重要，本文中超图软件的地理信息产品有效供给实践对地理信息企业来说有借鉴意义。

B.21
地理信息产业实现"互联网+"的
可行性初探

杨震澎　王　晶*

摘　要：　本文探讨了地理信息产业如何跟"互联网+"结合，其中有
哪些重要因素，未来发展前景等。未来"互联网+地理信息
产业"前景广阔，也是地理信息产业发展的必由之路。

关键词：　互联网+　地理信息产业　现状　应对思路　展望

一　"互联网+"的特征与分层

（一）"互联网+"还是"+互联网"

随着移动互联网的兴起，越来越多的东西连接在了一起，实体、个人、
手机等。互联网不再只是虚拟经济，成了实体经济不可分割的一部分。于是
就有了"互联网+"这个概念。

那什么是"互联网+"呢？腾讯公司 CEO 马化腾是这样解释的，"互
联网+"就是利用互联网的平台以及信息通信技术，把互联网和包括传统
行业在内的各行各业结合起来。简单地说就是"互联网+某传统行业"，但
实际效果又绝不是简单的相加。

"互联网+"代表的是一种以互联网为核心的新型的经济形态，并且市

---

* 杨震澎，广东南方数码科技股份有限公司董事长；王晶，广东南方数码科技股份有限公司。

场上已经有很多这样的例子。比如，"互联网＋传统商场"有了淘宝，"互联网＋传统银行"有了微信支付和支付宝，"互联网＋传统书店"有了亚马逊和当当网，"互联网＋传统出租"有了滴滴快车等。

当然，实际上现在更多的是指"传统产业＋互联网"，就是通过互联网给传统产业升级换代，迸发新的能量。我们后面就不再纠结到底是"互联网＋"还是"＋互联网"，统称为"互联网＋"即可，相信这也是大家的共识。同时我们还认为，"互联网＋"的一个明显特征是移动互联网的兴起，有别于之前以计算机为基础的互联网，这也是所有产业能跟互联网结合的基础和前提。另外，对于类似做个网页宣传、微信订阅号之类的浅层应用，不算"互联网＋"的范畴。

（二）"互联网＋"的特征

"互联网＋某个传统行业"这个公式更多表现的是"互联网＋"的外在特征，但其实"互联网＋"更重要的是其内在特征。

1. 技术优势突出

"互联网＋"以互联网技术为基础，加上相较于传统行业优惠的价格、便捷的操作、舒适的体验，赢得巨量消费者。

2. 跨界融合

"互联网＋"就是推动互联网与各传统产业的融合发展，将互联网的创新成果深刻融入各实体经济，渗透实体经济的方方面面。

3. 产业升级与经济转型

"互联网＋"使传统产业互联网化，产生新的商业模式，传统产业也会从单纯注重产品生产的传统思维中跳出来，形成新型互联网思维的企业模式。

4. 用户至上

虽然传统产业也总喊出"顾客就是上帝"的口号，但这种态度更多表现在交易过程中。"互联网＋"不同的是共享经济，硬件交易不再是价值链中的唯一环节，只要你使用我的产品或服务你就是上帝。

（三）"互联网＋"的层级递进

1. 第一层：工具阶段

在这个阶段，传统产业结构和经济形态没有发生变化，仅仅是把互联网作为工具提高效率。电子商务就是最典型的"互联网＋"的第一层次，传统产业利用互联网售卖产品，去服务用户，去做营销。本质上就是利用互联网，消除消费者和商家之间的信息不对称、减少交易的中间环节、提高效率。目前，大多传统产业都停留在了这一阶段，我们地理信息产业也是如此，甚至还没达到。

2. 第二层：融合阶段

互联网与实体产业的融合，不仅包括传统行业，也包括新兴行业。各种行业都在"互联网＋"的基础上成长出新业态。例如，"互联网＋金融"出现了"互联网金融"（如支付宝），这不同于传统银行利用互联网推出的手机银行，手机银行更多的只是把互联网作为工具，并没有进行深入的融合。

3. 第三层：重塑结构阶段

互联网改变了社会经济的整体结构，不仅打破了固有的边界，减弱了信息不对称性，降低了整个社会的交易成本，提高了全社会的运行效率，并且实现了精准匹配的供需关系。移动互联网连接人和设备，改变了人的定位，消费者、服务者、生产者的身份可以相互转换。"互联网＋"则通过互联网实现需求与供给的连接，把选择权交给用户，原来用户可能面对着信息黑箱，相对被动，而"互联网＋"可以让用户面对海量信息，掌握主动权，获得完全不同的体验。

4. 第四层：机器智能阶段

这个阶段是伴随着大数据和智能化产生和发展的，从而也派生出工业4.0，工业4.0是由德国提出的，是以智能制造为主导的第四次工业革命。工业4.0的目的是通过实现信息化、数字化、服务化来削弱劳动力对制造业的桎梏，减少成本，增强制造业竞争力。"互联网＋"战略就是促进工业转型升级，提高生产性服务业的发展水平，推动制造业实现信息化、服务化、

数字化的一种手段。

实现制造业信息化、服务化，就是要通过"互联网＋"来推动制造业转型升级，以信息化技术改造传统工业，推动物联网、大数据、云计算技术在工业领域的广泛运用，推动中国制造转变为中国智造。

二　地理信息产业与互联网结合的现状

（一）地理信息产业链的构成

1. 地理信息产业范围

地理信息产业，是现代测绘技术、信息技术、计算机技术、通信技术和网络技术相结合而发展起来的综合性产业。既包括 GIS（地理信息系统）产业、卫星定位与导航产业、航空航天遥感产业，也包括传统测绘产业和地理信息系统的专业应用，还包括 LBS（基于位置服务）、地理信息服务和各类相关技术及其应用。

这里需要澄清的是，仅仅因用到地图和定位功能的业务形态不在讨论之列，否则就有点泛化，反倒不能很好地认清自身产业形态。就好比我们说 IT 产业，不能将凡是用到计算机的行业都罗列进来，那将是没有边际的产业，因为几乎每个行业都用到了 IT，这样就失去研究的意义。地图和定位也已成为一个基础设施，用到的场合很多，这对产业当然是好事，但不宜自欺欺人地将其列入地理信息产业，如大众点评、微信、陌陌以及手机定位等，是不该归入的。

这里所指的地理信息产业是从关于地表空间位置的核心技术研发与数据资源获取，到数据应用，再到销售、咨询和信息服务所形成的产业链。

2. 地理信息产业链

地理信息产业链分为上中下游（见图1），其中上游分为装备和数据采集，采集又有水上测量、陆地采集、天上采集。水上采集主要是测量深度及位置，陆地采集则包括点、面测量和三维扫描，而天上采集则包括无人机、大飞机、卫星遥感等。无人机采集的特点是距离地面比较近，相对比较清晰；大飞机采集主要通过机载激光雷达、点云、相机等方式，特点是精确度高，但采集要求高、成本大；卫星采集主要是通过遥感、光波来感知地表，特点是更高更远，但清晰度不高，成本低，覆盖面积更大。

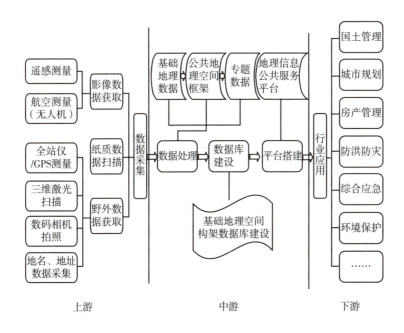

图1 地理信息产业链

上游企业主要有南方测绘、中海达、合众思壮、北斗星通等（装备类）、国遥新天地（遥感类）、建通测绘、陕西天润（数据采集类）等。

中游则是数据处理，包括数据入库、数据存取、数据交互等，如东方道迩、各省的测绘院等。

下游则可以分成：政府行业应用、企业级应用、大众应用。政府应用包括水利、规划、国土、房管等方面，如超图、数字政通、南方数码、武汉吉奥、武汉中地数码等。企业应用如在那儿地理信息公司、侍卫长卫星应用公司、物流定位管理方面的公司等。大众应用更为普遍，如大家熟知的滴滴快车、共享停车、百度地图、高德地图等。

（二）"互联网＋地理信息产业"的发展现状

我国地理信息产业起步于20世纪90年代，发展到今天才初具规模，相对发达国家还处于起步阶段，存在产业规模不大、核心技术竞争力不强等问题。所以"互联网＋地理信息产业"更是处于萌芽阶段，真正实现的企业基本没有，尤其是传统地理信息产业。

比如，目前地理信息产业链上游的南方测绘主要依靠研发、制造、销售专业测绘仪器并提供相应的技术服务来获得收入，国遥新天地则主要依靠提供遥感应用软件、遥感影像数据两大业务板块服务来获取收益，实体操作性都很强，对技术的要求也特别高，但跟互联网的结合还极为有限，属于完全的传统作业。

中游的东方道迩以及其他测绘院，则主要是以数据获取、数据处理、数据提供为特征的，目前也和"互联网＋"的关联不大。

而下游面向政府的地理信息行业应用——超图、南方数码、武汉吉奥、武汉中地数码等也基本是传统商业模式，属于软件提供和个性化定制开发服务。面向企业的物流定位管理产业则和互联网有一定的融合发展，如大型物流公司，通过互联网监控物流走向，实现高效精准安全的运输目的；还有在那儿地理信息公司在为哈药集团实施的外勤人员位置平台监管系统也是一种企业应用，都跟移动互联网有结合。面向个人的行业应用，则和互联网融合相对较好，如滴滴打车、共享停车类的应用，就是非常典型的"移动互联网＋位置"的结合应用，起到资源共享、需求匹配的作用，而像百度地图和高德地图虽然是"互联网＋地图"模式，还没找到直接的商业模式，需要背靠大企业才能持续发展，但也是跟移动互联网和地理信息深度融合的产物（见表1）。

所以总体而言，我们传统的地理信息产业跟"互联网＋"还嫁接不起来，仍然停留在传统的生产、流通、销售、服务阶段，靠技术、人力、服务获取价值，20世纪90年代形成的生产形态还没有发生根本性改变；但在面向企业和个体服务上，已经开始跟互联网产生了融合效应，起到很好的作用。

表1 目前地理信息产业跟互联网结合状况概览

地理信息产业链		代表企业	与互联网结合紧密度
上游		南方测绘、中海达、合众思壮、国遥新天地、陕西天润等	没有
中游		东方道迩、各地测绘院	没有
下游	行业应用	超图、南方数码、武汉吉奥、武汉中地等	极少
	企业应用	在那儿地理信息公司、侍卫长卫星应用公司	初始,属于第一层次
	大众应用	百度、滴滴快车	有,属于第二和第三层次之间

三 地理信息产业实现"互联网＋" 的制约因素

为何地理信息产业的中上游跟"互联网＋"还结合不起来呢？而且可以预见在近几年也很难发生大的改变，归结起来，跟地理信息的生产形态和需求有关，主要有以下几个因素。

（一）技术手段

无论是数据的采集还是处理，目前都是依赖设备＋人力的方式进行，包括海陆空都如此。而目前的设备基本都没有与互联网联系起来，是独立的装备，以单机作业为主，顶多就用到数据的传输，如移动站数据传回给服务器。互联网还很难帮到这样的传统生产。

就算是最有可能的电子商务，也因很多产品和软件需要现场技术服务而没习惯网上购买，加上产品价值高，信任度还没建立起来，市场空间也不是很大，因此基本没形成电子商务模式。

在地理信息的行业应用中，则因需要一对一的个性化定制开发，更没法跟互联网结合，而是开发人员深入客户现场，进行人与人的沟通交流，才能实现系统的交付使用。

对于需求方来说，政府部门大多是在办公室中的应用，使用的是计算机

办公为主，对移动互联网的需求还不迫切，暂时没提出更高的要求，这也会限制"互联网+"跟业务的深度融合。

（二）产品形态

地理信息除了地图外，其终极产品形态还属于专业数据，很多属于行业的、单位的专属数据，只是个小众产品，缺乏共享的理由，也缺乏大众应用的基础，跟互联网的特征还不吻合。互联网的好处是量大、共享，使得成本大大降低、效率大大提高，这方面地理信息行业还不具备条件。

（三）社会认知

社会对于地理信息的认知也是近年的事，还没有充分认识它的价值，应用面还有待开发，传统的产业需求市场还不够大，还没有引起互联网大鳄来整合，自身的创新性也还不够，因此处在一个稳定时期，还看不到变革的时机点在哪里。

（四）地图保密

互联网很突出的一个特点是高度互联、信息共享，信息可以不受时间、空间的限制得到快速扩散。而地理信息产业则有对成果保密的要求，尤其是地图保密。地理信息产业的主要工作是对地理信息数据进行采集、分析、处理、入库、存储、发布等管理，目前我们对外发布的地理信息数据都是经过特殊保密处理的，坐标数据作了旋转改变，敏感的位置信息模糊化。

但是在互联网环境下，数据安全相对更难保障，地理信息一旦和互联网深度融合，不仅要注意数据不被窃取，也要把握需要保密和可以发布的尺度，避免地理信息数据在信息扩散中造成不良后果，这就需要付出更大的代价来维护地理信息数据的安全，如技术方面、政策方面、社会认知方面。这也会影响到互联网的应用，需要找到一个便利与安全的平衡点。

四 地理信息产业实现"互联网＋"的出路与建议

（一）积极拥抱

国家政策对"互联网＋"行动进行有力支持，国家测绘地理信息局局长库热西也曾提出，地理信息产业不仅要借助互联网的优势，还要积极推出"地理信息＋"，来实现地理信息产业"互联网＋"，从而推动地理信息产业结构升级，产生新的能量和服务。作为地理信息企业，则需要顺应政策，积极拥抱"互联网＋"，推动企业在互联网大环境下进行技术创新，加快地理信息产业实现"互联网＋"的步伐。

（二）等待时机

"互联网＋"的整体认知、社会研究还不够完善，大家都在摸索中前进。对于一些地理信息企业来说，实现"互联网＋"的外部条件还不够充足，技术环境、社会认知都还不够，我们能做的只有等待时机，密切关注外界变化和自身成长，等条件都成熟的时候，抓住机会，迎面而上，完美实现"互联网＋"。在此之前也无须彷徨，不用纠结，耐心等待就好。

（三）不断推广

当地理信息产业实现"互联网＋"的条件还不够成熟的时候，我们需要做的是积极推广"互联网＋"的理念，创新相关技术，把"互联网＋地理信息产业"变成现实。

（四）大胆创新

既然"互联网＋"已经送到家门口，有条件的企业、研究单位，尤其是上市公司，资金实力雄厚，应大胆创新、大胆尝试，积极寻找跟"互联网＋"的结合点，尤其是尽量先跟移动互联网结合，实现实时服务，逐步

全面融合。同时探究有没有可以依靠互联网产生颠覆性的技术和模式，改变产品形态和服务形态，实现跨越式转型。

（五）保密突破

当地理信息产业与互联网融合越来越密切，数据安全和地图保密的工作就显得更为严峻。社会大众对地图的需求会越来越大，地图市场也空前活跃，生产地图的手段也会越来越大众化，当个人就能利用互联网绘制地图时，地图保密就面临问题了。在针对有关保密性质的空间位置进行科学的技术处理时，既符合政府要求，又满足大众需要，则需要有关主管部门和科技人员认真研究和解决。

五　未来展望

随着互联网技术的飞速发展，各个行业都开始逐渐与互联网进行结合，时代的发展已经进入了"互联网＋"时代，"互联网＋"带来的必然是产业升级、经济转型，是生产关系的彻底重构、是新的经营与赢利模式的新经济生态。

"互联网＋地理信息产业"就是把互联网的优势带到地理信息产业，使地理信息产业实现线上和线下的全面融合，产生新的供需关系，为地理信息用户提供更加精准的个性化服务。在此背景下，地理信息与互联网也已经开始进行融合发展，在互联网技术的不断推动下，地理信息技术一定会实现技术上的突破发展，在一定程度上满足更多消费者的消费需求，同时还促进GIS的快速发展。

在可以预见的未来，以下几点是值得期待的。

（一）众包测绘

这是比较符合互联网共享特征的作业模式，有测绘需求在网上发布，征集社会资源来帮忙采集、更新测绘数据，直到满足对成果的需要。现在丰田和谷歌都在做尝试，发动众多车辆采集数据。这要解决大数据处理和查错纠偏的问题，也不是一件容易的事。

（二）成果共享

对于可以发布的成果，实现共享，利用云服务，可以随意取用，用最小的代价实现最新的成果更新使用。

（三）手机实时测绘

直接接收卫星遥感数据，直接在手机端处理，直接出成果，实现快速、现场、实时测绘的目的。

（四）智慧城市的应用

有很多的城市应用，如城管网格化管理、卫生环境监控、城市执法监管、室内导航等。智慧排水、灾害应急等等领域，都可以用到移动互联网技术，实时反馈信息和提供决策依据。

（五）无人驾驶汽车

这是典型的高精度地图以及实时定位和智能技术等高度结合的产品，是"互联网＋"的高级应用，会颠覆汽车领域的很多现有状况，使得出行更安全、环保、节约、舒适，相信是未来 5～10 年即可实现的梦想，非常值得期待。

六　结语

虽然目前"互联网＋"还没有完全实现，传统地理信息企业还处在萌芽阶段，但技术发展日新月异，相信有国家政策支持，以及"互联网＋"的大趋势推动，"互联网＋地理信息产业"会在未来几年得到飞速发展，呈现美好的前景。我们唯有尽早准备，看清趋势，选择定位，在"互联网＋"

真正来临之际不会被淘汰，依然能屹立潮头，贡献我们地理信息人应有的价值。

参考文献

辜胜阻、曹冬梅、李睿：《让"互联网＋"行动计划引领新一轮创业浪潮》，《科学学研究》2016 年第 2 期。

李海舰、田跃新、李文杰：《互联网思维与传统企业再造》，《中国工业经济》2014年第 10 期。

罗珉、李亮宇：《互联网时代的商业模式创新：价值创造视角》，《中国工业经济》2015 年第 1 期。

闵宜仁、石勇、牛凌峰：《中国地理信息产业发展模式及其实现路径研究》，《中国软科学》2016 年第 3 期。

乔朝飞：《地理信息产业的内涵、分类及统计指标》，《地理信息世界》2012 年第3 期。

赵振：《"互联网＋"跨界经营：创造性破坏视角》，《中国工业经济》2015 年第10 期。

钟耳顺、刘利：《我国地理信息产业现状分析》，《测绘科学》2008 年第 1 期。

周顺平、徐枫：《大数据环境下地理信息产业发展的几点思考》，《地理信息世界》2014 年第 1 期。

B.22
DT 时代的"一张图"

黄浩 张磊 王哲玮*

摘 要： 伴随着从 IT（Information Technology）时代走向 DT（Data
Technology）时代，IT 时代传统地图数据生产模式的诸多弊
端逐步被放大，这些弊端既成为阻碍地图产品和服务体验的
瓶颈，又给企业带来沉重的负担。高德运用 DT 时代思维，
对传统地图生产模式的短板进行探索和革新，并取得了以下
四个阶段性的成果：第一，基于 UGC 和大数据挖掘，提升
情报获取能力；第二，将自有采集资源和众包验证手段有机
结合，提升采集范围和机动性；第三，利用阿里云大数据处
理能力逐步实现数据处理自动化，降本增效；第四，建立高
德大数据生态圈，形成"人人为我，我为人人"的良性循
环，让地图内容"活"起来。

关键词： IT DT 大数据 众包 活地图

一 引言

地图对于人类的意义非同小可，随着互联网技术的发展，我们看到导航
地图正在成为人们日常生活不可或缺的工具。在这些地图类应用的背后，其

* 黄浩，高德软件有限公司产品运营总监；张磊，高德软件有限公司资深项目经理；王哲玮，
高德软件有限公司。

实更重要的是地图数据在支撑。无论是地图还是导航，或者是其他位置相关的服务，都依赖数据层面的重资产投入、制作与支撑。时至今日，大数据的采集与应用变得愈发普及，各类新形式的大数据创新成果与实践正在发挥着越来越重要的作用，数据的开放、分享与动态流转，将为社会生活的各方面带来前所未有的变革。这也对地图数据生产者图商提出了新的课题，传统的地图数据生产模式已经难以适用时代的发展。

二　IT 时代地图数据生产模式的短板

在 IT（信息技术）时代，每个用户仅仅是数据的单向使用者，主要解决的是信息不对称的问题。企业通过运用各种技术和工具不断优化自身的管理体系，通过对内管理，提升自身的能力，从而最终实现对外服务他人的目的。地图行业的发展轨迹也是一样。行业发展的初期，业内公司也都是遵循"以我为中心"的思想，各自组建队伍，发展关键技术，打造自身核心竞争力来完成原始积累，以此赢得客户的青睐和商业订单，这是地图产业前进发展的必经之路。但是立足当下，中国作为世界第二大经济体，社会经济发展变化之快，为世人所共睹，地图恰好又是一个对现实世界变化非常敏感的行业。因此，利用 IT 时代思维打造出来的地图数据生产模式的诸多短板，通过"时代"这个放大镜，不可避免地被放大出来。高德作为行业内的一员，对于诸多短板也有深刻的体会。我们认为，这些短板主要体现在以下四个方面。

（一）情报获取难，更新效率低

地图更新是地图行业永恒的话题，而有效的情报来源则是地图更新中关键的决定性因素。对于传统图商，扫街式车辆实采是感知现实世界实地变化的一个最主要途径和手段。为此，行业内的各家公司也都投入了巨大的人力和物力，建立专门的外业团队伍对实地变化信息进行收集。这样的外业团队，多则几百辆车，少则几十辆车，全年无休地通过车轱辘来感知现实世界的变化。

虽然有巨大的资源付出，通过对比总结业内采集的实际效果，高德发现：传统扫街式的车辆采集，真正获取有效的地图更新里程只占采集总里程的 50%～60%。即投入的资源有很大一部分是被消耗在路上，做了无用功。这不仅是对公司资源的巨大浪费，也不符合我国目前建立资源节约型社会的战略发展方向。

而造成车辆实采效率不高的根本原因在于"情报发现"能力存在严重短板。企业在启动采集之前，并不确切知道现实世界中哪些地方正在发生变化。在进行采集规划的时候，只能依靠区域的经济发展水平常识，上次区域更新时间等因素来进行粗放型的管理。将有限的资源铺到可能发生变化的区域，然后进行效率有限的拉网式作业。随着时代的进步，这种方式无法形成可持续发展的能力，成为图商发展中的一个瓶颈。

（二）数据采集难，手段单一

前面已经提到，传统地图数据厂商对于情报的验证和数据的更新，主要依赖车辆实采的方式。抛开上述因"发现"环节的情报源匮乏造成的采集环节效率不高问题，车辆实采的方式还存在如下局限性。

（1）覆盖范围的局限。企业的资源总是有限的，仅依靠企业自身的投入，想要配置一个能够覆盖全国且随传随到的外业团队是不现实的。因此，在实际操作过程中，企业往往只能在需求和能力之间作一个平衡，有取舍地开展采集工作。

（2）机动性的局限。维持外业车辆的运营，需要付出巨额的成本。因此一般来说，车辆一旦按照既定计划投放出去，不会轻易调整采集计划。这就限制了车辆本身的机动性和灵活性，同时因为采集计划的调整不可避免地滞后于现实的变化，间接也拉长了采集周期。

（三）数据处理自动化程度低，处理周期长

传统的地图生产过程因缺少大数据和云计算能力的支撑，生产平台的自

动化水平存在瓶颈。外业采集回传的海量轨迹和影像资料采集，主要通过内业人员逐帧对比来发现数据同现实世界的差异，然后再进行录制更新作业，耗时长，效率低。同时，为了保证质量，还需要配套大量人工质检资源对过程进行质量控制，造成数据从采集到发布的整个周期被拉长，直接影响数据的"鲜度"。

（四）地图数据内容偏向静态

在 IT 时代，地图的更新频率通常是 1 年 1 次到 4 次，数据的发布大都是离线的。在这样的更新和发布条件之下：一方面，数据中的内容基本都是静态的，作业员参照图商内部的静态规范来进行作业，如道路的通行能力、功能等级，POI 的显示级别和重要程度等；另一方面，一旦发现地理信息有变化或者地图制作有错误，则只能等到下个版本发布周期才能修正。图商缺乏与用户的联系，无法掌握现实世界实际情况和用户的真实需要，地图数据产品就无法为用户提供更贴近真实世界的体验，形成了静态数据同现实世界体验在 IT 时代难以跨越的鸿沟。如果不借助新思维模式改变既有的地图数据生产模式，那么传统图商在发展中只能取得事倍功半的效果。

三　DT 时代高德地图数据生产模式的优势

当下，互联网技术已深入社会的各行各业，正在推动着中国经济的结构性转换。随着移动互联网的快速发展，大数据的采集与应用变得愈发普及，各类新形式的大数据创新实践和成果正在发挥着越来越重要的作用，数据的开放、分享与加速流转，将为社会生活的各方面带来前所未有的变革。阿里巴巴集团董事局主席马云说：中国正在从 IT（信息技术）时代走向 DT（数据技术）时代。

DT 时代区别于 IT 时代的一个重要特征就是：DT 以"别人"为中心，通过开放和赋能他人，大家共同承担更多的责任，创造新的价值。DT 时代主要解决的问题，是供需不平衡的问题。这也完全符合中央提出的供给侧结构性改革的方向，是时代发展的必然。

高德是国内唯一在互联网产品和数据生产方面都拥有顶尖能力的地图大数据公司。凭借打造"用户生态 + 政企行业生态"的双生态业务布局和阿里系资源的强大支撑，高德在 DT 时代地图数据生产模式的探索上，已经具备了大数据优势和技术先发优势。针对 IT 时代地图数据生产模式的四个短板，高德在 DT 时代进行了深入的探索，主要突破体现在以下几个方面。

（一）情报获取能力大幅提升

在互联网产品端，目前全国有接近 6 亿用户使用的高德地图数据，再加上遍布全国的出租车、公交车、物流车等行业用户的轨迹数据，高德在情报获取渠道的拓展和分析能力提升上取得了很大的突破。图 1 展示了 2015 年 1 月到 9 月高德在高等级道路情报发现上的演变趋势。首先，在情报发现总量上，从 1 月份到 9 月份情报增量超过 4 倍；其次，在情报发现的来源上，大数据挖掘和 UGC（User Generated Content，主要是众包 + 粉丝运营）已经成为主力贡献，截止到 9 月份两者在情报来源上的占比已经超过 6 成（见图 1）。

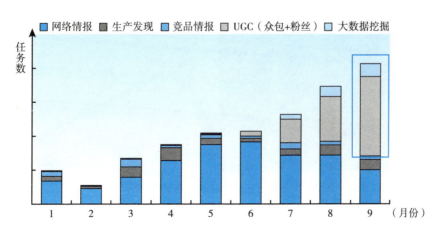

图1　2015 年高等级道路情报发现数量（月度统计）

除个人用户渠道外，行业用户渠道也提供了海量的 GPS 轨迹数据。高德自主开发了具备多种专业分析工具的大数据平台，同时辅以阿里云计算的处理能力，巩固高德在情报分析上的优势。目前大数据分析技术在情报获取上的应用主要体现在以下三个方面。

（1）帮助发现新路。通过对 GPS 轨迹热力并叠加影像资料进行分析，可以发现现实世界存在数据中目前不存在的路网。如图 2 所示，左侧为数据库中已有路网，右侧圈内为车辆 GPS 运行轨迹。通过对比可以发现此处存在待补充的道路路网。

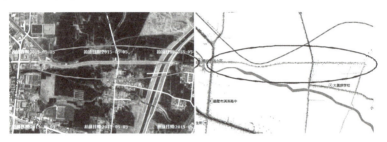

图 2　大数据分析技术在新路发现上的示例

（2）帮助清洗过期路。如图 3 所示，左侧为数据库中已有路网，针对圈内的路网，在右侧对应位置并不存在相应的 GPS 轨迹热力。由此可以分析此处路网结构可能发生变化。

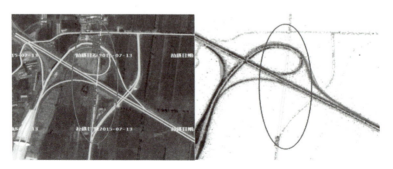

图 3　大数据分析技术在过期路识别上的示例

（3）识别通行规制等。此外，我们还可以通过 GPS 热力数据分析带时间限制的禁止规制的变化、识别小区内部道路属性等。

结合情报源拓展和大数据情报分析的实践，高德外业采集工作从原来的粗放型管理逐步过渡到精细化管理。采集工作变得更加有针对性，降低空跑，提升了效率。2015 年，高德外业采集有效里程较历史提升 2 ~ 3 倍。

（二）采集、验证手段丰富，智能化

高德目前拥有自动驾驶高精地图采集车、标准高精度地图采集车、针对狭窄路段的采集自行车、步采背包以及飞机等多种自有采集手段，以支持多种精度的数据专业采集需求。同时高德也活用互联网思维，充分利用用户、社会化的方式来获得交通路况数据，并对地图要素属性进行验证。这对企业的专业采集是很好的补充，主要体现在两个方面。

（1）扩充了采集的覆盖范围，更高效，成本更低。通过建立 "人人为我，我为人人" 的良性生态循环，用户在贡献自己力量的同时，也能享受自己的劳动成果。目前高德的众包数据主要来自用户自发上传、出租车行业、物流行业等，经过近几年的积累。目前已经做到每月覆盖 300 亿公里的驾驶路程，收到 150 万件以上的交通事件分享、总计 100 万千米的道路更新以及超过 360 个城市和全国高速路网的覆盖面。在企业自筹自建团队进行采集和数据验证的模式下，这样的成果是不可能达到的。

（2）提高数据采集和验证的机动性和灵活性。高德建立了新的采集任务管理体系，将前端的运营体系和后台的采集任务平台打通。前端运营体系负责通过各种渠道获取情报信息并汇总到云端。云端资料库借助阿里云计算的强大处理能力，分拣情报形成采集任务转交给后台的任务平台。任务平台针对不同采集任务自身的特征和需求，将任务自动下发，指派不同的资源进行数据采集或者验证。采集和验证后的成果可以自动上传回到平台。审核通过后，输入内业生产环节进行自动、半自动的制作上线。

（三）数据处理自动化

在 DT 时代，地图的内业团队面对的是海量的车采数据、影像资料、用户回传信息。如果还是依靠人工对比的方式从事生产，那么再 "新鲜" 的

原始资料，也会因为内部的"消化不良"变成没有价值的废品。在海量数据的处理过程中，高德充分利用阿里云计算的强大能力，并结合多项自动识别和处理技术手段，打造了新的内业自动化生产平台。将传统内业生产环节中的重复性、机械性环节，用程序取代人工。

以道路信息的自动识别为例，自动识别技术可以对其中的有效信息（如道路指示牌、限速标志、车道线标志、交通信号灯等）进行自动处理，并与数据库中已有数据进行自动差分比对，快速找到需要进行更新的内容，（见图4）。通过自动识别和自动差分技术的大量应用，高德实现了2015年地图生产效率同比翻番，预计2016年可以在此基础上同比再翻一番。

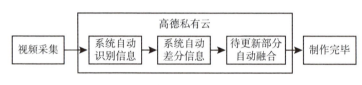

图4 道路信息自动识别

（四）一张"活"地图

随着DT时代的来临，用户对地图和导航的需求也不仅局限于完成A到B的指引这么简单，而是希望围绕出行场景，要求服务提供商提供更加鲜活、快速、满足不同需求的场景化地图体验，传统的静态地图需要升级到一张"活"地图才能更好地支撑应用场景。瞄准打造"活"地图的概念，高德在以下三个方面进行了探索。

1. 要素属性"动"起来

以道路属性中的道路功能等级为例，在传统的地图生产模式中，该属性一般都是基于国家对道路的定义（国、省、高、主次干道）以及道路本身的规划设计（宽度、铺设状况等）为主要赋值依据。然后再结合企业各自的内部标准，在保证数据模型的逻辑关系正确的前提下人工定义和作业。而在城市和郊区主次干道这个层级，因为既不像国、省、高速道路有明确的界定标准，又不具备充足的本地知识。因此在图面显示和路径规划上，各家地图呈现出来的效果各有不同，合理性和适用性上也莫衷一是。高德依靠对个人用户和行业用户产生的大量轨迹热力数据进行分析，开始尝试在这个方面进行改善。让千千万万真实的用户成为属性制作规范的参与者。参考图5，对图示区域黑圈内道路功能等级进行适当的升级或者降级，使之更加符合用户的实际出行习惯。

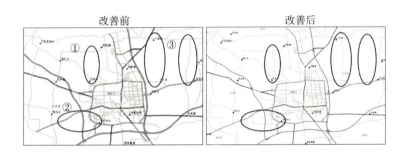

图 5　道路功能等级改善前后对比

2. 响应速度"快"起来

一张鲜活的地图，极致目标是实时更新。用户正在行驶的道路发生什么变化，会对行驶有何影响，需要基于快速的数据迭代才能实现。在数据处理和发布环节，借助在线化生产平台和增量更新技术，高德目前已能够实现小时级的增量发布；而对于用户反馈的报错信息，可以在 30 分钟内完成从获取到发布的全过程。高速公路、桥梁、隧道等 1 天内更新上线，道路封闭、施工、交通事故等动态数据分钟级快速发布（具体见图6）。

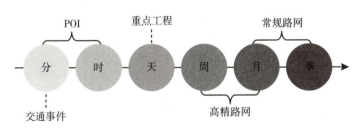

图 6　高德数据发布能力概要

3. 行业合作"串"起来

在 DT 时代依靠企业单枪匹马让地图"活"起来是不现实的。高德理解必须借助社会相关行业的共同力量，通过赋能他人，才能更好地服务大众。在双生态中的右手生态——政企行业用户方向，高德交通大数据公共服务平台（http：//report. amap. com/index. do）在 2015 年已经正式上线。

通过将高德最核心的交通大数据能力开放给合作伙伴，进一步提升公众服务品质。目前已经有超过 30 家各地交警、20 家交通广播入驻了该平台，已经实现了全国超过 360 个城市的实时交通路况覆盖。同时，该平台支持交通拥堵发展趋势、异常堵点、拥堵成因及治理建议等一系列交通大数据决策分析，这些成果已支持交通管理部门的紧急调度，也给政策出台提供了数据支撑，从而帮助决策者改善以往靠经验拍脑门解决交通问题的状况。

除了交通大数据之外，在串联社会化资源推动新产品和服务上，高德还联合北京、上海、广州、深圳、杭州、南京、武汉等地区交通主管部门推出了城市积水地图（见图7）。

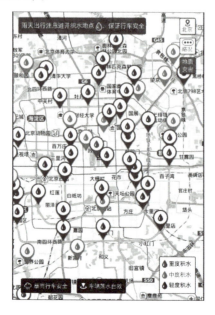

图7 高德地图积水地图功能

通过上述生产模式的改进，高德从对内自我提升到对外开放协作，建立了合作共赢的大数据生态圈，让地图数据不再只是单纯的静态数据，而变成一个可以随用户场景需要不断动态适应调整的"活"地图。实践证明，上述举措为高德赢得了用户的口碑和支持。

四 结束语

从 IT 到 DT，各行各业都会进入一个新发展周期。通过思维和技术创新，改善既有生产模式，高德已经享受到了 DT 带来的收益，我们认为这是一个正确的方向。而随着大数据技术的逐渐深入，以及分享的逐渐普及，相信会有源源不断的潜在价值被挖掘出来。高德也将在建立 DT 地理大数据生态圈的方向上继续探索，打造全国最好用的一张地图（A Map）。

参考文献

董振宁：《DT 时代下的智能出行》，《新常态下的测绘地理信息研究报告（2015）》，社会科学文献出版社。

姜德荣、李艳霞：《在线化 + 自动化 + 高精化 高德的 DT 大数据生产进化论》，http：//auto. qq. com/a/20160524/067439. htm。

俞永福：《IT 和 DT，核心区别是什么？》，http：//tech. sina. com. cn/zl/post/detail/i/2015 - 09 - 09/pid_ 8490737. htm。

俞永福：《用"活地图"拯救堵城 高德打造 DT 智慧交通体系》，http：//auto. qq. com/a/20160428/033442. htm。

B.23
互联网在线实景三维重建平台及应用研究

宁永强*

摘　要：　本文结合微景天下互联网在线实景三维重建平台技术现状，针对三维重建平台在文物保护、电子商务、游戏等领域的应用现状进行研究，为快速在线实景三维重建技术应用实现提供新思路和借鉴。

关键词：　互联网　实景　三维重建

一　引言

基于多视角图像的三维重建技术是近年来迅速发展的三维重建技术，因其数据获取容易、建模快速、纹理真实等特点而受到用户的普遍青睐，已经广泛应用于数字城市建设、文物复原保护、应急救灾等传统领域。随着计算机技术和互联网技术的进一步发展，更优化的实现算法和更高性能的计算方法被推出，建模质量更高、速度更快、成本更低，这些都为基于多视角图像的三维重建技术在线化实现和更多领域的应用尝试提供了可能。

多视角图像在线三维重建技术为用户提供图像实时上传、快速生成三维模型的可能，对原始输入数据要求无严格限定，兼容多源数据，通过在线计算系统，快速生成三维模型，并输出用户所需成果。该技术在数据兼容性、

＊　宁永强，微景天下（北京）科技有限公司首席执行官。

成果精度多级性方面满足了各类用户的多种需求。

　　本文重点介绍微景天下（北京）科技有限公司（以下简称微景天下）多视角图像在线三维重建平台及其在互联网领域的应用现状。

二　平台介绍

　　基于多视角图像三维重建技术，微景天下搭建了互联网在线实景三维重建平台，在实现快速建模基础上，服务于多种行业应用。

（一）平台目标

　　微景天下在线实景三维重建平台主要包括以下三个目标。

　　目标1：建立实景三维基础数据库。即以云存储为基础，应用低空航飞①、360度全景、实景三维等技术，对目标地物进行360度全景数据收集、实景3D数据建模、地图位置点的相关信息匹配和整理等。图1为微景天下互联网在线实景三维重建②平台基础数据库构架图。

图1　微景天下互联网在线实景三维重建平台基础数据库

---

①　庞晓磊：《基于多摄像机系统的全景三维重建》，东北大学硕士学位论文，2013。

②　赵阳、谢驰港：《基于双目视觉的三维全景图像生成技术研究》，《数学技术与应用》2016年第7期。

测绘地理信息蓝皮书

目标2：打造目标地物及三维模型管理平台。即升级三维重建基础数据库为管理平台，功能包括内容管理、权限配置和数据报告等，实现文字、图片、360度全景、视频、音频、实景三维等数据的上传；保证目标地物关联信息更新的持续性、及时性、扩展性和生命力。

目标3：实现目标地物及文化在互联网与多媒体的展示。即运用最新互联网技术和展现形式为目标用户提供专业的互联网移动端、PC端、LED大屏幕和VR设备端应用服务和产品，以视觉和互联网＋多媒体形式展现文化传承、三维重建、信息咨询等内容，便于促进三维重建更大范围的交流和文化传播。

（二）平台架构

微景天下互联网在线实景三维重建平台主要以全景、三维、地图、大数据技术为核心。包括数据层、技术资源层、服务层、展现层及应用层五个层次（见图2）。

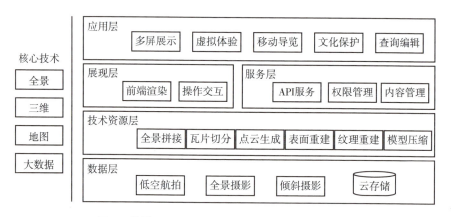

图2　微景天下互联网在线实景三维重建平台构架

三　关键技术

（一）技术体系

以多视角立体匹配为建模原理的三维重建方法是一种被广泛应用的三维

282

重建技术，该技术是基于密集多视影像匹配技术和自动纹理映射技术的一种高自动化三维重建实现方法①。密集多视影像匹配是指基于计算机视觉原理，直接由多视角影像进行影像同名点匹配，沿着该线在原始影像上进行同名点搜索，由于同名点在物方空间交会唯一，各物方点 Z 方向高程值唯一，以此确定每个物方空间点的高程值，最后得到其精确三维坐标的过程。自动纹理映射是指利用待建模地物几何特征，结合数字三维及空间几何技术实现地物纹理图像与几何位置相对应、模型纹理自动化提取匹配的技术实现方法。

微景天下互联网在线实景三维重建平台将三维重建技术与全景技术②相结合，构成了微景天下完整的实景三维重建平台体系。摄影成像是把三维空间映射到二维平面的过程。三维重建是摄影成像的逆过程，是从多个二维平面视角的照片，恢复三维空间实体原貌的过程。实景三维重建技术通过数据采集、数据处理、可视化处理及展示三个环节，能够将物体的三维生成图像便捷地在 PC 端及移动端③进行显示。

实景三维技术，源于倾斜摄影技术，主要利用计算机视觉原理来重建目标对象的三维结构和纹理，以"全要素、全纹理"的方式来表达空间，是物理目标的全息再现。该技术主要通过在同一载体平台（空中、地面）上多台不同角度的高分辨率相机，从垂直、倾斜等不同的角度采集影像，获取目标对象更为完整准确的空间信息和纹理，通过服务器由专业软件处理自动生成实景真三维模型。图3为实景三维倾斜摄影原理示意。

（二）多数据源融合

多数据源，即无论图片来源、拍摄时间、拍摄视角存在何种差异，只要是针对同一目标进行的拍摄，在满足目标物体图像覆盖率重建要求的条件

---

① 汤一平、吴立娟、周静恺：《主动式三维立体全景视觉传感技术》，《计算机学报》2014 年第 6 期。

② 周静恺：《基于主动全景立体视觉传感器的室内场景三维重建》，浙江工业大学硕士学位论文，2015。

③ 豆瑞星：《手机地图：移动互联网入口之争》，《互联网周刊》2013 年第 5 期。

图3 实景三维倾斜摄影原理

下，均可应用于目标物体三维模型重建。三维重建目标体量要求亦无限制，小到厘米级单一物体（如小工艺饰品等），大到米级大型室外场景（如办公室、长城等），平台均能实现其完美三维重建。微景天下在线实景三维重建平台可兼容多源数据进行任意大小可视物体的三维重建。

平台利用多源数据获取重建目标多维度信息，几何结构更精准、纹理特征更丰富，使得目标物体信息表达更贴合实际，也能有效降低数据获取成本，提高不同途径获取的公共信息资源的利用率，使得数据共享更容易。该技术对图像识别、特征匹配等技术实现提出了更高要求，是技术实现中的难点和要点。通过计算机视觉、模式识别和自动匹配算法，平台可自动剔除相关性超出阈值的图像，经过特征重建，恢复目标物体三维几何结构，并经由图像纠正，还原其真实纹理。

（三）在线敏捷计算

微景天下在线实景三维重建平台通过在线集群计算平台，为用户提供在线计算开发服务。该服务为在线完全开放软件，支持用户自主在线上传数据后快速进行三维重建。平台支持用户根据实际需求定制特定精细度级别的模型数据成果，为其提供从白体三维模型、粗三维模型到精细三维模型①成果，用户可结合成果使用场景，预先设定模型精度级别，选择输出参数，对所需成果数据进行定制化。待建模数据经由用户自身通过线上上传接口进入在线计算平台，通过平台在线集群触发计算任务，并快速输出指定精度级别的成果。

通过在线敏捷计算技术实现，并采用最新、高效三维重建算法进行针对性迭代改进，该重建过程总体计算量小、速度快、耗时少，精度可靠。

四　实现过程

在实际应用中，实景倾斜摄影与激光点云三维建模技术往往形成互补：激光点云具备精度高、点云密度大等特点，完整展现对象目标物的结构特征；而倾斜摄影技术则以大范围、高精度、高清晰的方式全面感知复杂场景，通过高精度采集设备及专业的自动化处理流程生成的三维模型成果直观反映地物的外观、位置、高度等属性，为获得真实且细致入微的纹理效果提供保证。

微景天下在线实景三维重建平台实景三维重建包括以下主要步骤。

数据采集：通过专业的采集人员，使用高精度成像设备，对被拍摄对象进行图像采集。图像采集时要保证被拍摄对象的任意表面被从多个不同角度足够数量的照片拍摄到。

---

① 杨斌、李晓强、李伟等：《基于表面粗糙度的三维模型质量评价研究》，《计算机科学》2011 年第 1 期。

数据处理：通过三维重建技术，把采集得到的图片还原成模型，并输出模型文件。数据处理是实景三维重建技术的核心。微景天下在三维重建技术上拥有多项自主知识产权。与小型物品的三维重建不同，大型建筑的三维重建难度更大，不仅采集的难度增加，在数据处理阶段对计算机的性能要求也更高。具体处理包含以下三大步骤：①点云重建：利用图片恢复三维点云信息；②表面重建：基于点云计算建模，恢复表面模型细密的拓扑三角网格；③纹理重建：通过纹理映射将真实照片纹理贴附到模型上，还原物体本身的纹理与结构，使得纹理细腻如真。

前端可视化展示：在 PC 端或者移动端进行展示。要在点云数量更小的情况下保证物体表现纹理效果更好。通过降低模型的数据大小，使得用户在手机端浏览时，流量消耗减少，同时，提高加载速度，体验更加流畅。微景天下采用的技术手段：在传输过程中对数据进行压缩，到本地后，自动解压，还原高画质。尝试分块传输，按照用户的可见区域对模型进行加载。

下面以图 4 对应的故宫博物院大高玄殿为例，说明三维重建的具体过程。

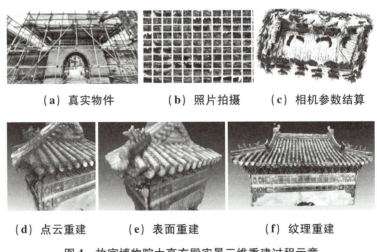

(a) 真实物件　　　(b) 照片拍摄　　　(c) 相机参数结算

(d) 点云重建　　　(e) 表面重建　　　(f) 纹理重建

图 4　故宫博物院大高玄殿实景三维重建过程示意

第一步，采集人员首先从各个角度围绕真实物品进行拍摄，接下来就进入自动化的算法处理过程。

第二步，从运动到结构。这个步骤输入的是拍摄的所有大高玄殿照片，通过计算，输出每张照片在拍摄时相对大高玄殿的位置。

第三步，点云重建。对每张照片进行特征点检测，然后在不同照片中匹配上相应的特征点，利用计算机视觉技术，可以计算出匹配上的特征点在空间中的坐标，生成稠密点云。

第四步，表面重建。通过对点云数据的平滑和简化，重建物体表面并转化为三角网格。

第五步，纹理重建。纹理重建是利用纹理技术将图像映射到目标的三维几何表面，形成物体的色彩信息。这里主要要解决的问题是如何把纹理图像与几何模型进行配准，并将纹理图像无缝地粘贴到三维模型表面。

五　典型应用

当前，微景天下在线实景三维重建平台及相关技术已经在文物保护、电子商务、游戏等领域应用进行了有效尝试并取得了一定成果，在用户中形成了积极反响。

（一）文物保护

微景天下在线实景三维重建平台能够精准地复原物品的真实色泽、几何形态及细节纹理构成，结合微景天下的主营业务领域，此技术将主要应用于建筑设计施工、考古现场纪录、文物研究保护、博物馆文物的资料留存及电子化展示等专业领域市场。实景三维技术以全自动的方式将海量的影像源转换为三维模型，大大提高了三维建模效率，时间与费用成本仅为传统方法的20%～30%。图5为微景天下互联网在线实景三维重建技术用于青铜鼎和古建筑产品制作截图示意。目前该技术已经在故宫博物院文物修复中得到了充分验证。

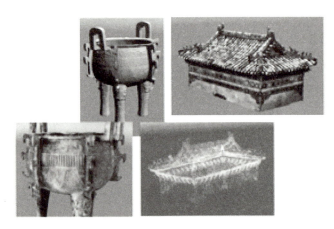

图 5　实景三维重建技术青铜鼎和古建筑产品制作截图

（二）电子商务

微景天下在线实景三维重建平台凭借在线敏捷计算技术为用户提供快速在线建模服务，该服务可成功应用于电子商务领域。

针对各领域用户，只要存在三维重建需求，无论建模目标大小、数据计算量多少、模型精细度要求高低，都可通过对目标地物进行所需图像搜集后通过平台实现模型重建。该成果自动存储于云端，无须拷贝，可直接在 PC 端和手机端快速调用展现，方便用户进行演示使用。该技术为用户带来的直接便利：对于商品售卖者或服务者，可随时随地进行样品商品展现，多角度全方位突出商品特征，无须随时随地携带样本商品奔波于各地，减少商品运输成本和代价，尤其是大宗商品，使各品类商品直观展现成为可能；对于商品买家，也方便此类用户了解商品几何形态和外观特点，无论纹理、颜色均与实物保持高度一致性，确保"所见即所得"，大大减少了理想商品和实际购买物品存在较大差异的可能，降低交易风险，保障其自身利益。通过该服务，实现了商品交易过程中的洽谈直观性，将有效促成互联网电商买卖双方合作的达成。这一技术极大程度地满足了移动互联网时代用户对数据调用便捷性、快速性的需求。

（三）游戏

结合 360 度全景数据、VR 技术和三维模型数据，微景天下在线实景三维重建平台可与互联网游戏应用进行有效结合。在该领域应用尝试中，微景天下以三维模型数据为特定场景背景环境，辅以 360 度全景和 VR 视觉服务，佩戴上 VR 眼镜后，即可产生置身于虚拟三维实境的感觉，每个场景均可由 360 度全景气泡多方位展现，要实现场景切换，"走进"下一虚拟现实，只需将"气泡"轻轻拉到眼前，仿若移步换景的神奇感觉。图 6 为西藏博览会在线实景三维产品体验示意图。

图 6　西藏博览会在线实景三维产品体验示意

该技术为游戏玩家提供身临其境的沉浸式炫酷体验，提升游戏的真实感、沉浸感和新颖性，使得游戏情节代入更贴近现实、效果更加逼真、人机交互更灵活生动。

六　总结

相对于传统三维建模技术，实景三维技术包括如下主要优势。

高真实感。实景三维模型是目标对象的完全还原，是全要素呈现，更加真实地反映对象物的真实情况；其完全基于真实影像计算建模，每个模型三角面都与其纹理一一对应，模型拓扑三角网极其细密，加上真实高分辨率自动贴图，细腻如真。

高精度可量测。通过配套软件，可直接基于成果影像进行包括高度、长度、面积、角度、坡度等的量测，并实现测绘毫米级定位精度。

高效率/低成本。利用倾斜摄影大规模成图的特点，加上从倾斜影像批量提取及贴纹理的方式，建模过程全自动化，对人工需求极低，能够有效降低三维建模成本和提升三维建模效率。

展示和共享应用。相对于传统三维建模的数据庞大，实景三维建模具备数据量小，并且影像的数据格式可采用成熟的技术快速在手机端、PC 端进行网络发布，实现共享应用，包括虚拟漫游、结构与纹理浏览等。

互联网多媒体的创新成果与三维重建成果深度融合，加之与 360 度全景、VR 展现技术、大数据分析服务结合，能够更加有效地加强三维重建场景实感，给用户带来全新的应用体验。将地区历史、优秀传统文化与当代社会自然融合，厚植道德沃土，用文明的力量助推发展进步。除目前已发掘的定位导航①、文化娱乐、互联网等诸多领域应用外，未来，将在更多产业方向上产生更广泛的应用可能。

参考文献

豆瑞星：《手机地图：移动互联网入口之争》，《互联网周刊》2013 年第 5 期。

庞晓磊：《基于多摄像机系统的全景三维重建》，东北大学硕士学位论文，2013。

邵建新、王忠芝：《基于 Android 平台的三维实时全景地图设计与实现》，《数学技术与应用》2015 年第 1 期。

汤一平、吴立娟、周静恺：《主动式三维立体全景视觉传感技术》，《计算机学报》2014 年第 6 期。

杨斌、李晓强、李伟等：《基于表面粗糙度的三维模型质量评价研究》，《计算机科学》2011 年第 1 期。

赵阳、谢驰港：《基于双目视觉的三维全景图像生成技术研究》，《数学技术与应用》2016 年第 7 期。

周静恺：《基于主动全景立体视觉传感器的室内场景三维重建》，浙江工业大学硕士学位论文，2015。

---

① 邵建新、王忠芝：《基于 Android 平台的三维实时全景地图设计与实现》，《数学技术与应用》2015 年第 1 期。

B.24
浅谈地理增强现实及其地图学意义

杜清运*

摘　要：　本文介绍了智能硬件的主要种类，阐明了地理增强现实（Geo - AR）不同于普通增强现实的特点，分析了地理增强现实对于地图学的意义。

关键词：　智能硬件　增强现实　地理增强现实　地图学

一　引言

我们正处在一个信息通信技术（ICT）高速发展和应用的时代，这个时代的典型特征是计算设备的不断演化，基础来自计算的移动化、便携化和穿戴式趋势，从个人数字助理、智能手机、智能眼镜到增强现实头盔，计算机不断小型化，各类传统硬件在不断与计算机集成，形成了高度智能的移动终端。这个硬件可以以一体化的方式和计算功能结合，形成功能各异的智能硬件。

二　智能硬件

智能硬件是继智能手机之后的一种新业态。它通过软硬件结合，对传统

* 杜清运，教授，博士生导师，地理信息系统教育部重点实验室（武汉大学），武汉大学资源与环境科学学院。

设备进行改造，使其智能化。以智能手机、智能眼镜和增强现实头盔的出现为特征，其发展主线是计算机在实现可穿戴的基础上完成了手持及穿戴设备的智能化，这些智能化的设备大大扩展了信息的采集、处理、交互和显示能力，为地理增强现实的实现提供了重要的基础。当前主要的智能硬件种类如下。

（一）网络设备

网络设备指智能硬件中负责无线联网的设备集，如 3G/4G、WIFI 和蓝牙适配器等。网络设备是智能硬件与云端或远程数据库保持连接的基础，网络设备确保移动的智能硬件成为庞大数字网络的一部分，实现移动数据的上传和远程数据的调用。

（二）传感设备

传感设备指内嵌在智能硬件中的各类感应装置，包括能够实现视觉、听觉、动觉感应的摄像头、麦克风、电子陀螺、电子指南针、导航定位设备、加速度感应器和光感应器等，它们是智能硬件感知用户及其周围世界状态和行为的基础，随着移动和感知行为，能够产生与用户和周围环境相关的移动大数据。

（三）交互设备

交互设备实际上是传感设备中专门负责实现计算机和用户相互感知的部分。在新型传感设备的支持下，可以实现多模式的人机交互，即可以通过视觉、听觉、触觉和动觉等感知通道实现人机信息的交换。交互设备主要包括触摸屏、麦克风、摄像头、三维鼠标和电子陀螺等输入设备和屏幕、马达、喇叭等输出设备。

（四）其他辅助设备

为了实现智能硬件的便携化和可穿戴，还需要其他的辅助设备，如智能眼镜和头盔的固定装置等。

在所有的信息交互通道中，视觉信息的作用是最为显著的，因此作为视觉信息输入的摄像头和作为视觉输出设备的显示器就显得尤为重要。摄像头的主要功能是通过光电转换和模数转化直接获取真实世界的数字影像，是智能硬件直接感知世界的主要通道；而显示器则是让人以最直观的方式获得机器显示的视觉信息，从需要手持阅读屏幕的智能手机，到把屏幕放入人的视野的智能眼镜，再到将屏幕透明融合叠加到视平面上，技术的进步大大改变了人看屏幕的方式，也为屏幕数字信息与真实世界影像信息的视觉无缝融合提供了可能。

三　地理增强现实

增强现实（AR）是一种介于真实环境和虚拟环境之间的中间状态，是将虚拟信息融合叠加到用户看到的真实世界影像上的一种技术，实现数字三维模型或其他实况影像与真实世界的混合现实，达到以数字信息增强真实世界信息的目的。其基本原理是把图形、声音和其他感知增强实时叠加到真实环境上，图形会随着用户观察视点的改变而相应改变，实现在用户视场中虚拟和真实世界在几何位置、视觉效果和时序同步上的精确融合。

地理增强现实（Geo - AR）是增强现实技术在地理学领域中的应用，和普通增强现实技术相比具有如下特点。

（一）涵盖地理空间尺度的增强场景

普通的增强现实主要是针对室内或日常空间，以及一些专门应用场景，如游戏等。地理增强现实除了室内或日常空间的地理应用外，主要是中观尺度的大场景地理应用，以城市空间和中观一览空间应用为主，因而对增强现实系统的户外无标定图像注册能力提出了独特的要求。

（二）自适应的户外图像注册

一般增强现实系统在室内空间可以采用相机标定、高精度位置及姿态确定来实现虚拟信息和真实影像之间的精确匹配，而在以户外应用为主的地理

应用中，不需要预先相机标定、能够克服定位误差的自适应户外图像注册能力就显得特别重要。

（三）空间数据库的支持

地理增强现实所采用的虚拟信息均来源于空间数据库，其显示和分析处理是完整的地图数据处理任务，因此地理增强现实系统应该具备将多维空间信息与真实世界影像无缝融合显示的能力，同时还要能够获取、处理和分析空间数据，并将其显示在增强现实环境中。

（四）地理增强现实应用模式

地理增强现实服务于地理应用，因而具有独特的应用模式，也是地理增强现实上述特点的综合反映。

四　地理增强现实的地图学意义

地理增强现实的发展对于 ICT 时代的地图学具有划时代的重要意义。如果说地图的移动化实现了电子地图的贴身化服务，那么地理增强现实技术支持下的地图服务会将地图融入用户的视野，用符号化的地图去增强用户对世界的观察能力，给用户装备上"千里眼"和"顺风耳"，特别是能够增强那些原本观察和感知不到的信息。

（一）联系三元世界的新型地图

三元世界是指真实世界、认知世界和数字世界。真实世界就是存在于我们周围的一切事物所构成的世界；认知世界是存在于用户大脑中的真实世界的认知模型，包括历史习得知识和即时认识结果；数字世界就是存在于数据库中的数字模型，是人类已知知识的数字表达。这三个世界是我们在地理应用场景中频繁涉及的领域，通常的地理任务是用户将看到的真实世界和数字世界加以对比分析，再与自己的认知世界已有的知识结构相结合，获得新的结论，服务于空间相关决策活动。

　　地理增强现实前所未有地将真实世界的活动影像与数据库的知识世界在无缝融合的基础上呈现给用户的视场，使得用户不仅能够观察真实世界，还能够在真实世界的影像上看到以空间位置为锚点的知识世界图像或精致视觉融合的虚实一体的增强图像，三个世界在用户的感知系统中连贯运用，大大提高用户的空间认知和决策能力。

（二）嵌入真实的新型地图

　　传统的数字地图是虚拟的，主要追求真实世界状态和过程在计算机中的完美表达。地理增强现实是一个数字地图新的使用环境，它重新关注真实世界，是在真实世界环境中为人提供嵌入的地图服务，一切符号化的数据最终都是叠加在真实世界影像上的。从地理虚拟现实到地理增强现实，突出了地理信息服务从虚拟空间服务到虚实结合空间服务的转化，而移动用户所在的真实环境与相关数字世界的融合就是嵌入在真实世界中的新型地图服务模式。

（三）新型的地图范式

　　一般认为，不同的地图范式是对人的认知过程不同环节进行辅助的。大体上，认知的前半个过程如感觉和知觉系统主要是获取生动的、直观的物理刺激，从而为之后的认知过程提供素材。相对于思维过程中更需要以抽象图形和符号为基础的静态地图辅助工具，人在感知阶段更趋向于接受直观丰富的多维动态地图。

　　地理增强现实系统正是一种辅助感觉和知觉两个认知过程的地图范式。这种新型地图范式的特点是以真实影像与视频为基础，以三维动态的方式表达，以描述室内空间或可观察空间为主，追求移动过程中的免打扰服务，要求实时、自然的交互、处理与渲染过程。

（四）移动中的地图服务

　　地理增强现实提供的是一种全新的地图，一切都叠加在视觉影像上而非

通常的纸媒上，移动中的地图服务是其重要特点。移动会导致场景的变化和服务需求的变化，同时也为传感设备提供新的感知对象和环境。即时感知、处理和渲染在移动中实现，并成为地理增强现实的服务内容。也就是说，虚拟和现实的结合，实现了远程数据库的历史知识与即时感知和处理得到的现实知识的融合，移动是其中的关键因素。

（五）新的地图使用方式

地理增强现实提供了空前的人机交互方式。首先，智能硬件本身就是传感器，能够实现位置、姿态、视觉、听觉、动觉、重力和光的实时感应，越来越多的穿戴式移动设备可以感知人体本身，诸如智能眼镜、智能手表、电子腕带等能够对用户的眼动、虹膜、运动状态、手势、姿态直至血压、脉搏等进行实时感知，用户与智能硬件之间的紧密程度前所未有，用户在有意无意间都在与计算机进行多模式交互，人机交互体验良好。智能硬件的感知不仅可以产生理性的科学数据，也可以产生用户相关的感性数据，这些数据都满足大数据的特征，新型的人机关系是时空大数据的重要来源。

（六）地图新内容

地理增强现实地图的几何与日常空间紧密相关，这里影像和视频成为类似于传统地理基础底图的空间参考系统，远程主要是传统三维模型及相关数据库数据，智能硬件感知系统实时实地获取地理空间相关数据，可以与远程数据库进行联合分析，也可以通过多用户数据的共享集成支持群集智能。

同时，历史数据与预测数据作为虚拟数据的一部分，可以与真实影像相结合，使用户在真实场景中跨越时间限制，观察历史或未来的场景。多媒体和新媒体数据等任何其他来源数据也可以成为虚实融合显示的对象。

（七）地图新型叠置

地理增强现实的本质是一种新的叠置方式，即一切需要被看到的都可以叠加在真实世界影像上，因而产生了不同的几何、投影、符号、渲染和分析潜力。不仅视觉能够叠加，任何可以被传感器获取或从远程数据库调用的信息均能叠加显示。使不可见变得可见、使本不可感知的变得可见，这也是地理增强现实的独特作用。

五　结论

地理增强现实作为一种新型的地理信息服务技术，相较于传统的地图服务模式产生巨大的变化。受技术推动，地图的范式也面临提升的需求。尽管基于增强现实系统的地图范式不能代替所有的服务模式，但随着新型增强现实硬件的不断成熟和广泛应用，将符号化的空间信息以地图的方式嵌入用户视野中的真实场景，必然成为未来地图服务的重要方向。

B.25
地上下三维不动产权籍时空信息
管理平台及应用

卢小平　肖　锋　田耀永*

摘　要：　针对现有的不动产数据主要以二维形式表达，不能表达地上、
　　　　　地表、地下不动产之间的空间位置关系，本文利用机载/车载
　　　　　LiDAR、LiDAR等先进测量技术，研究地上下建（构）
　　　　　筑物不动产三维展示及分析技术，构建不动产单元空间位置和范
　　　　　围表达的技术框架，形成适应不动产登记需求的三维数据生
　　　　　产流程及地上、地表、地下不动产权籍一体化管理技术体系，
　　　　　建立基于时空数据支持的不动产权籍管理和分析技术，为建
　　　　　立和实施三维不动产分析提供技术支持。

关键词：　地上下　三维不动产　权籍　时空信息

一　引言

不动产权籍是指记载不动产的权属、位置、界址、面积、用途、等级和
价格等的表卡簿册证、图件和数据的总称，而不动产权籍调查的主要内容是
以宗地、宗海为单位，查清宗地、宗海及其房屋等定着物组成的不动产单元

---

*　卢小平，博士，教授，河南理工大学矿山空间信息技术国家测绘地理信息局重点实验室副主
任；肖锋，高级工程师，河南省测绘工程院院长；田耀永，高级工程师，河南省测绘工程院
院长助理。

状况，不动产按照空间区域可划分为地上、地下两大部分。土地、房屋、矿产、管线作为地上下不动产的重要组成部分，目前的不动产权属信息仅以二维图形表示其位置和结构，只能体现不动产的平面位置，无法真实表达地上下不动产之间的空间对照关系，空间表现和分析存在很大的局限性，缺乏立体上的感官体验，难免会产生一些不动产权属划分困难、登记不合理等现象。

为解决三维不动产数据空间表达面对的技术难题，本文采用三维可视化技术实现不动产的地上下一体化三维空间表达，研究基于二维地图数据搭建三维不动产模型，直观展示周边真实环境状况，三维可视化表达地理环境、权属边界、不动产属性与空间关系、模拟不动产权属变更等过程，填补二维地图无法实现的分析功能；通过对基础信息和动态信息的归集与整合，进行各类三维数据的综合可视化和融合分析，突破空间信息在二维平面中单调展示的束缚，为信息判读和空间分析提供更有效的途径，为地上下不动产权属管理提供更直观的辅助决策支持。

二 地上下三维不动产权籍信息管理平台

本文研究建立的地上下三维不动产权籍信息管理平台，具有海量三维地理信息数据共享、发布、浏览、编辑、分析、检索等功能，支持"多源数据—三维平台软件—权籍信息服务—行业应用"四位一体的三维地理信息服务解决方案。系统采用 B/S 架构，开放所有的 API，用户在网络环境中或单机均可根据需求定制服务功能。程序开发基于 NET 框架，部署在服务器上，采用 ASP. NET 与 AJAX 网页技术开发。开发语言根据不同的使用场景进行选择，服务器端使用 C#语言，网页端使用 HTML 及 JavaScript 语言与 AJAX 技术，数据库查询使用 SQL。

（一）系统功能设计

针对不动产权属数据的不断增长，系统提供海量空间数据的组织、编

目、建库、维护、更新、安全管理、数据分发服务、数据发布应用等一系列的整体解决方案，为用户建立强大统一的不动产权籍空间数据库和数据共享与交换平台。系统的功能主要体现在信息管理、信息查询、共享、统计分析等方面。

1. 空间查询与检索

三维模型点击查询。在三维场景中点击模型，弹出信息框显示对应房产的主要信息；点击"显示详情"超链接，打开新页面窗口显示该房产的详细信息。

三维模型框选查询。在三维场景中划出宗地范围，选中模型并列表显示出所选模型代表的房产单元。点击列表中某一条记录，场景中心定位到相应模型，弹出的信息框显示对应房产的权属信息；点击"显示详情"超链接，打开新页面窗口显示该房产的详细信息。

在查询页面输入小区名、楼号及楼层等查询条件对房产信息进行查询，查询结果以列表形式展现；点击记录的"详情"超链接，新页面窗口显示该房产的详细信息；点击"定位"，三维场景中心定位到相应模型。

2. 虚拟楼盘表

根据楼盘实际规划与布局，建立具体到每一栋、每一层、每一户的虚拟楼盘表，通过简单的选择点击，实现查看房产信息、在三维场景中进行定位等功能。

3. 不动产信息管理

登记信息录入，包括设立登记、变更登记、转移登记、预告登记、异议登记、更正登记、注销登记等类型的登记信息的录入。

登记信息统计。实现不动产统一登记，为监管不动产登记信息动态、产权变动情况、交易情况和有关价格数据提供信息支持。利用二维、三维一体化可视化技术，实现对不动产图形数据、属性数据、业务数字档案的有效关联和查询、统计、分析、输出、信息展示等，并以图形、表格、文字、GIS 和数据模型相结合等方式，直观、准确、动态地展示涉及不动产权属的数据信息。

其他信息管理。对房产信息、楼幢信息、小区信息、产权人信息进行管理，包括浏览、录入、修改、删除、查询统计等。

4. 模型与属性信息关联

赋予每一个房产模型对象一个唯一标识码，同时在数据库中建立模型与不动产记录的对应表，记录模型 ID 与对应的不动产记录 ID。模型信息与属性信息改变（或取消）关联，如果房产权属信息或对应模型发生改变，需要对关联记录进行修改。

5. 房产三维分析

实现楼盘多种三维分析功能。①距离、面积量测。可在三维场景对空间点进行距离量测，对地表进行面积量测。②通视分析。在三维空间中任意设定视点与目标点，判断两点之间是否通视，通视范围用白色线段表示，不可见范围用黑色线段表示。③日照分析。可对选定范围内某一时间点进行日照分析，形成符合实际条件的阴影，可直观查看建（构）筑物的日照情况。④控高分析。可给出空间两点连线之间的高度限制，用以对视线内允许最高建筑高度的控制分析。

（二）数据库设计

将维度建模和基于主题域的实体关系建模结合起来，以多源不动产数据为驱动，采用 3NF 的实体关系理论建模，对数据进行抽象、整合，建立相对稳定、能描述企业级数据关系的数据仓库。

为快速调用存储于不同数据库中、数据格式不统一的不动产权籍数据，在现有不动产权籍数据的基础上，将土地（海域）信息作为不动产调查登记的重要载体和有机组成部分，按照继承性、兼容性和统一性要求，以地（海）籍调查为基础，以宗地（海）为依托，融入土地、海域以及房屋、林木等定着物的日常权属数据，避免权利交叉、重叠及信息不对称等问题，设计并实现了三维不动产数据仓库的逻辑数据模型和物理数据模型。构建的三维不动产权籍数据仓库模型在 Oracle 中运行，其数据查询和调用结果，可为后期不动产权籍数据建模、分析及可利用性评价提供数据支持。

（三）房产信息登记管理平台

房产信息登记管理平台由登记信息综合管理与系统运行维护两大模块组成。登记信息综合管理模块用于维护核心数据库，运维模块用于保障系统的正常运行，系统具有数据检查、编辑与处理、入库、更新、交换（输入输出）、元数据管理及数据备份、系统监控、数据迁移、日志管理等功能。

（1）登记信息录入。包括录入设立、变更、转移、预告、异议、更正及注销登记等类型的登记信息（见图1）。

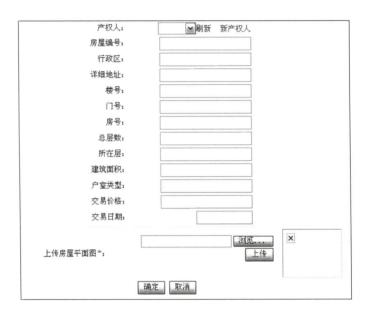

图1　不动产信息登记

（2）登记信息统计。利用可视化技术，实现对不动产图形数据、属性数据、业务数字档案的有效关联和查询、统计、分析、输出、信息展示等，并以图形、表格、文字、GIS和数据模型相结合的方式，直观、准确、动态地展示涉及不动产登记数据各个方面的信息（见图2）。

（3）其他信息管理。对房产信息、楼幢信息、小区信息、产权人信息进行管理，包括浏览、录入、修改、删除、查询统计等。

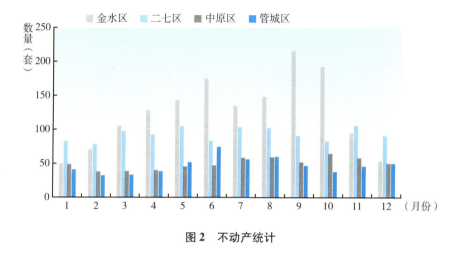

图2 不动产统计

（四）三维信息查询与空间分析

将三维地理信息数据引入不动产登记业务中，是对现有二维地图数据的补充，不仅可以展现丰富的三维地理信息数据，更能实现三维空间分析功能。将不动产属性信息与地上下不动产模型进行关联，在三维场景中实现定位查询、距离和面积量测、通视分析、日照分析、控高分析、地上下对照图空间分析、地下不动产权属明确划分等功能，可满足不动产权属信息的精细化管理，为信息判读和空间分析提供了更好的途径，为不动产行业信息化管理提供更直观的辅助决策支持。

利用二维、三维可视化等技术，实现对不动产图形数据、属性数据、业务数字档案的有效关联和查询、统计、分析、输出、信息展示等，并以图形、表格、文字、GIS 和数据模型相结合的方式，直观、准确、动态地展示不动产权属数据的全方位信息。

（五）房产三维模型查询

（1）三维模型点击查询。在三维场景中点击模型，弹出信息框显示对应房产的主要信息，点击"显示详情"超链接，打开新页面窗口显示该房产的详细信息（见图3）。

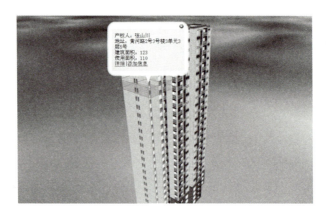

图3　模型点击查询

（2）三维模型框选查询。在三维场景中划出宗地范围，选中该范围内的房产模型，同时列表显示出其代表的房产。点击列表中某一条记录，场景中心定位到相应模型，并弹出信息框显示对应房产的主要信息。点击"显示详情"超链接，打开新页面窗口显示该房产的详细信息（见图4）。

图4　模型框选查询

（3）不动产信息对比分析。针对框选的不动产选择集进一步选出若干条记录，列在一起进行对比分析，可方便查看不同信息的差异。

（4）房产信息模型定位。在查询页面输入小区名称、楼号、所在楼层等查询条件，对房产信息进行查询，查询结果以列表形式展现。点击记录后的"详情"超链接，打开新页面窗口显示该房产的详细信息，点击"定位"，三维场景中心即定位到相应模型。

（5）虚拟楼盘表。根据楼盘实际规划与布局，建立虚拟的楼盘表可以具体到每栋、每层及每户，通过简单的选择点击，就能查看房产信息，并可在三维场景中进行定位。

（六）三维空间分析

（1）距离面积量测。在三维场景对空间点进行距离量测，对地表进行面积量测（见图5）。

图5　三维量测

（2）通视分析。在三维空间中任意设定视点与目标点，判断两点之间是否通视，可见范围用白色线段表示，不可见范围用黑色线段表示（见图6）。

（3）日照分析。对某一个时间点的选定范围进行日照分析，形成符合实际条件的阴影，可直观地查看建（构）筑物的日照情况（见图7）。

（4）控高分析。只要给出空间任意两点连线之间的高度限值，即可用作视线间允许最高建筑高度的分析（见图8）。

图6　通视分析

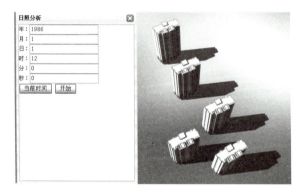

图7　日照分析

图8　控高分析

三　示范应用

（一）智慧社区

随着社会和经济发展，社区智能化已成为智慧城市的重要组成部分，也是实现全新生活方式的基础。2013 年 11 月 25 日，民政部、国家发展改革委、工信部、公安部、财政部联合发布《关于推进社区公共服务综合信息平台建设的指导意见》，强调各地要加强社区公共服务信息化建设，积极构建智慧社区。为加强政府办公用房和办公区建设科学管理和规划，受河南省人民政府机关事务管理局委托，项目完成单位以先进的测绘手段、不同种类的测绘产品，承担了河南省人民政府智慧社区建设项目的实施。

按照智慧社区建设任务要求，利用 GIS 平台对基础信息与动态信息进行归集、整合，利用项目研究成果将建（构）筑物三维模型、建筑设计数据、地下管网及监控系统有效融合，构建了智慧社区管理平台，具有地上下建（构）筑物三维可视化对照、空间信息定位与查询、地下管网统计分析等功能，为"智慧城市"建设奠定了扎实的工作基础。本项目研究成果如下。

1. 房屋分层分户三维建模

基于项目研发的平台建立了社区楼房详细的图层及分层分户三维模型，实现了楼盘场景与周边地表特征三维可视化展示效果与浏览，并可提供房屋的三维立体模型图，具有三维场景漫游、缩放、旋转、飞行等操作功能，使用户更加全面、清晰地认识和了解建（构）筑物及其周围环境状况（见图9）。

2. 三维模型与属性信息的有机结合

将楼房图层、分层分户三维模型与楼幢、楼层、权属等属性数据库信息相关联，建立三维楼盘表，实现互动或独立作为基本交互对象进行操作、查询、统计和信息发布；点击建（构）筑物，可查询户主登记、户型、房屋类型、地籍权利人、物业管理、归属社区等信息。系统将房屋与房产分幅平

图9 房屋分层分户三维建模

面图进行一体化管理，通过图上坐标定义房产位置，可以杜绝重复发证等现象（见图10）。

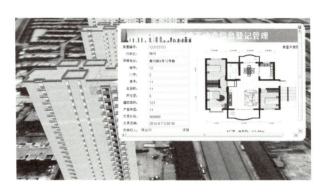

图10 三维模型与房屋平面图关联关系

3. 房产空间数据与属性数据统一管理

房产管理数据包括空间数据与属性数据，数据采集与入库子系统实现对房产测绘平面图、分层分户图的信息采集，并建立相应的属性数据库，包括房产的自然属性（建筑面积、用地面积、建筑年代）、位置属性、权属及在业务处理中产生的属性信息，实现对空间数据与属性数据的统一管理。

（二）"数字许昌"——三维房产管理系统

"许昌市三维房产管理系统"项目依托河南省测绘工程院和河南理工大

学现有的机载 LiDAR、车载移动测量系统、无人机等高新测绘技术装备，通过多源数据融合、多平台操作，生成高分辨率地表模型及建成区建（构）筑物三维模型，构建了全景三维"数字许昌"。在此基础上研发的许昌市三维房产管理系统，具有地理空间信息数据发布、查询、浏览、分析、共享等功能。取得的主要技术成果如下。

1. 多视点云数据配准与融合

综合利用机载 LiDAR 和车载 LiDAR 激光点云数据，建立了多视点云数据配准与融合处理技术方法，构建了一整套建（构）筑物立面纹理映射的作业技术规程，可自动进行影像数据纠正和纹理映射；构建了机载 LiDAR 和车载 LiDAR 两种数据的快速匹配技术（见图 11 和图 12），可充分发挥两种数据源各自的优势，为建（构）筑物精细三维建模提供了新的技术手段。

图 11　机载/车载 LiDAR 黑白点云融合

图 12　机载/车载 LiDAR 彩色点云融合

2. 建（构）筑物顶部及侧面纹理自动裁切贴图技术

以高精度 DOM 作为裁切对象，系统可根据建（构）筑物顶部坐标自动裁切 DOM 影像作为顶部纹理数据库，实现自动贴图（见图 13）；依据底图多段线属性自动区分混房、砖房、阳台、温室等类型对模型进行分层，构建不同种类的批量贴图材质库，并根据建（构）筑物层数、长度等，自动完成侧面纹理贴图（见图 14）。

图 13　自动裁剪顶部纹理

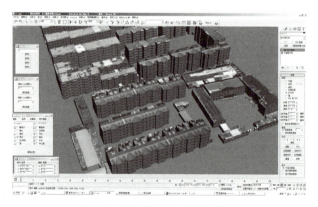

图 14　顶部纹理自动贴图效果

3. 三维场景空间 GIS 一体化分析

项目研发的三维平台体系，具有三维建模数据、影像和地形数据编译与发布及数据服务、各类查询分析服务发布与管理等功能，支持海量三维地理信息数据共享和发布、浏览和编辑、分析和检索等完整服务，提供"数据—软件—服务—应用"四位一体的三维地理信息服务完整解决方案。

四　结束语

通过产学研长期密切合作，建立了基于多视激光点云数据的建（构）筑物三维精细建模技术方法体系，研发了根据分层分户图及户型进行模型细化和分割技术，满足了三维不动产权属管理需求；构建的地上下统一登记程序平台，可根据地上地下统一时空基准、不动产空间拓扑关系、垂直对照关系和产权属性等，智能分析地上、地层、地下产权关系；实现了登记发证和不动产交易业务流程化，通过空间条件约束下多权属一体化分析，可有效消除同一空间范围内多产权归属间的矛盾。

B.26
浅析地理信息企业转型升级过程中产业基金的作用

陈 玮*

摘 要： 本文介绍了我国地理信息企业的发展现状，探讨了地理信息企业转型升级的路径选择，分析了存在的风险与困难，阐述了产业基金在企业战略转型中的作用，提出了产业基金有力推动企业迈向资本市场、实现股份公司改革的战略目标。

关键词： 产业基金 地理信息企业 转型升级 资本市场 股份公司

一 我国地理信息企业发展的现状需要企业转型升级

2014年地理信息产业被国务院正式确定为战略性新兴产业，关系国家安全和人民生活水平的提高，具有十分鲜明的生产性服务业和高新技术产业的特点，陆续推出了一系列政策，支持产业发展。同时近年来随着卫星遥感、移动通信、信息技术和大数据行业的飞速发展，国内地理信息产业进入爆发性增长的历史机遇期。但是目前仍然存在一些问题。

（一）目前国内地理信息产业仍处在初级阶段，产业整体需要迅速升级

一方面，地理信息应用整体较初级，企业竞争格局也处于较低端的价格

---

* 陈玮，中地信地理信息股权投资基金总经理。

竞争阶段。根据国家测绘局数据，截止到 2015 年末，全国测绘资质单位总数达到 15931 家，其中甲级资质单位只有 896 家，占比仅为 5.6%。行业整体上呈现地理信息产业中小企业占比高，劳动密集型企业占比大，技术竞争力较弱，核心技术匮乏，竞争主要看地域性关系维护的现状。

因此，尽管行业近年平均增长仍能保持在 20% 左右，地理信息企业家仍能深切感受到发展模式的瓶颈、后劲匮乏的压力，期待开拓发展新动力，企业的战略转型已经成为热点。然而，如何进行战略转型，如何借助资本的力量完成战略转型，企业家们普遍在寻求突破。

另一方面，随着行业的蓬勃发展、应用领域不断扩大，越来越多的新型商业模式、新型应用技术蓬勃发展，带动了一批高成长性的企业涌现，推动地理信息产业向更高更强发展。然而，A 股上市地理信息企业迄今只有 19 家，尽管新三板的推出使得 130 余家地理信息相关企业得以挂牌（截止到 2016 年 9 月 4 日），而其中能够进入新三板创新层，获得更多资本关注的地理信息企业，也只有 24 家。广大地理信息企业还不能够充分利用资本助力，解决发展瓶颈，获得加速发展的动力。

地理信息产业的发展、企业的壮大，亟须理解行业发展趋势、洞悉行业企业特征的金融机构的支持。本文将基于此，依次论述地理信息产业基金能够为地理信息企业提供哪些服务，如何从资本角度，扶助企业实现战略转型，加速企业上市腾飞。

（二）地理信息企业的自身发展瓶颈需要战略转型

企业战略转型是指企业为了重新建构竞争优势，基于产业特质，审视外在竞争环境变化以及企业所具备的战略资源基础，通过产业选择的调整及经营模型的改变而制订战略。

地理信息行业诸多企业都面临着要不要转型的决策。以传统测绘企业为例，传统测绘企业属于劳动力密集型低附加值企业，虽然业务稳定，政府在基础测绘上投资较多，仍然有不少测绘企业近年尤其感觉路越走越窄，业务爆发点少，发展进入了瓶颈期。

从外部因素看，一是经过几十年的竞争，市场格局已经基本形成，各家企业每年的业务量基本固定在一个稳定的区间内，想要进一步突破困难较大。二是传统测绘市场的区域封闭性较强，跨地区经营和跨地区营销难度较大，成本非常高。

从内部因素看，传统业务人力成本居高不下。项目多的时候，队伍不够用，项目少的时候，养人成本太高，随着中国劳动力成本的不断攀升，传统业务利润越来越受到挤压，传统测绘业务受到挑战；项目端模式变化导致财务成本升高，挤压利润，传统模式难以为继。对于像农业经营权确权、土地详查之类的政府项目，一些项目工期比较长，人员投入多，提高生产效率难度大，同时随着政府项目支付方式从预付向押金加延期支付的转化，企业垫资的成本和压力大大提升。

除了传统测绘企业，产业链上还有不少二维、三维一体化平台公司，主要通过提供三维数据建模服务，以数据生产商的角色参与市场竞争。由于技术门槛低，很多测绘公司经过简单的培训都能做三维数据建模，数据生产也同样逐渐发展成为劳动密集型业务，在同质化竞争愈加激烈的情况下，劳动力成本又普遍高于传统测绘企业，利润下降趋势明显。

测绘地理信息行业的大环境只要是政府采购服务模式主导的，地方区域性市场的隐性壁垒就会一直存在。即便是大型企业掌握核心技术，客户资源依然是核心竞争力必不可少的因素，二、三线企业开拓市场难度大，企业增长乏力，同样存在转型的压力。

然而战略转型是一个系统工程，转向哪里，如何转，有哪些风险，如何规避风险，在不伤筋动骨的情况下，成功脱胎换骨，是地理信息企业家们必须先行考虑的问题。

二 地理信息企业进行战略转型的路径选择

企业战略转型是一个系统工程，绝不能简单跟风和贸然转移原有的产品模式、商业逻辑和业务能力。

314

　　企业欲实现战略转型，首先要进行价值定位的选择。什么是企业的价值定位？是指企业了解顾客的需求，确定如何提供响应每一细分顾客群独特偏好的产品与服务的筹划。选择正确的价值定位是商业模式设计至关重要的一步。

　　地理信息企业要想进行战略转型，首先需要从以下几个方面重新审视自身的优势和定位。①产品，企业目前是否以提供产品为自身的主营业务，自己是否可能成为行业优秀的产品开发提供商；②服务，企业目前的商业模式是服务提供商吗？自己是否可能成为领先的垂直行业应用战略与技术服务商；③集成服务，自己是否能够成为优秀的综合解决方案提供商；④销售，自己是否能成为顶尖产品的分销平台；⑤资本运营，自己是否能够成为行业优秀的战略投资控股企业。不同的定位在价值取向、商业模式、业务组合、资源与技术等方面都会不同，关键在于发现适合本企业的最具增长潜力的价值定位和实现路径。表1给出了一些地理信息企业转型的案例。

表1　地理信息企业不同类型的战略转型案例

路径	地理信息企业案例
补全产品能力,获取新业绩增长点	中海达通过收购腾云智航,丰富无人机产品线,推出自主知识产权无人机系列产品,无人机业务成为公司测绘装备主业的新业绩增长点。 数字政通并购保定金迪进入地下管线业务,结合现有智慧市政的优势地位,补全产品能力,切入"海绵城市"建设的巨大市场。
以现有业务为基础,进入新细分市场	超图软件通过并购南京国图,进入上游不动产测绘领域,以平台业务为基础,实现"垂直一体化"转型。 帝测科技、广州欧科将无人机倾斜摄影技术、三维激光扫描建模、精细测绘数据采集等技术多重融合,提供智慧文博解决方案,切入文物保护市场。
产业—资本结合,拓展新业务模式	正元地理通过资本运作,设立智慧城市PPP基金,为若干地市政府客户提供智慧城市系统+资本整体服务,切入智慧城市建设。

　　企业战略转型是一种范式转换，是一种对自我认知方式的彻底转变。包括在管理理念、思维方式和价值观等方面的彻底变革，并伴随着企业战略、结构、行为方式、运行机制等方面的全方位变革。因此，在明确适合本企

业最具增长潜力定位的基础上，企业还需逐步完成相应规划：①定义未来的核心竞争力，分析现阶段存在的差距；②明确新的战略目标，制定核心策略；③构建符合战略目标的业务组合；④制定资源和技能发展中期目标：通过并购获取哪些能力、通过融资获取哪些资源，资金用来孵化新业务还是补充核心团队；⑤重新定义核心团队的职能，补充核心团队能力；⑥明确中期重大行动：迅速招聘优秀职业经理人，确定重点发展的战略性客户、股权融资或长期债务融资，在半年内迅速优化公司资产结构、提高现金储备，发展公司的并购技能和资本管理技能，开始建设公司的职业化运营管理体系，等等；⑦建立专项管理机制，整合各类资源，制定计划，循序渐进完成转型。

由此可见，企业转型的过程繁复，影响因素诸多，具有较大的不确定性，因而也伴随着较大的风险。

三　地理信息企业战略转型的风险与困难

在战略转型过程中，企业要面对来自外部、内部的多种风险。外部风险通常指市场风险及行业竞争风险。随着国家对地理信息产业的重视，市场整体处于上升期，位置信息越来越多地被融合到政府、企业、大众应用中，市场容量将会有快速增长，宏观上不存在下行风险。从行业结构上看，无论是技术变革、市场进入壁垒、客户的议价能力等等竞争力都很难对现有竞争格局在短期内产生较大影响，事实上外部环境为地理信息企业转型营造了较好的条件。因此，我们认为企业转型的风险更多来自于内部。企业内部最可能出现的风险有3类，影响着战略转型的成败。

一是战略资源与战略目标不匹配。企业的战略资源指：财务资源、物质资源、人力资源、技术资源、声望资源和组织资源。例如，某企业制定了要成为领先的导航硬件产品提供商的战略，但是缺乏高水平的研发团队，市场营销网络也不健全，该企业长期与金融市场和资本市场距离较远，没有应有的资金渠道和人脉，无法为吸引研发人员、建立销售渠道提供足够的资金支持，导致战略目标根本没有条件实施，经营日渐困难。

二是战略执行能力无法满足要求。战略执行能力不足，可能导致资源浪费的风险。仍然以财务控制为例，获取外部财务资源后，可能由于能力的差距，出现滥用资金、新旧业务分配不均、财务杠杆扩大过快等等相应风险，需要设立相应机制，规范管理、及时控制。

三是管理者风险。这里更多的是指企业创始人、股东、高层管理人员对企业战略转型的心态与管理问题。如何规避战略制定一家言？出现执行偏差是否能及时修正？如何避免短期导向？如何避免现有传统业务管理者的抵触情绪？是否能及时对新业务新技术负责人进行激励？这都是与管理者相关的核心问题，都是必须在转型中及时甄别、及时消弭的。

在企业战略转型过程中，除了上述风险之外，往往有一个关键的问题制约转型的过程，在很多转型失败的案例中，企业战略目标的制定、商业模式的创新、业务组合的构建都是没有问题的，但是往往因为财务问题使企业转型陷入极其困难的局面。①新业务不能产生正现金流，进入账面赢利状态也需要时间。②战略机会扫描产生很高的管理费用。③原有主业在转型期可能已开始出现业绩下滑。④原有主业即使业务规模仍在增长，但不能产生正现金流。⑤投资者、小股东、员工在财务困难时可能失去信心。

因此，企业战略转型必须经过审慎的研究和选择，做好各方面的准备，尤其是对主持长期战略导向的财务投资人的选择和准备。

四　产业基金在企业战略转型中的作用

（一）产业基金的特征

（1）有相关性实力。理解产业特点，洞悉被投资企业转型所需的各类相关资源，拥有促进企业业务发展的实力。

（2）长期稳定。产业基金追求长期投资利益，因此参与投资的年限一般都在 5~7 年，这是区别于一般财务投资人的特征。

（3）持股量较大。产业基金一般要求持有可以对公司经营管理形成影响的一定比例的股份，进而确保其对公司具有足够的影响力。

（4）追求长期战略利益。产业基金对于企业的投资侧重于行业的战略利益，因此追求长期利益，不短视。

（5）有动力也有能力参与公司治理。产业基金肩负扶持产业发展的使命，一般都希望能参与公司的经营管理，通过自身丰富先进的管理经验改善公司的治理结构。

（二）产业基金在公司战略发展中的作用

产业基金是战略导向的投资者，其投资分析和决策的过程，就是判断被投资企业的战略思路是否完整可行的过程。战略投资者首先通过 SCP 模型，对公司所属行业的产业链以及公司结构与绩效的研究，得出该行业的竞争态势与价值创造点，然后再深入对公司进行研究，通过对公司的业务组合、资源评价，包括资金与融资能力、经营环境与人力及技能、战略组织与系统、核心技能与竞争手段等，对照公司的战略目标进行综合分析后，对公司提出战略建议，包括业务战略、组织战略、人才战略以及目标愿景等。

一个优秀的产业基金团队可以参与价值创造的多个环境，并起到专家作用。一是产业基金可以参与企业业务战略的制定和转型，通过对战略目标、竞争策略、运营体系、组织设计等方面的专业咨询，帮助企业制订系统性的方案；二是可以提供融资支持，并负责融资后的资本运营和绩效管理；三是可以提供并购支持，包括并购战略策划（并购战略、对象、手段及价格），并购业务谈判支持和并购后整合；四是提供投资支持，对投资项目进行项目评估、管理策划和财务体系的建立；五是提供资产重组支持，包括重组方案的设计与实施，重组后的管理与执行等；六是上市支持，主要有上市决策（时间、地点、资产）、上市过程（管理策划、上市安排）、上市后资本运营及绩效管理。

在企业战略转型和产业升级过程中，产业基金投资的重要作用还体现在帮助企业实现新的战略思路的系统性。战略评价一定是投资分析的核心，优秀的竞争战略一定是可以被系统化陈述的，产业基金在企业转型和升级过程中，往往要对企业新战略进行全面和详细的调查与评价，一般称之为"3W"评价。首先是在哪里竞争，主要有市场、客户、产品与服务、渠道、纵向整合度等；其次是如何竞争，包括客户、竞争者、内外部合作者与产业链价值分析；最后是转型时机的把握。通过专业的系统化分析，帮助企业制定切实可行的转型战略，在这样的方案指导下，产业基金就会坚定地进行投资，帮助企业实施战略目标。

（三）产业基金提供的主要服务

以中地理信息基金业务类型为例，为不同类型的转型升级提供以下有针对性的支持。

创业关爱计划（VCP）产业基金通过可转债、项目融资服务为创业型企业提供发展所需的资金，同时提供创业企业普遍存在的规范治理咨询、发展战略策划支持、创业期公共服务、行业资源共享、IPO 项目管理指导等服务项目和内容帮助创业企业在资源有限的条件下，集中自身的技术优势和服务能力优势，迅速成长。

集成资本服务（ICS）产业基金通过股权投资、可转换债券融资等业务，为企业提供资金支持。同时依据丰富的投资、并购、上市的运作经验，为企业规范治理提供咨询帮助，为发展战略策划提供各类资源支持。例如，全程价值管理、创新型结构化融资、股权融资项目管理、产业并购基金发起与管理、企业战略与风险控制等，使企业的资本运营与战略转型调整形成一个系统的有机整体，提高战略执行力。

联合开发计划（SDA）对走产业—资本结合方向的转型企业，产业基金可以针对业务特点，对企业重大项目提供结构化融资服务，并与运营资源捆绑，协助地理信息中小企业克服体制障碍，以共同的长期利益为基础，寻求项目参与各方利益最大化。

（四）中地理信息基金帮助地理信息企业参与政府 PPP 项目

PPP（Public – Private – Partnership）即"政府与社会资本合作"正日益

成为中国政府公共基础设施建设及服务最重要的融资和合作发展模式之一，政府不再承担发展建设过程中的全部债务，而是通过特许经营权的转让使用者付费的模式将 PPP 项目的收入变成使用者付费、政府差额补足以及政府购买服务等形式实现。截止到 2016 年中，国家发展改革委项目库中储备项目超过 4 万亿规模，财政部项目库中项目超过 10 万亿规模。PPP 项目这个庞大的蛋糕盛宴给参与各方带来了大量的发展机遇，近期 A 股涉及 PPP 概念的个股股价都迅速提升，资本市场给予了高度的关注和良好的赢利预期，下一个阶段谁更多参与了 PPP 项目的投资建设，谁就有分得大块蛋糕把企业做大做强的机会。

地理信息产业最主要的用户就是各级政府机构，政府项目融资模式的改变为地理信息企业转型升级提供了大好的历史机遇，很多地理信息企业提出了参与政府建设并转向政府项目运营的新理念，从建设者转型为运营商。

PPP 项目在支付方式上、利润率上，对于参与 PPP 项目的社会资本和运营商来说，较以往的建设模式都有较大改善和提高。但是地理信息企业要想积极参与难度较大，原因有以下几方面。

一是 PPP 模式较以往任何一种政府性融资模式都更为复杂，流程更为规范，涉及的法律法规文件也更为纷繁。

二是目前的 PPP 项目多数为大中型项目，地理信息企业参与的智慧城市、自动化地下管廊等业务，往往被嵌套在其他大型工程项目中，独立中标难度加大。

三是 PPP 项目涉及法律法规、政府性文件、资金参与方规章制度、保险条例等诸多维度的要求，较从前施工承包合同体系有较大的变化，各实施方还不能熟悉操作。

最为重要的是，PPP 模式项目金额越来越大，要求实施方所投资的资金量也更大，目前我们地理信息行业企业的间接融资能力和空间有限，因此也大大阻碍了企业参与 PPP 项目的可能性。

中地理信息基金在 PPP 项目融资管理方面具有专业优势，在综合资讯服务、交易结构设计以及社会资本联合体资金方等方面可为地理信息企业提供以下全程专业的服务。

- 专业的 PPP 知识培训；
- 提供 PPP 的智库支持、咨询服务；
- 过程技术支持和方案设计；
- 项目内部收益分析测算及融资方案设计；
- 实际投资并联合机构投资人参与 SPV。

五 产业基金有力推动企业迈向资本市场，实现股份公司的战略目标

（一）地理信息企业登陆资本市场的现状

上市即首次公开募股（IPO），指企业通过证券交易所首次公开向投资者增发股票，以期募集用于企业发展资金的过程。在中国，上市是企业接通直接融资市场、充分发挥资本市场力量的最有效途径。

目前在主板、中小板及创业板上市的地理信息企业接近 20 家，其中包括国内 GIS 领域龙头、国内数字化城市管理领域龙头、导航电子地图行业的领先企业等各自细分领域的佼佼者。从 2013 年以来，没有地理信息企业登陆 A 股市场。新三板的推出，使 130 余家地理信息相关企业得以挂牌（截止到 2016 年 9 月 4 日），能够进入新三板创新层的有 24 家。

从市盈率看，资本市场给予了高度的认可，地理信息企业的平均市盈率高于 A 股平均市盈率 2.5 倍，创业板地理信息企业市盈率高于创业板平均市盈率 3.5 倍，中小板地理信息企业市盈率高于中小板平均市盈率 3 倍，地理信息企业的较高市盈率也体现着资本市场对于地理信息企业及地理信息行业的认可。

虽然地理信息行业蓬勃发展、应用领域不断扩大，但是整体上规模较小，赢利水平不够，上市公司的数量远远达不到行业的需求，从新三板挂牌企业的主营业务收入上看，年收入在 5000 万 ~ 10000 万元的占大多数。地理信息行业如何利用资本市场的力量做大做强是产业亟待解决的问题。

（二）上市会对企业带来哪些好处

首先，上市为企业打开了通往资本市场的大门。企业不仅可以在上市时筹集一笔可观的资金，上市后还可以利用更多的资本市场工具进行再融资，扩大了融资途径，从根本上解决企业对资本的需求。另外，上市意味着企业成为公众公司，有效地提升了企业的市场信用。市场信用的提升使企业对公众及银行等金融机构的融资成本大大降低。资本优势使上市公司在发展战略上有更多的选择权，通过兼并收购或其他高端金融工具迅速扩大业务规模、渗透新的业务领域，公司规模及行业地位得到有效提升。

其次，上市有利于企业完善法人治理结构和梳理发展战略，夯实企业发展的基础。资本市场对公司的法人治理结构、信息披露制度等方面均有明确的规定，企业必须提高运作的透明度，提高企业的法人治理结构水平，使企业脱离不规范经营，逐渐演变为现代企业。企业改制上市的过程，就是企业明确战略目标、完善治理结构、实现规范发展的过程。

上市还将显著提升公司的品牌号召力和企业吸引力。这使公司在产业链的地位得到提高，增强获取业务和议价的能力。上市带来的品牌传播效应，对企业的品牌建设作用巨大，直接提升了公司的行业知名度，得到市场的更多关注。人才是企业发展的基础，上市公司会对高素质的人才产生更强的吸引力，有利于公司招聘到满意的高级人才。上市公司的股权激励计划会对员工更有吸引力，这有助于吸引并保留最有才干的员工。而当公司向优秀的管理人员提供股份红利计划时，公司的效益将与企业管理者利益联系在一起，提升公司的向心力。

最后，上市的巨大财富效应可以为公司创始人及股东带来财富增长，账面收益和资本性收益实现个人和投资者价值。上市还降低了企业老板的经营风险，公司的经营风险随着股份的分散而被大众分摊，不再是企业老板独自承担所有的经营风险。

（三）产业基金积极扶植地理信息企业上市

上市的诸多好处令企业神往，但上市的过程却十分不易。除了要满足并且超额满足各种业绩指标，还需要对企业进行全方位的规范治理。很多优秀企业因为历史遗留问题无法得到解决，倒在了 IPO 的门口。因此，尽早引进专业的投资机构，获得专业的支持，将为企业走向成功铺就坦途。特别是对于专业领域的地理信息行业企业，需要理解行业发展和企业内涵的产业基金的支持。

产业基金可以在企业发展的较早阶段，发挥其对行业的深刻理解能力，对行业技术发展和市场前景进行准确预测，投资创新型的新技术新模式企业。这些企业往往是技术密集型的企业，产品附加值高，市场前景广阔，但是规模小、收入少、资产轻，投资的风险很大，在当前的融资市场上很难获得投资和融资。产业基金进入企业之后，可以有效地发挥其先导和引导作用，优化企业的资本结构，完善企业的财务管理和战略管理，整合行业内的有效资源，带动社会资本进一步拓宽企业的融资渠道和资本运营战略，促进企业健康快速发展。

产业基金可以发挥其综合金融服务功能，在企业发展的不同阶段提供综合的投融资解决方案，产业基金不同于一般的股权投资基金，它往往兼具投资、融资和资金综合方案提供等多项功能，不仅能够在 VC 阶段、PE 阶段进行股权的投资，还能在项目融资、贸易融资、权益融资、金融租赁等多方面提供企业的资金需求，不断优化和完善企业的投融资体系，降低企业的融资成本，有效防止目前高新技术型企业单一股权融资造成企业发展后劲不足、治理结构复杂的弊端。

企业在引入战略投资者的过程中引入产业基金，对提升企业的品牌，增强资本市场对企业的预期和信心都有良好的促进作用。产业基金在产业内有着广泛的投资布局和资源整合能力，对企业经营过程中的战略优化，市场拓展、产品研发、上下游整合具有一定的经验和市场调动能力；产业基金本身是专业投资者，尤其是我国的产业基金一般都需要政府相关管理部门发起和

引导，在某种意义上带有鲜明的政策导向，产业基金的进入，对企业优化资本结构和增强品牌影响力都有良好的促进作用。

　　总之，在当前我国加快建设多层次资本市场，不断完善直接融资市场和工具，为实体经济打通融资渠道的背景下，产业基金已经成为支持产业发展、多手段参与相关产业企业投融资的新生力量，其规模大、投资灵活、管理专业、产业链投资的特点，使其在产业发展过程中的作用越来越重要。

保　障　篇

Support Issues

B.27

加快创新平台建设　助力事业转型升级

李永春　郑作亚*

摘　要：　本文从科技创新平台的概念、类型及基本功能出发，简单回顾了国内外创新平台建设的主要经验，总结介绍了我国测绘地理信息领域国家级、省部级科技创新平台建设情况，重点介绍了国家测绘地理信息局部门科技创新平台建设情况，全面剖析了部门创新平台发挥的作用和存在的主要问题，最后提出了"十三五"期间乃至今后一段时间科技创新平台的建设思路、建设内容和主要举措，以期更好发挥科技创新平台对事业改革创新发展的基地与平台作用。

关键词：　测绘　地理信息　科技　创新平台

* 李永春，国家测绘地理信息局人事司司长兼直属机关党委副书记，高级工程师；郑作亚，国家测绘地理信息局科技与国际合作司，教授。

习近平总书记在全国科技创新大会上强调，长期以来主要依靠资源、资本、劳动力等要素投入支撑经济增长和规模扩张的方式已不可持续，需要依靠更多更好的科技创新为经济发展注入新动力，实现经济社会协调发展，建设天蓝、地绿、水清的美丽中国和保障国家安全。科技创新是核心，是牵动我国发展全局的牛鼻子，也是推动测绘地理信息事业转型升级的核心支撑要素。而科技创新平台因其具有整合创新资源、培育创新主体、汇聚创新人才、提升服务能力等功能，已经在提升自主创新能力、攻克核心技术、培养人才团队等方面发挥越来越重要的作用。因此，加快推进科技创新平台建设，完善科技创新体系，提升测绘地理信息科技创新能力，既是实现测绘地理信息科技资源共建共享、为测绘地理信息科技创新注入新动力的需要，更是推动事业转型升级、促进产业集聚发展的时代要求。

一　科技创新平台的内涵与功能

（一）科技创新平台的定义

关于科技创新平台的定义，国内外从不同角度出发，众说多义。1999 年，美国首次提出了创新平台的概念，主要包括以下几个方面的内容：①人才和具有前沿性的研究成果；②科技成果转化为产品和服务以及转化过程中的法规、财务和资本条件；③投资回报、市场准入和知识产权保护等。2003 年，欧洲提出了类似的科技创新平台概念，即在一些关键核心战略领域，按照政产学研用相结合的原则，凝练这些战略领域的研发计划和行动方案，进而设立创新计划并加以实施。我国从 2004 年开始启动国家科技创新平台建设，主要包括自然科技资源、科技数据和文献资源、大型科技基础设施及基地、科技成果转化基地、网络环境等保障系统以及相关的规章制度和人才队伍等。科技创新平台是科技创新体系的重要组成部分，是组织高水平基础研究和技术研发、聚集和培养优秀科技人才、开展高水平学术交流和科技成果测试中试转化，科研装备先进、机制灵活、学科深度融合、覆盖全创新链条的重要科技创新基地和平台。

（二）科技创新平台的类型

科技创新平台的类型，从科技创新的环节划分，可以分为重点实验室、工程技术研究中心（工程中心）、中试基地以及科技企业孵化器、科技园等；从创新平台建设的主体划分，可以分为高等院校、科研院所和地方具有科研力量的生产单位等事业单位主办、企业主办、社会机构主办以及多方联合设立运行的平台；从科技创新的要素划分，可以分为技术、转化、人才、资本以及中介等平台；从地域角度划分，可以分为国际、国家、区域、省级甚至市级平台。

（三）科技创新平台的基本功能

一般说来，科技创新平台主要有以下几个方面功能。

一是统筹协调功能。平台可以通过其机制灵活的优势，有效地协调解决合作过程中市场和系统之间的不协调等问题，在不打破原来体制格局的情况下，协调各方资源与力量。

二是资源优化功能。平台具有对创新主体自身和公共创新资源双重整合优化的功能。

三是支撑推动功能。平台能够支撑创新主体开展协同创新，提高竞争力。

二　国内外关于创新平台建设的经验

（一）国外创新平台建设的经验

国际上，美国、欧洲、韩国等发达国家和地区都高度重视科技创新平台建设，政产学研相结合，创新平台在经济社会发展和国防建设等方面发挥了重要作用。以欧洲、英国及荷兰为例，欧洲的创新平台以大企业为核心，不同创新单元积极参与。欧洲创新平台已成为欧盟科技创新能力提升的重要支撑。英国的创新平台科技计划于 2005 年 11 月推出，由英国技术战略委员会主导，旨在将各类创新资源集中起来。2007 年荷兰启动创新平台建设工作，

该创新平台不直接向研发项目提供资助，而是通过多种方式引导政府资金或社会资金分配到合适的项目和领域。

（二）国内创新平台建设的基本经验

2004 年以来，以国家科技创新平台建设为牵引，各地陆续推进了形式多样、功能各异的科技创新平台建设，而且在不同领域和层面发挥着积极的作用。主要表现在以下几个方面。

（1）平台定位方面，在国家科技创新平台建设有关要求的基础上，各地方平台建设都结合各自实际情况进行了有益的拓展和延伸，结合地方科技、经济社会发展的特点和需要，不仅注重科技资源整合优化，更侧重科学研究、技术开发和成果转化等方面的建设。

（2）建设模式方面，各地在实践中摸索出一些具有特色的多方共建、虚实组织结合、多纽带链接、产学研合作、产业集群等多种科技创新平台建设模式。

（3）组织保障方面，科技创新平台组织保障是其持续健康发展的根本，因此，在加强平台建设的同时，需聚合各种支撑手段和力量，形成持续的运行保障体系。具体包括：①加强顶层设计，顶层设计是先决条件，部署创新平台建设的顶层设计，出台政策文件和制度，为规范平台建设、管理运行和推进平台应用提供制度保障；②重视组织实施方式，通过项目立项组织实施，采取定向组织、申报评审和公开招标等方式，启动平台实施；③建立指导协调机制，加强平台内部、平台与上级主管部门之间、平台之间、各部门之间的组织协调工作非常重要。

三 测绘地理信息科技创新平台建设现状

（一）国家级创新平台建设情况

据统计，目前测绘地理信息领域相关国家级重点实验室与工程中心有16 个，其中科技部主管重点实验室 6 个、工程中心 3 个，国家发展改革委主管国家工程实验室和工程中心各1个、国家地方联合工程实验室4个、联合工程中心1个（见表1）。

表1　国家科技部和国家发展改革委主管的实验室及工程中心

序号	名称	依托单位	主管部门	创建时间
1	资源与环境信息系统国家重点实验室	中科院地理科学与资源研究所	科技部	1985
2	测绘遥感信息工程国家重点实验室	武汉大学		1989
3	国家遥感应用工程技术研究中心	中科院遥感与数字地球研究所		1997
4	遥感科学国家重点实验室	中科院遥感与数字地球研究所、北京师范大学		2003
5	国家卫星定位系统工程技术研究中心	武汉大学		1998
6	国家测绘工程技术研究中心	中国测绘科学研究院		2013
7	湖泊与环境国家重点实验室	中科院南京地理与湖泊研究所		2007
8	大地测量与地球动力学国家重点实验室	中科院测量与地球物理研究所		2011
9	国家地理信息工程国家重点实验室	西安测绘所		2013
10	卫星遥感应用国家工程实验室	中科院遥感与数字地球研究所	国家发展改革委	2008
11	卫星导航应用国家工程研究中心	天合导航通信技术有限公司		2009
12	三维地理信息技术及应用国家地方联合工程实验室	辽阳聚进科技有限公司		2011
13	地理信息系统国家地方联合工程实验室	武汉中地数码科技有限公司		2011
14	地理空间信息技术国家地方联合工程实验室	湖南科技大学	国家发展改革委	2013
15	陆海地理信息集成与应用国家地方联合工程实验室	青岛市勘察测绘研究院		2014
16	空间信息获取与应用技术国家地方联合工程实验室（新疆兵团）	石河子大学		2015

此外，测绘地理信息领域相关的其他省部级重点实验室与工程中心约有60个，其中教育部主管16个，国土资源部主管3个，农业部、交通部各主管1个，其余为地方发展改革委、科技厅、教育厅等主管（因篇幅关系，本文不一一列表）。

（二）局属科技创新平台建设情况

国家测绘地理信息局（以下简称国家局）高度重视科技创新平台建设，尤其是"十二五"以来，国家局积极打造创新平台体系，为科技创新提供广阔舞台。"航空遥感数据获取与服务"等5个技术联盟被认定为国家级产业技术联盟，"长江经济带地理信息协同创新联盟""地理信息梦工场（浙江）""智慧中原"等一批区域协同创新中心相继成立，服务示范、支撑引领、集聚融合、辐射带动作用日益突出。国家局与解放军信息工程大学签署战略合作协议，组建了时空信息感知与融合技术国家局重点实验室。首次依托企业建立了国家局重点实验室，深港两地首次联合组建国家局重点实验室，依托新疆测绘地理信息局组建国家局工程中心，创新平台向西部有效辐射。目前，国家局重点实验室工程中心共28个，包括18个局属重点实验室和10个局属工程中心（见表2、图1）。学科领域从传统的3S拓展到卫星测绘、地理国情监测、地理信息公共服务、对地观测、海岛礁测绘、国土环境与灾害监测、导航与位置服务、城市测绘、地图文化等各个领域，基本覆盖了测绘、空间、公共服务、矿产、海洋、环境、文化等应用领域，全面提升了测绘地理信息科技创新能力。

表2　国家测绘地理信息局重点实验室与工程中心一览

序号	实验室名称	依托单位	成立时间
1	地球物理大地测量国家测绘地理信息局重点实验室	武汉大学	1996
2	精密工程与工业测量国家测绘地理信息局重点实验室	武汉大学、湖北省测绘地理信息局、武汉市测绘研究院	2000

序号	实验室名称	依托单位	成立时间
3	地理空间信息工程国家测绘地理信息局重点实验室	中国测绘科学研究院	2002
4	现代工程测量国家测绘地理信息局重点实验室	同济大学、陕西测绘地理信息局、上海市测绘院	2004
5	极地测绘科学国家测绘地理信息局重点实验室	武汉大学、黑龙江测绘地理信息局	2005
6	数字制图与国土信息应用工程国家测绘地理信息局重点实验室	武汉大学、四川测绘地理信息局、湖北省测绘地理信息局	2005
7	对地观测技术国家测绘地理信息局重点实验室	中国测绘科学研究院	2007
8	矿山空间信息技术国家测绘地理信息局重点实验室	河南理工大学、河南省测绘地理信息局	2007
9	海岛（礁）测绘技术国家测绘地理信息局重点实验室	山东科技大学、海南测绘地理信息局	2009
10	国土环境与灾害监测国家测绘地理信息局重点实验室	中国矿业大学（徐州）、河北省地理信息局	2009
11	导航与位置服务国家测绘地理信息局重点实验室	武汉大学、国家基础地理信息中心	2011
12	现代城市测绘国家测绘地理信息局重点实验室	北京建筑大学、建设综合勘察研究设计院有限公司	2011
13	卫星测绘技术与应用国家测绘地理信息局重点实验室	局卫星测绘应用中心、南京大学、江苏省测绘地理信息局	2013
14	地理国情监测国家测绘地理信息局重点实验室	浙江省测绘与地理信息局、武汉大学	2013
15	航空遥感技术国家测绘地理信息局重点实验室	中测新图（北京）遥感技术有限公司	2013
16	海岸带地理环境监测国家测绘地理信息局重点实验室	深圳大学、深圳市规划和国土资源委员会、香港理工大学、香港中文大学	试运行
17	流域生态与地理环境监测国家测绘地理信息局重点实验室	江西省测绘地理信息局、江西师范大学、华东理工大学、井冈山大学	试运行

续表

序号	实验室名称	依托单位	成立时间
18	地理空间信息与数字技术国家测绘地理信息局工程技术研究中心	武汉大学、陕西测绘地理信息局	2006
19	基础地理信息建设与应用国家测绘地理信息局工程技术研究中心	国家基础地理信息中心	2007
20	地理信息基础软件与应用国家测绘地理信息局工程技术研究中心	北京超图软件股份有限公司、北京大学	2013
21	空间信息智能感知国家测绘地理信息局工程技术研究中心	武汉大学、广州南方测绘仪器有限公司	2013
22	地图文化与创意工程国家测绘地理信息局工程技术研究中心	中国地图出版集团、青岛市勘察测绘研究院	2013
23	应急测绘与防灾减灾国家测绘地理信息局工程技术研究中心	四川测绘地理信息局、西南交通大学、中科院成都山地所	2015
24	地理信息公共服务平台国家测绘地理信息局工程技术研究中心	国家基础地理信息中心、天地图有限公司等	试运行
25	地理国情监测国家测绘地理信息局工程技术研究中心	陕西测绘地理信息局、长安大学	试运行
26	中亚地理信息开发利用国家测绘地理信息局工程技术研究中心	新疆测绘地理信息局、新疆大学	试运行
27	科技成果测试评价国家测绘地理信息局工程技术研究中心	中国测绘地理信息学会、中测国检(北京)测绘仪器检测中心	试运行
28	时空信息感知与融合技术国家测绘地理信息局重点实验室	解放军信息工程大学(认定)	2015

总体而言,"十二五"以来各重点实验室及工程中心定位明确、研究方向稳定,形成了结构合理的科研团队,更加注重内部环境和制度建设,加强内涵建设,增强平台发展的内生动力,加强依托单位之间的产学研结合,在科学研究、人才培养和团队建设、成果转化等方面取得了重要进展,取得了一批重要的科研成果,在测绘地理信息科技发展中发挥着越来

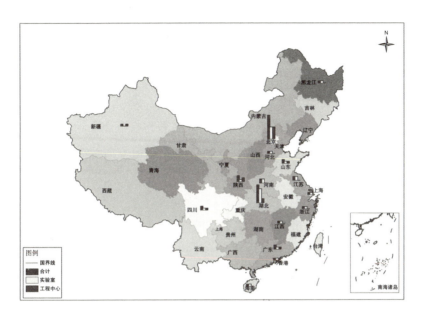

图1　国家测绘地理信息局重点实验室工程中心分布

越重要的作用，逐步成为促进测绘地理信息科技创新体系建设和推动科技
进步的重要力量。

四　创新平台发挥的作用与存在的不足

（一）局属科技创新平台作用凸显

1. 为重大工程提供有力支撑

围绕国家局重点工作，专门成立了地理空间信息工程、海岛礁测绘、地
理国情监测、卫星测绘等重点实验室和工程中心，充分发挥科研和人才优
势，为西部测图、927工程、资源三号卫星工程、地理国情普查等国家重大
工程的顺利实施提供有力支撑，特别是地理空间信息工程国家局重点实验室
从资源三号测绘卫星的规划、设计、立项实施到卫星测绘应用中心的成立都
发挥了重要的科技支撑和人才保障作用。

在支撑重大工程的同时，各创新平台更加注重成果的总结与积累，加强项目成果的验收与鉴定。两年期间以重点实验室固定人员牵头获得国家科技进步一等奖 1 项，国家科技进步（发明）二等奖 5 项，省部级一等奖 14 项，二等奖 26 项，发表 SCI 论文 120 余篇、EI 论文 400 余篇，出版专著近 40部，获得发明专利 40 余项，实用专利、软件著作权近 200 项。获奖层次和数量、发表论著的质量和数量以及专利、软件登记方面都有了大幅度的提升。

2. 牵头或培育重大科技项目

充分发挥各实验室的特色，围绕极地科学和应急救灾等热点问题，组织同济大学分别和龙江局联合开展了"近百年极地冰层和全球及典型区域海平面变化机理精密定量研究"项目研究，实现了牵头"973"计划零的突破。将测绘地理信息与云计算、大数据等高新技术紧密融合，培育了"地理国情监测应用系统""资源三号卫星立体测图技术和应用示范""面向对象的高可信 SAR 地物解译系统"等一批国家级重大科技项目，为地理国情普查、后续卫星测绘等提供科技引领和支撑。

局属重点实验室与工程中心以项目为纽带，自主创新能力明显增强，以 2011～2012 年 12 个接受评估的重点实验室为例，重点实验室固定人员争取国家级科研经费近 2 亿元。其中，"973"项目 3 项（2000 多万元），国家自然科学基金 140 项（近 6000 万元），863 项目 12 项（4000 多万元），科技支撑项目 13 项（3000 多万元），其他国家级科技项目 10 余项（近 1200 万元），取得了国防交通地理信息系统、全球卫星导航系统精密定轨定位技术、测绘基准和空间信息快速获取技术、大面阵数字航空影像获取技术、全数字化土地资源评价技术、轻小型组合宽角航空相机等一大批重要成果，为测绘地理信息发展提供了重要科技支撑。

3. 集聚了一批高水平人才

重点实验室与工程中心形成由院士、国家级创新人才、领军人才、骨干人才等组成的，知识结构、年龄层次合理的科研人才队伍，通过"千人计划"等引进了李荣兴教授、吴晓良研究员等一批海外高层次人才，形成了国家级研究团队。同时通过加强自身"造血"功能，培养了杰出青年基金、长江学者等优秀科技人才，12 名局科技领军人才均为实验室主任或技术骨干。

目前，重点实验室固定人员中有两院院士 8 人，国家级称号近 30 人，省部级称号 30 多人，博导 100 余人，副教授 200 余人。据统计，两年期间培养了一批发展潜力好的硕博士生，培养博士后 50 多人，博士 300 余人，硕士近 2000 人，为测绘地理信息科技可持续发展提供了人才储备。

4. 提升了国际合作和影响力

充分发挥局重点实验室在人才聚集、技术研发和合作交流等方面的优势，多名实验室主任或骨干在国际组织任职，一人当选国际制图协会（ICA）副主席。以局重点实验室为平台，推进国际合作与交流，如以中国测绘科学研究院两个实验室为主体，与英国诺丁汉大学、芬兰大地测量研究所等联合成立被科技部认定为国家级的测绘地理信息国际联合研究中心。以测绘遥感信息工程国家重点实验室为主体，成立了诗琳通地球空间信息科学国际研究中心。首次在国际顶级期刊 *Science* 上发表重要论文，成立了亚洲首个（目前亚洲唯一）IGS 分析中心且精度和稳定性排世界前三名，大大提升了我国测绘地理信息事业的国际影响力。

5. 合作交流进一步深化

国家局重点实验室 2011～2012 年两年期间开放经费达到 800 万元左右，对外开放度达到 60% 以上，获得者 80% 以上为 35 岁以下的年轻博士、讲师。对年轻人科研能力的提升起到了很好的支撑作用。同时，主办承办国际会议 12 次，国内会议 15 次，重点实验室科研人员广泛与国内外科研机构、高校进行了人员往来、科研合作、学术交流，起到了很好的平台作用。

同时，国家局创新平台在科研院所、高等学校与生产单位之间起到了很好的纽带与平台作用，根据地方特色与市场需求，开展项目合作、技术交流、成果中试测试、工程硕士培养、相互挂职等方式加强合作交流，将实验室成果和技术优势有效辐射到陕西、河北和武汉等 14 个省、市，为生产单位解决了实际问题，培养了工程硕士 100 余人，举办交流研讨会近 20 场，

测绘地理信息蓝皮书

有效促进地方测绘地理信息科技进步和人才发展。

此外，国家局创新平台建设还助力公益性行业专项的成功设立。2013年，国家局成功纳入公益性行业科研专项试点单位，这与测绘地理信息创新体系的不断壮大完善、对科研力量和人才队伍的集聚以及对行业和地方发展强大的带动作用密切相关。

（二）创新平台建设存在的不足

从近年来国家局科技创新平台的建设与运行情况来看，虽然在科学研究、成果转化、制度建设、人才培养、队伍建设等方面取得了较大进展，成效显著，但也存在一些不足之处。

1. 国家级创新平台亟待建立

各学科领域的深度交叉融合与创新链条的逐步完善，需要从国家层面建立代表科技前沿方向或对接国家重大战略实施需要的科技创新平台，如地球空间信息国家实验室、时空大数据中心、面向"一带一路"战略实施的创新平台等。

2. 需要加强区域平衡与布局协调

从图1可以看出，目前国家局创新平台区域不平衡问题还比较突出，东部多，西部少。而且目前的重点实验室与工程中心多以高校和测绘地理信息部门联合共建为主，企业参与建设的程度不够，企业的技术创新主体作用没有得到很好发挥。

3. 原创性、标志性成果较少，对国家重大工程、事业发展的支撑显示度不够

从各重点实验室评估材料看，高质量、原创性、具有世界影响的成果较少，一般期刊的论文、省部级及以下项目或横向项目较多。在成果转化为生产力方面略显不足。一方面实验室科研人员在成果转化方面的意识不强。另一方面，实验室缺乏系统性、整体性、集成性成果，处于研发阶段的零散成果较多，成型的、商品化的产品或技术相对较少，对国家重大工程建设、测绘地理信息发展的显示度不够。

4. 系统、行业内外的合作交流有待加强

重点实验室或工程中心的建设与发展相对比较孤立，创新平台之间、与生产单位、企业之间的合作交流相对较少，与行业外的科研院所、生产单位以及企业的交流合作更少。

五　创新平台建设思路与举措

随着科技体制改革的不断深入，随着新理论、新技术、新装备的不断发展以及大数据、互联网等的融合，学科之间更加交叉融合，研究领域之间的界限更加模糊，从科学研究到成果转化的创新链条更加完备，创新创业的机制更加灵活，这就对科技创新平台建设与发展提出了新要求，要求建设多学科融合、创新链条完备、人才交叉、机制更加灵活的科技创新平台。

（一）建设思路

"十三五"期间，测绘地理信息科技创新平台建设的主要目标是鼓励行业领军企业构建高水平研发机构，引导领军企业联合中小企业和科研单位系统布局创新链。形成以重点实验室、高等院校和科研机构为主的知识创新体系，工程中心、协同创新中心、企业和创新联盟为主的技术创新体系，生产单位、企业为主的技术应用体系，学（协）会、中介服务机构等为主的科技服务体系。通过体制机制完善，促进知识创新、技术创新、技术应用和科技服务之间的协同发展，逐步构建以国家重点实验室、国家工程技术研究中心、区域协同创新中心和创新联盟为核心，国家、区域和行业三个维度，功能明确、布局科学、带动效能显著、覆盖全国的完善的创新平台体系（见图2）。

（二）建设内容

推进国家（重点）实验室建设和部门重点实验室、工程技术研究中心的分类整合、布局优化，优化中东部、加强西部地区创新平台建设，围绕事业发展重点，按照部门重点实验室和工程技术研究中心各15个的总体规模，

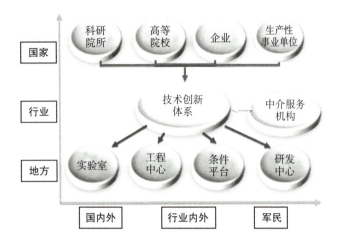

图2　科技创新平台组织结构

调整、重组或新建2～3个部门重点实验室和工程技术研究中心，进一步发挥国家测绘工程技术研究中心的转移转化作用，发挥科技产业园区的聚集辐射作用，鼓励各地方省局建立技术创新中心，培育科技中介服务机构。加强创新联盟、众创空间、协同中心、技术产业研究院等促进"大众创业，万众创新"的新型创新平台建设，打造科技要素相对集中的区域科技创新平台，建设1～2个创新联盟或协同中心、3～5个科普教育基地、若干双创空间。积极推进创新平台的部局共建、省局共建与军民共建。倡导联合共建研究院、研发中心、博士后科研工作站等研发基地。支持搭建国内外高校、科研机构联合研究平台，支持国内科研机构和企业建立全球（海外）研究院、国际技术转移中心或科技合作创新联盟等，推动我国先进技术和装备走出去。

加强野外观测台站、检测检校平台、技术转移中心等科研条件平台建设，建立数码航摄仪、激光雷达和合成孔径雷达（SAR）等野外检校场，为各类科技创新活动提供创新条件平台。

（三）主要举措

1.落实科技体制改革，推进创新平台建设

按照国家科技体制改革部署和《国家创新驱动发展战略纲要》，贯彻国家关于科技创新平台建设的具体要求，落实《关于加强测绘地理信息科技创新的意见》，积极推进测绘地理信息科技创新平台建设，加快现有创新平台升级优化，做好顶层设计，调整研究方向，强化条件基础，优化人才结构。积极探索众创空间、协同中心等新型创新平台建设。

2. 落实放管服结合，完善管理制度

落实国家关于"推进简政放权、放管结合、优化服务改革"的要求，国家局分别于2014年、2015年修订了重点实验室管理办法，制定了科普教育基地管理办法，2016年把工程中心建设管理办法修订作为平台立法重点工作，将进一步完善创新平台管理制度，简政放权、转变政府职能，提高创新平台建设管理的质量与效果。

3. 加快创新平台管理系统建设，落实动态管理

按照创新平台管理规定，加快科技创新平台管理系统建设，落实创新平台的每年考核与动态评估，建立淘汰注销制度，提高平台管理的公平性、公正性和透明度。采取互相打分、专家打分以及管理人员打分相结合的方式，对各创新平台每年的运行情况进行打分，真正做到"优胜劣汰"。

4. 加强平台之间的融合协同

随着领域之间、行业之间、学科之间的融合度越来越高，随着创新链条的延伸和"互联网＋"的推进，测绘地理信息不可能孤芳自赏，更不能单打独斗，在这种情况下，要加强平台之间的融合协同。一方面，要加强行业内部平台之间的协同，促进研究领域之间的融合；另一方面，要加强与行业外、军队、国家创新平台之间的协同融合，促进行业之间、军民之间科学技术、研究成果、人才队伍的共建共享、深度融合，发挥科技创新平台的最大效能。

5. 发挥平台的参谋智囊作用

各创新平台由产学研多个创新主体联合，人员相对稳定，长期持续围绕本领域开展深入研究，具有研究方向专一性、研究持续性和人才权威性，应发挥各创新平台的参谋智囊作用，引导各创新平台开展本领域本方向的发展战略研究或提出意见建议，推进测绘地理信息科技发展、重大科学工程建设以及事业转型升级。

B.28

关于新形势下测绘地理信息标准化改革发展的若干思考

王 伟 刘海岩*

摘 要: 本文总结了近30年来测绘地理信息标准化的主要发展进程与取得的成就，分析了当前形势下现有标准体系的结构和布局面临的挑战与机遇，从而在健全工作机制、完善标准体系等多个方面对测绘地理信息标准化改革工作提出意见与建议。

关键词: 新形势 测绘地理信息标准化 挑战 机遇

一 引言

标准化是指:"为了在既定范围内获得最佳秩序，促进共同效益，对现实问题或潜在问题确立共同使用和重复使用的条款以及编制、发布和应用文件的活动"，产品与成果的标准化程度直接反映行业乃至国家的科技和管理综合水平。

习近平总书记指出:加强标准化工作、实施标准化战略，是一项重要和紧迫的任务，对经济社会发展具有长远的意义。2015年，党中央、国务院印发《深化标准化工作改革方案》《国家标准化体系建设发展规划》等一系

---

* 王伟，国家测绘地理信息局科技与国际合作司，副司长;刘海岩，国家测绘地理信息局科技与国际合作司，处长。

列重要文件，作出决策部署，提出明确要求。如何落实党中央国、务院关于深化标准化改革的重要部署，如何主动适应供给侧结构性改革、推进治理体系和治理能力的现代化，如何通过测绘地理信息标准化推进测绘地理信息事业改革创新、转型升级，是当前必须深入思考的问题。

二　主要进展与成就

新中国成立之初，借鉴苏联测绘技术经验，通过制定相应标准和技术性法规文件，我国迅速建立了完备的传统模拟测绘技术体系。1984年国家测绘局组建了测绘标准化研究所。至20世纪80年代，我国基本完成传统测绘生产技术标准的制（修）订，保障了模拟测绘生产技术需求。

20世纪90年代，随着计算机技术的普及应用，测绘标准化工作将工作重点转到数字化测绘方向。21世纪初，全行业实现了由传统模拟测绘技术体系向数字化测绘技术体系的历史性跨越，标准化在其中发挥了重要作用，探索出一条测绘标准化与技术变革协同发展的道路。

20世纪90年代，我国刚刚展开地理信息研究时，国家测绘局便很重视地理信息标准化工作。从1995年起，国家测绘局负责国际标准化组织（ISO）地理信息技术委员会（ISO/TC211）的国内技术归口工作，积极参与相关国际标准的研制。1997年，国家测绘局牵头成立了全国地理信息标准化技术委员会（TC230），从技术上主持和协调全国地理信息标准化工作。20年来，从地理信息数据标准化到地理信息共享标准化，再到与大数据、物联网等信息技术跨界融合应用标准，国家测绘地理信息局指导全国地理信息标准委员会不断调整地理信息标准化工作重点，促进了地理信息共建共享和互联互通，推动了地理信息产业的形成、发展和壮大。

（一）标准体系建设卓有成效

"十一五"期间，国家测绘局先后编制发布了《测绘标准体系》和《国家地理信息标准体系》。围绕技术进步和需求变化以及事业快速发展需要，不断加大标准制（修）订力度，已经基本形成了由114项国家标准、144项行业标准、7项计量检定规程、50余项地方标准构成的较为完善的测绘地理信息标准体系（现行及在研测绘地理信息标准分布情况见图1），基本覆盖了测绘地理信息生产服务的各个领域。仅"十二五"期间，就制（修）订并发布了27项国家标准、60项行业标准、6项计量检定规程、30余项地方标准。

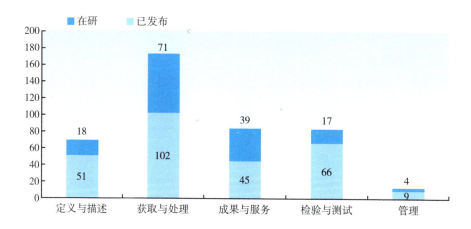

图1 现行及在研测绘地理信息标准分布情况

（二）对重大工程的保障支撑作用显著提升

为满足国家重大测绘工程急需，相继发布了基础地理信息数字产品生产技术规程、地理信息公共平台基本规定、地理空间框架基本规定和地理国情监测内容框架等多个工程建设标准，为各类测绘地理信息工程实施提供了有力的标准化支撑，有效保障了基础地理信息数据库更新，以及现代测绘基准体系、海岛（礁）测绘工程、数字城市、天地图、地理国情监测等重大工程项目的顺利实施。

（三）对产业发展的引领规范作用日益彰显

为解决数据兼容和共享问题，国家测绘局从"十一五"期间开始，加强了基础性、关键性地理信息标准的制（修）订，显著提高了地理信息资源共享和社会化使用效益。技术标准和政策法规的互动性不断增强，强制性国家标准《导航电子地图安全处理技术基本要求》等突破了制约地理信息产业发展的保密瓶颈问题，促进了地理信息产业的健康快速发展。公开地图产品、导航与位置服务、地下空间测绘、卫星测绘等一批实用型标准的成功研制，大幅推动了地理信息资源的市场化开发利用。

（四）地理信息标准国际化取得实质性突破

2015 年我国主导编制的首个地理信息国际标准《地理信息影像与格网数据的内容模型及编码规则》（编号：ISO 19163）正式发布，开创了我国参与地理信息国际标准化工作的新局面。国际标准项目提案 ISO 19159 – 3 等多个项目的立项工作也由我国主导开展，正在有序推进过程中（截至 2016 年 10 月，中国主导的地理信息国际标准项目情况见表1）。我国承办地理信息国际标准化活动日益频繁，中国测绘地理信息专家参与国际标准制（修）订项目逐步增多，在国际标准化组织地理信息技术委员会（ISO/TC 211）中的话语权和影响力明显提升。

表1　中国主导的地理信息国际标准项目情况

序号	标准编号	标准（项目）名称	牵头单位	进展
1	ISO/TS 19163 – 1:2016	地理信息 影像与格网数据的内容模型及编码规则 第1部分:内容模型 Geographic Information—Content Components and Encoding Rules for Imagery and Gridded Data—Part 1: Content Model	武汉大学	已发布
2	19159 – 3	地理信息 遥感影像传感器定标与验证 第3部分: SAR/InSAR Geographic Information – Calibration and Validation of Remote Sensing Imagery Sensors – Part 3：SAR/InSAR	中国科学院电子学研究所、中国测绘科学研究院	CD投票
3	19150 – 4	地理信息 本体 第4部分:服务本体 Geographic Information—Ontology Part 4: Service Ontology	北京中科数遥信息技术有限公司、中国科学院遥感与数字地球研究所	已正式提交至ISO/TC211，并已进入立项投票阶段

（五）标准化工作机制逐步健全

开放型标准制（修）订机制逐渐形成，高校、科研机构及有关企业参与标准化的积极性明显提高，标准化工作更加公开透明（2010年与2015年不同类型牵头单位的新立项项目比重见图2）。标准化组织体系进一步完善，全国地理信息标准化技术委员会和国家测绘地理信息局测绘标准化工作委员会不断扩大委员覆盖范围。第四届全国地理信息标准化技术委员会委员由来自国家发展改革委、科技部、国土资源部、外交部、工信部、公安部、民政部、环保部、住建部等20余个国务院有关部门和军队有关部门，以及40余家企事业单位的72位专家组成。浙江、吉林、江西和黑龙江分别建立了地方测绘地理信息标准化技术委员会。标准化与科技创新形成良性互动，公益性科研专项中专门设置标准研究课题，科技创新成果转化为技术标准规范的比例明显提升。

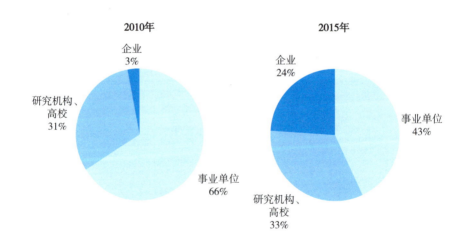

**图2　2010年与2015年不同类型牵头单位的
新立项项目比重**

三 测绘地理信息标准化的挑战与机遇

（一）新形势下面临的新挑战

1. 标准体系结构和布局有待优化

测绘地理信息事业转型升级、国家测绘地理信息安全监管、测绘地理信息服务新常态下经济社会发展新需求以及国家深化标准化工作改革等一系列课题的陆续提出，对现有标准体系的结构和布局提出了挑战。我国现行测绘地理信息标准体系始于21世纪初，基于数字测绘技术体系时代的需求编制。而测绘地理信息事业面临转型升级，新型基础测绘建设对标准体系提出新的要求，现有标准体系不能适应标准化改革和信息化测绘技术体系的要求。测绘标准体系和地理信息标准体系之间的关系尚未明确界定，两个标准体系框架存在一定程度的交叉重叠，需进一步作系统性修订。此外，现行测绘地理信息标准体系尚属于政府主导的一元结构，政府与市场各自定位和相互衔接的关系尚未理清，标准体系向二元结构转变尚未确立。

2. 标准高效供给能力不足

当前，测绘地理信息事业转型发展对标准化需求明显扩大，对标准化工作提出更高要求。测绘地理信息标准化指南等基础标准仍有欠缺，面向质量检验和仪器检定校准等方面的标准仍需加强。测绘地理信息领域新技术、新产业发展日新月异，新技术、新方法层出不穷，对标准时效性需求越来越高，而测绘地理信息标准存在制（修）订周期过长，落后技术产业快速发展需要的问题，部分快速反映技术和市场新兴需求的标准不能高效供给，影响新技术推广应用和新产业规范化发展的步伐。另外，标准跨行业协调力度不够，支持跨行业、跨领域融合应用的标准仍然不多。另外，测绘地理信息标准化工作投入渠道单一、力度有限，测绘地理信息领域企事业单位参与标准化工作较少、经验不足，标准制（修）订的积极性和参与度仍然有待提高。

3. 标准化基础能力有待提高

在国家深化体制机制改革和标准化工作改革的新时期，测绘地理信息标准化工作机制仍需进一步完善。当前，标准化前期研究和试验验证工作不足，部分标准发布后未能全面有效实施，无法发挥应有效益。测绘地理信息标准实施的监督检查缺乏，实施效果的跟踪评价工作开展不足，信息反馈和跟踪评价有待加强，依据标准实施效果指导修订工作的机制尚不完善，影响了标准的适用性。有效的标准化人才激励机制缺乏，高层次标准化人才储备不足，标准化人才队伍形成和评价体系仍待建立，支撑标准化可持续、快速发展的人才保障能力不强，加之标准化基础理论研究相对较少，测绘地理信息领域标准化能力和水平需进一步提高。

（二）新形势下面临的新机遇

1. 测绘地理信息事业转型发展提出新要求

2015 年印发的《全国基础测绘中长期规划纲要（2015～2030 年)》提出："健全测绘地理信息标准体系，形成动态更新机制。加强标准化研究制定和宣传贯彻，加快卫星测绘应用、全球测图、地理信息数据库更新等标准研制。推进测绘地理信息标准跨领域融合和国际化。"构建新型公益性测绘地理信息保障服务体系，保障重大测绘地理信息工程项目实施，需要持续加大基础测绘、重大工程相关的测绘地理信息标准的研制。强化信息安全、测绘人员安全、无人机飞行安全和国家主权等方面测绘地理信息监管，需要进一步梳理强制性国家标准和行业标准的研制内容。促进测绘地理信息技术装备和技术方法快速更新，加快科技创新成果转化，需要进一步完善科技创新与标准化有机互动、相互促进的工作机制。

2. 全面深化标准化改革提供新思路

贯彻落实《国务院深化标准化工作改革方案》，急需加快推进现行测绘地理信息标准清理和整合，构建符合全面深化改革要求、适应当前市场和技术发展需要的新型测绘地理信息标准体系；不断完善标准形成机制，需要理顺标准化工作中政府与市场的各自定位和相互衔接关系，推进标准化工作由政府单一供给为主向政府主导标准和市场驱动标准平衡发展转变，提升标准的质量和权威性；推进军民标准化通用工程，需要进一步加大在军民通用标准制定、民用标准采用和军用标准转化等方面的开拓创新力度，实现经济发展和国防保障的双赢局面。

3. 战略性新兴产业发展造就新动力

地理信息产业是战略性新兴产业，将促进物联网、大数据、云计算、智慧城市及关联服务业的快速发展，推动跨行业跨领域的深度融合。国家标准化委员会发布的 2016 年世界标准日中国主题为"实施标准化战略　促进世界互联互通"，深刻诠释了这一发展趋势：标准化是实现融合发展的关键纽带，将极大发挥"助推器"的作用。当前一大批地理信息企业渡过生存期进入快速发展轨道，进一步规模化发展的需要使得企业在标准化方面的需求日益迫切，也为测绘地理信息标准化工作注入新的生机活力。

4. 全球化趋势开辟新领域

在推进实施"一带一路"国家战略中，部分测绘地理信息企事业单位已经做出卓有成效的努力，掌握了一定的话语权，迫切需要从国家层面全面深化与沿线国家和地区在测绘地理信息标准化方面的双多边务实合作和互联互通，积极推进标准互认，推动中国标准"走出去"，才能更好地支撑服务我国产业、产品、技术、工程等"走出去"。我国测绘地理信息"走出去"发展战略的深入实施，也需要不断推进测绘地理信息国家标准与 ISO、OGC、IEC、IHO 等国际标准组织标准的接轨和转化，增强国际标准化的参与程度和影响力。

四　做好测绘地理信息标准化工作的建议

（一）健全工作机制

按照新形势下国务院有关要求和事业发展需要，修订整合《测绘标准化工作管理办法》和《地理信息标准化工作管理规定》等规范性文件，建立完善政府引导、市场驱动、社会参与、协同推进的标准化管理体制与工作机制。借地方标准化机构建设方兴未艾之势，积极出台鼓励政策，推动更多省（区市）设立标准化委员会，充分挖掘和提升地方标准化工作能力，将更多地方优势技术和产品上升为标准化成果。深入挖掘社团、联盟及企业团体需求，研究团体标准制（修）订程序及配套管理办法，扩大企业联盟在测绘地理信息标准化方面的参与度和话语权。

（二）完善标准体系

全面梳理各级测绘地理信息标准的技术内容和层次关系，并理清与建设、国土、农业、水利、交通等其他领域国家标准和行业标准的相互关系，建立适应信息化测绘体系和新型基础测绘、地理国情监测、应急测绘、航空航天遥感测绘、全球地理信息资源开发五大公益业务体系构建要求的新型测绘地理信息标准体系。开展现行测绘地理信息国家和行业标准的集中复审清理和整合修订，整合确立若干必要、基础、权威的测绘地理信息强制性国家标准，优化现有测绘地理信息标准体系的标准构成。与军方有关部门开展合作，全面梳理军民标准通用化的需求和存在的问题，研究军民标准通用化涉及的关键技术指标，以及军民通用标准子体系的重点方向、建设任务等。

（三）加快标准制（修）订

（1）加快基础通用标准制（修）订。包括标准化指南、术语定义、时空基准、产品质量检验、仪器装备及其检定、校准、测试评价和安全管理等。

（2）加快重点工程标准制（修）订。包括基础设施装备建设、现代测绘基准体系建设、基础地理信息资源建设、新型基础地理信息数据库建设、地理国情监测、应急测绘、全球地理信息资源开发、智慧城市时空信息基础设施建设、地表覆盖数据产品交换、地名地址统一编码、不动产测绘、测绘地理信息计量等。

（3）加快产业发展标准制（修）订。包括航空航天遥感测绘、地下空间测绘、海洋测绘、移动测量、卫星导航定位、室内外无缝导航、地理信息数据共享与利用、公开地图数据产品与服务、位置智能感知、无人驾驶地图服务、大数据挖掘等新一代信息技术与测绘地理信息融合相关标准。

（4）加快管理类标准制（修）订。包括测绘地理信息质量管理、项目管理、成果管理、归档管理标准等。

（四）开展标准化试点

遴选部分标准化基础条件较好的企事业单位，选择多种生产领域和服务方向，引导开展一批测绘地理信息标准化综合试点。通过测绘单位的标准体系建立、标准实施、信息服务、品牌创建、市场开拓等标准化实践活动，建立一批具有优势技术和特色产品的标准化示范基地，以点带面发挥示范效应。一方面解决生产服务和标准化两张皮的问题，突破一般性标准化宣传贯彻无法渗透至基层作业人员的瓶颈问题；另一方面解决技术创新和标准化两张皮的问题，发挥测绘单位全员的主动性与创造性，实现技术创新与标准化的良性互动发展。

（五）强化监督检查

强化强制性标准的制定和实施监督，适时开展国家级和省级强制性标准执行情况监督检查活动，强化强制性标准对成果质量和信息安全的"硬约束"地位。建立企业产品和服务标准自我声明公开和监督制度，落实企业标准化主体责任，对企业公开的标准开展比对和评价，强化社会监督。建立测绘地理信息标准应用实施评价机制，组织地方测绘地理信息部门及有关社会团体、科研机构、质检机构、企业共同参与评价，将评价结果作为标准制（修）订立项的重要依据。

（六）培养人才队伍

充分利用多种渠道和多种手段，扩大标准宣传贯彻的覆盖面，强化对标准化人才队伍的分类培养，逐步解决标准化人才队伍不足的问题。逐步形成标委会委员、标准化科研机构人员、科技创新成果转化人员、生产服务单位技术骨干"四位一体"的技术支撑队伍格局。与有关部门研究建立标准化人才的培养激励机制,重点培养高层次、创新型标准化人才,将技术人员参与标准化及取得成就等情况作为测绘地理信息高层次技术人才评选、专业技术资格评审的重要依据,在有关科研项目指南中设立标准化方向。推动我国测绘地理信息标准化人才在国际标准化重要组织和机构中任职,逐步形成专业结构合理、创新能力强、相对稳定的国际标准化人才队伍。

参考文献

何建邦、蒋景瞳:《我国地理信息标准化工作的回顾与思考》,《测绘科学》2006年第31(3)期。

肖学年、张坤:《我国测绘和基础地理信息技术标准现状综述》,《地理信息世界》2003年第1(5)期。

熊伟:《测绘地理信息科技创新与标准化建设实践探讨》,《测绘地理信息发展动态》2014年第5期。

B.29

"十三五"时期测绘地理信息专业技术人才发展问题研究

李赤一 *

摘　要： 本文通过分析专业技术人才队伍的现状，深入剖析制约人才队伍发展的突出问题，从"十三五"时期对专业技术人才队伍的需求出发，从人才培养、重点工程、体制机制等方面提出若干对策思考。

关键词： 测绘地理信息　专业技术人才　体制机制　对策建议

　　测绘地理信息作为技术密集型行业，专业技术人才①队伍是实现事业跨越式发展的中流砥柱。本文收集了相关调研数据②进行研究，旨在总结"十二五"时期测绘地理信息专业技术人才队伍的状况，分析专业技术人才队伍发展的突出问题，为"十三五"时期测绘地理信息专业技术人才队伍建设提供对策建议。

---

　* 李赤一，国家测绘地理信息局直属机关党委专职副书记、直属机关纪委书记兼人事司副司长。

　① 通过学习接受某方面技术知识，具备该专业技术能力的人员称为专业技术人员。其中较为突出的，熟悉相关技术并具有自主创新能力的，称为专业技术人才。

　② 2015年国家测绘地理信息局人事司在全国范围内开展了测绘地理信息人才队伍建设情况调研。调研数据包括：全部省级测绘地理信息行政主管部门、900多家市县级测绘地理信息管理机构和10282家资质单位的人才队伍数据，其中资质单位数量约占资质单位总数的70%；急需紧缺人才问卷调查；三次经济普查筛选的人才队伍信息；从教育部获取的2011~2015年测绘地理信息院校人才培养数据。文中所涉总量数据来自统计年报，比例数据由调研数据分析得出。

一 现状

根据测绘地理信息统计年报，2015 年末，我国测绘地理信息行业从业人员总数达 39.33 万人，较"十一五"末期增加 12.61 万人。根据调研数据，截至 2015 年 6 月，单位从业人员中专业技术人才占从业人员总数的 67%。

（一）结构情况

测绘地理信息专业技术人才队伍中，从年龄结构来看，30 岁以下占 31%，30~39 岁约占 37%，40~49 岁占 21%，50 岁以上占 11%（见图 1)，测绘地理信息专业技术人才队伍总体比较年轻。从学历结构来看看，本科学历占 53%，大专占 31%，其他占 16%（见图 2），专业技术人才队伍学历结构较为合理。从职称来看，高、中、初级职称所占比例分别为 12%、

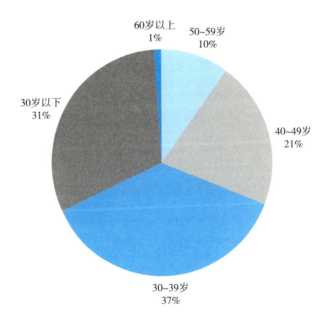

图 1 专业技术人才年龄结构

35%、49%（见图3），初级职称所占比例稍大，这与近五年接收高校毕业生人数较多、人才队伍总体年轻呈关联和对应关系。

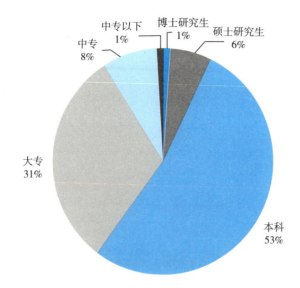

图2　专业技术人才学历结构

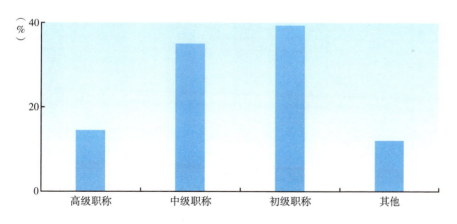

图3　专业技术人才职称结构

具有高级职称的专业技术人才中有46%集中在40～49岁，有31%集中在50～59岁；具有中级职称的以30～39岁为主，约占50%，其次是40～49岁，约占28%；具有初级职称的以30岁以下为主，约占53%，30～39

岁的约占34%（见图4）。具有博士研究生学历的以高级职称为主，硕士研究生和本科学历中高级职称占大多数（见图5）。具有各类职称的人才学历均以本科和专科为主（见图6）。

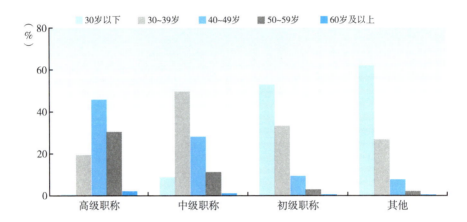

图4　专业技术人才职称年龄结构

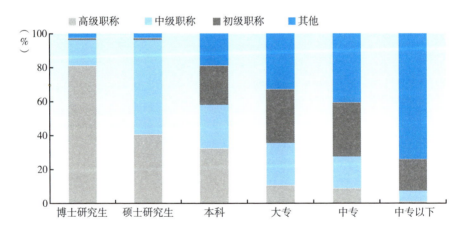

图5　专业技术人才学历职称结构

（二）注册测绘师情况

截至2016年9月，共有10224人取得注册测绘师资格，占专业技术人才总量的4%，7993人通过注册测绘师注册审批，取得执业资格。对通过注

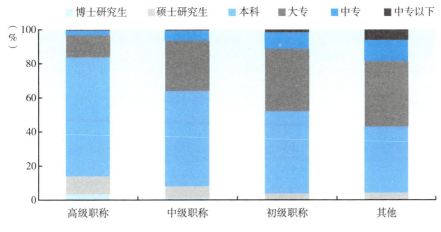

图6 专业技术人才职称学历结构

册测绘师注册的人员进行分析（见图7～9），30～39岁以及40～49岁的中青年注册测绘师达到80%；从学历层次来看，本科及以上学历达到86.5%；从职称分布来看，高级职称占总数的52.4%，中高级职称超过90%。可以看出，拥有中高级职称、本科及以上学历的中青年人才是注册测绘师队伍的主体。

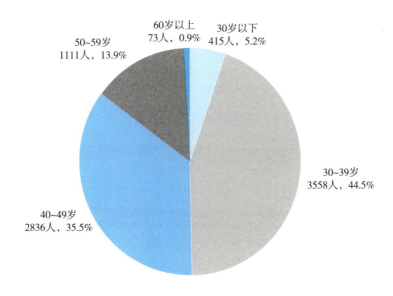

图7 注册测绘师年龄分布情况

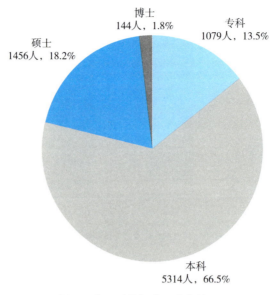

图8 注册测绘师学历分布情况

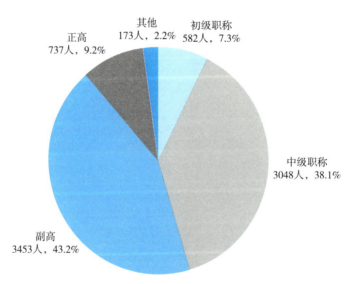

图9 注册测绘师职称分布情况

（三）院校人才培养情况

教育部提供的数据显示，2011～2015年，全国共培养各层次测绘地理信息类专业人才 21.8 万人, 其中博士生 0.19 万多人, 研究生 0.98 万人, 本科生 9.32 万人, 大专生 6.7 万人, 中专生 4.61 万人 (见图 10) 调研数据显示, "十二五"期间, 全国 70% 的资质单位接收的 8.3 万名各层次毕业生中, 行政事业单位接收 21%, 国有及国有控股企业接收 23%, 民营企业接收 47%, 其他企业接收 9%。民营企业成为接收高校毕业生的主力。

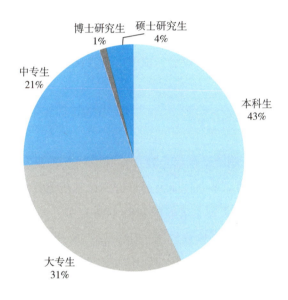

图10 院校人才培养层次情况

"十二五"期间, 共培养博士研究生 630 人, 平均每省每年每专业不到 2 人, 不少省份"一博难求"。共培养硕士研究生 0.98 万人, 每省每年平均 70 人左右, 急需紧缺的地图制图学与地理信息工程、摄影测量与遥感等专业的高校毕业生数量更少, 高层次新兴专业人才培养严重不足。本科培养规模在"十二五"期间呈逐年增长趋势, 毕业生数由 2011 年的 1.5 万人增加到 2014 年的 2.48 万人。本科毕业生数量增长主要集中在测绘工程专业和地理科学等传统专业, 遥感类专业人数增加不多。专科主要集中在工程测量技术专业。新兴专业招生规模增加不大。

二　经验与启示

（一）事业壮大提供广阔发展空间

国家测绘地理信息局（以下简称国家局）先后实施天地图、数字城市建设、地理国情普查等重大工程和重大项目，为广大测绘地理信息专业技术人才的成长提供了广阔的平台和空间。各岗位、各专业、各层次专业技术人才在事业发展中既发挥了个人效能、成就了自身价值，也为事业发展作出了应有的贡献。

（二）全方位、多层次培养格局保障全面发展

"十二五"期间，测绘地理信息教育发展被纳入事业发展大局。通过推行卓越工程师培养计划、举办技能大赛等方式，不断提升高等院校专业技术人才培养质量，专业技术人才培养的基础不断夯实。人才培养规模逐年扩大，开设本科相关专业的高校数量比"十一五"末期增加了23%，2015年本科毕业生数和高职高专毕业生数分别比2010年增加了77%、69%。

国家局在测绘地理信息领域实施了科技领军人才、青年学术和技术带头人培养制度，起到了很好的示范引领作用。各级各单位采取搭建博士后科研工作站平台等有效措施，加大了技术领军人才的培养。部分单位建立了本单位的青年学术和技术带头人制度，国家局、省级、生产单位形成了三级专业技术人才培养格局。

（三）合理奖励机制提供有效激励

"十二五"期间，国家和省级层面不断出台完善测绘科技进步奖励办法、优秀测绘工程评选办法、技术带头人培养选拔办法、创新人才选拔办法等奖励制度，对获奖当选人员，在授予荣誉称号的同时给予物质奖励。例如，福建、江苏、四川等多省份都加强对各级青年学术和技术带头人的激

励，在项目资金、待遇、优先推荐上一级人才工程方面给予倾斜，为高层次人才的培养提供机遇。

（四）多样化继续教育培训提升创新能力

专业技术人才继续教育培训受到各级部门（单位）的高度重视。有的省区市通过与境外培训机构建立长期协作关系、每年组织技术骨干进行境外培训等方式，拓宽人才队伍的国际化视野。通过定期举办高级研修班、测绘学术大讲坛、技术带头人交流会、测绘新技术培训班等方式，不断加大专业技术人才教育培训力度。测绘地理信息院校、各级测绘地理信息社会团体在专业技术人才教育培训工作中发挥了积极作用。联合高校开展在职学历教育，共建实习基地等，成为培养青年人才科研能力和创新能力的普遍途径。

（五）多元化投入提供坚实的经费支撑

国家局每年设立高层次人才培养专项经费，列入年度财政预算，用于开展教育培训、科技领军人才和青年学术技术带头人培养工作。通过对科技领军人才和带头人科研计划进行资助、要求单位对相关经费予以匹配的方式，引导和带动各级各单位加大对人才工作的投入。为了加强培训经费落实情况的监督，部分省局还通过职称申报年度继续教育培训课时审核、测绘从业单位年度注册和考核等措施来检查测绘行业单位专业技术人才教育培训和人才培养的经费投入情况。

三 存在问题

（一）队伍结构仍需进一步优化

专业技术人才队伍专业结构不够合理，传统专业人员过密，新兴领域人才和复合型人才不足。专业技术人才队伍中初级职称人员比例过大，企业单位中高级职称人员所占比例较低。创新型、领军型人才缺乏，能独立解决重

大工程技术关键问题的应用型人才缺乏，后备梯队尚待形成。取得注册测绘师资格人员不到行业从业人员总数的3%，资质单位对注册测绘师的需求缺口很大。市县以下基层单位专业技术人才普遍存在年龄偏大、学历偏低、人才梯队断层等状况。西部省份专业技术人才队伍整体素质与发达省份相比仍然差距很大。

（二）人才流失趋势加大，人才引进困难

系统内专业技术人才向测绘地理信息企业流失严重，企业专业技术人才向外行业流失的现象也一定程度上存在。受薪酬体制的影响，行业急需紧缺的懂信息技术和遥感技术的复合型专业技术人才引进困难。外业工作专业技术人才招聘困难，流失非常严重。西部省份缺乏地域上的吸引力，在高层次人才引进中存在瓶颈。各院校卫星导航定位和地理国情监测专业招生人数很少，与事业发展需要不适应。

（三）事业单位专业技术人才发展空间受到制约，人才作用发挥效率不高

在专业技术岗位设置管理上，中高级岗位存在一定的结构比例限制，评聘分离难以实施，解聘降级难操作。岗位总量少、发展空间窄、工资福利待遇低等问题影响了人才创业创新的积极性。部分高层次人才转岗到行政岗位后，难以在技术层面发挥传帮带作用。各级各单位面临"想招的不愿来"的困境，人才引进质量不高。一些用人单位引进高层次人才后，没有将他们放到关键技术岗位上重点培养或者缺乏有效的培养手段，造成人才的浪费。

（四）对于行业专业技术人才教育培训缺乏统筹

教育培训经费额度仍需加大，省级及以下单位、企业单位对专业技术人才的培训经费缺乏长期稳定的投入渠道，尤其是企业单位的培训经费难以全面保证。优秀科技骨干人才的出国（境）培训及广泛交流环节相对薄弱。

测绘外业单位因工作的流动性、分散性,对专业技术人才培训组织难度大。企业因注重效益、人才流动频繁等原因,对专业技术人才的常态化培训机制缺失。

四 "十三五"期间需求分析

(一)测绘地理信息转型升级促使对新兴专业及复合型人才的需求不断增加

根据《全国基础测绘中长期规划纲要(2015~2030年)》,到2020年我国将形成以新型基础测绘、地理国情监测和应急测绘为主的新的服务链条。新型基础测绘工作范围由原来的我国陆地国土,拓展延伸到海洋、周边乃至全球,工作重点逐步转变为测绘基准运营维护与服务、基础地理信息动态更新、海洋和全球地理信息获取、基础地理信息应用服务等为主。技术手段将广泛采用卫星导航定位、遥感、地理信息、互联网或物联网、大数据等先进的技术手段。新的技术手段需要懂专业、能创新的专业技术人才作为支撑。新型基础测绘在工作范围、工作内容和技术手段的变化导致对导航定位、海洋测绘、地下水形测绘等专业技术人才的需要增加,同时对懂得计算机、摄影测量与遥感信息技术处理的复合型专业技术人才需求将不断增多。同时,"十三五"期间地理国情监测将常态化开展,并且随着服务领域的拓展及对监测成果要求的提高,对具有多学科专业背景和统计分析能力的专业技术人才需求不断增加。

(二)"走出去"战略的实施对具有国际视野的专业技术人才的需求增加

测绘地理信息部门作为国民经济建设的主要部门,势必会借助"一带一路"战略的实施,在"十三五"期间加快推动我国测绘地理信息技术、装备、人才、产品、服务"走出去"。这就需要一批具备国际视野的测绘地

理信息专业技术人才，既通晓属地国测绘地理信息法律法规，又要熟练掌握国际贸易、国际金融等涉外专业知识技能和国际惯例的专业技术人才，带动我国测绘地理信息产品和服务"走出去"。

（三）创新驱动发展对创新型人才的需求加大

目前我国测绘地理信息科技距离世界领先水平还有一定差距，"十三五"期间，为加快实现测绘强国的目标，迫切需要培养一批领军人才，在一些关键技术和领域实现突破。同时目前我国测绘地理信息技术加快与互联网、云计算、大数据等新技术融合，"互联网＋"的理念引入测绘地理信息工作，迫切需要一批创新型人才带来技术上的变革，促进跨界融合，催生新型业态。

（四）新型智库建设对软科学人才提出需求

测绘地理信息领域随着信息化、市场化、国际化程度的深入发展，测绘地理信息发展改革面临的难题和复杂性前所未有，管理决策的难度越来越大，迫切需要智力支撑。2015 年，中共中央办公厅、国务院办公厅印发了《关于加强中国特色新型智库建设的意见》。"十三五"期间，测绘地理信息领域也迫切需要培养、集聚和吸引一批在政策研究领域具有扎实的研究功底，较强的时事政策观察力、判断力、影响力和独到思想见解的智库领军人才，为政府决策提供智力成果和支持。

五　对策建议

（一）培养造就创新型人才队伍

以高等学校、科研院所、科技园区、高新技术企业为依托，建设一批创新人才培养示范基地。通过院校培养、一线育苗等举措，形成有效梯队，避免断层隐忧。支持地方和基层单位依托科研创新任务引进海外人才，通过合作研究、兼职、咨询、讲学等方式，柔性引进海外高端智力。推进测绘地理信息领域产学研用结合，重视企业工程技术人才的培养，推动科技人才向企业聚集。

完善注册测绘师继续教育、监督管理等制度。深入推进注册测绘师在行业管理和产品质量监管中发挥实际作用。成立注册测绘师社会组织，加强行业自律管理。

（二）培养与引进相结合，应对急需紧缺人才需求

通过引导学科设置、调整学科招生人数、制定专业标准、开展专业认证、加强师资队伍建设、加强实训基地建设、开展订单培养等多种方式，提高专业技术人才培养的质量。引导各级各单位通过环境的优化吸引更多专业技术人才从事测绘地理信息相关工作。增强人才使用、人才引进的规划和计划性，依托项目加快培养跨学科的复合型人才。加大软科学人才培养和引进力度。

（三）实施测绘地理信息领域重点人才工程

1. 科技领军人才培养工程

继续面向海内外选拔培养能够引领测绘地理信息领域重大战略、关键技术和产业化应用的科技领军人才。以科技领军人才为核心，紧密围绕测绘地理信息事业发展中急需解决的重大科技问题，在高等院校、科研院所、创新型企业中打造一批具有一流水平的创新团队。领军人才及其团队优先承担重大项目，优先担任重大决策咨询和评审专家，在选题立项、科研条件配备、参加国际学术交流培训等方面给予倾斜。进一步完善科技领军人才科技成果占有制，保护知识产权，探索建立与自主创新成果价值相对应的分配机制和人才资本及科研成果的有偿转移制度。

2. 青年学术和技术带头人培养工程

完善青年学术和技术带头人三级培养格局。完善带头人考评增选制度，严格实施动态管理。建立专项资金资助带头人开展科研，推动带头人队伍基础研究和应用研究能力的提升。有计划地组织带头人参加国内外学术交流和赴国外大学进修。

3. 西部人才培养工程

结合国家"一带一路"等重大战略，加强对西部地区专业技术人才的援助力度，建立西部地区与中东部地区人才双向交流机制。加大对西藏、新疆专业技术人才的对口支援力度。继续组织开展"西部之光"访问学者、博士服务团挂职锻炼等人才援助项目。完善"项目＋人才"培养模式，选派专家进行短期技术指导、送教上门。

（四）不断完善聚集专业技术人才的工作体制机制

1. 人才管理体制

落实企业、科研院所等企事业单位和社会组织的用人自主权。统筹市县以下测绘地理信息专业技术人才队伍建设，强化市县测绘地理信息管理职能，健全基层测绘地理信息技术力量。

2. 人才培养支持机制

建立测绘地理信息领域基础研究人才长期稳定培养机制，鼓励专业技术人才自主选择科研方向、组建科研团队。推动人才工程项目与科研计划的衔接。探索实行充分体现人才创新价值和特点的科研经费使用管理办法。减少行政干预、克服"官本位"和行政化倾向，尽可能地为专家减负。

3. 考核激励机制

完善事业单位绩效考核评价制度。突出品德能力和业绩评价，研究制定符合科技创新规律和特点的科技人才评价办法，强化创新能力的评价，出台行业人才评价指导标准。启动推进社会组织承接专业技术人才评价工作，完善编制外用工的评价机制。赋予创新领军人才更大的人财物支配权、技术路线决策权。健全人才激励机制，推行股权、期权等中长期激励办法，对科技成果转移转化所得作为奖励和报酬比例不得低于科技成果转让净收入的50%。鼓励社会力量开展对创新团队的奖励。

4. 人才流动机制

建立健全测绘地理信息党政机关、企事业单位之间的专业技术人才双向交流机制。搭建博士后科研工作站等流动性人才培养平台，积极开展科技合作、互派挂职和客座研究。引导符合条件的专业技术人才带着科研项目和成果，按照国家规定保留基本待遇到企业开展创新工作或创办企业。吸引海外优秀测绘地理信息人才回国从事专业技术工作。支持优秀专业技术人才到国际组织任职。建立面向基层的人才交流机制，鼓励高层次专业技术人才到基层单位进行交流任职和技术指导。建立测绘地理信息专业技术人才数据库，建设面向国内外、统一开放的测绘地理信息网络人才市场。

5. 经费投入机制

设立专业技术人才工作专项资金，落实各级基础测绘项目中用于专业技术人才工作经费的比例。鼓励和支持社会组织、用人单位以多种形式参与专业技术人才开发投入。在国家和省级层面建立测绘地理信息人才基金，用于专业技术人才培养和教育培训工作。

B.30
适应新形势新要求 推动测绘地理信息领域军民融合深度发展

徐 坤 陈常松*

摘 要： 军民融合深度发展关乎国家安全与发展全局，各行业各领域需要提升军民融合发展意识，主动掌握和满足国防和军队建设新要求，进而推动自身创新发展。本文探讨新时期国防和军队现代化对测绘地理信息行业的新要求，并据此对测绘地理信息如何作出适应性调整和创新提出一些建议，对于需求对接与规划衔接、资源共享、地方建设贯彻国防需求等融合机制在测绘地理信息领域的落实进行了粗浅思考。

关键词： 军民融合 创新发展 融合机制

目前，我国军民融合发展进入由初步融合向深度融合的过渡阶段①。十八届三中全会以来，国家对推进军民融合深度发展在体制、规划、制度等方面均提出了具体要求。测绘地理信息部门肩负着为国防建设提供保障服务的职责，是国防和军队建设的一支重要支撑力量。新中国的测绘事业是革命战争年代测绘事业的延续，测绘地理信息部门最初是从军事测绘部门分离出来

---

* 徐坤，国家测绘地理信息局测绘发展研究中心，副研究员；陈常松，国家测绘地理信息局测绘发展研究中心主任，副研究员。
① 《习近平总书记在十二届全国人大三次会议解放军代表团全体会议上的重要讲话》，2015年3月12日。

的。地方测绘与军事测绘紧密相连，且在国防和军队现代化建设、现代军事战争中的作用越来越重要，日益成为提升作战能力的关键。"十二五"期间，测绘地理信息军民融合取得了很大进展，已成为我国统筹经济建设和国防建设的重要方面。未来，在军民融合深度发展战略指导下，在国防和军队建设对于测绘地理信息需求更加广泛的前提下，在民用测绘地理信息科技、资源及基础设施建设极大发展的情况下，测绘地理信息事业除了提供基本比例尺地形图和基础地理信息数据以外，将在更深层面、更广范围融入整个国防和军队建设。本文分析了国防和军队建设的新形势，从地方的角度探索如何更好地服务新形势下的新需求，并据此对测绘地理信息工作及测绘领域军民融合提出一些建议。

一　新形势下国防和军队的新需求

在全球化发展趋势日益强化的新形势下，国家安全与发展利益呈现出新特点。国家利益拓展到哪里，与国家安全和发展相关的资源就应配置到哪里，军民融合式发展的范围领域就应该拓展到哪里。

（一）军事保障范围拓展

我国国家主权、安全和发展利益已经超出传统的领土、领海、领空边疆范围，要求军队具备陆海空天网全疆域的军事保障能力[1]。在陆地方面，由国家领土拓展至全球，重点是领土以外数千公里区域以及重要国家利益相关区域。在海洋方面，海洋防卫边疆应覆盖整个国家管辖海域，以及相关海外重要海域。具体为：一是第二岛链外的西太平洋方向，包括属于我国主权和领土范围之内的东海和南海方向；二是印度洋方向上关系我国重大战略利益的马六甲海峡和印度洋航线两条海上战略通道；三是根据《联合国海洋法

---

[1]　周碧松：《战略边疆：高度关注海洋、太空和网络空间安全》，长征出版社，2014，第7页。

公约》归属我国管辖的内水、领海、大陆架、专属经济区；四是公海、国际海底、极地等相关区域。在太空方面，我国战略利益已经延伸至外层空间并向深空拓展，因此要求相应的保障能力要突破传统的领空范围，拓展至太空。在信息空间方面，要具备确保信息安全和开展网络战的信息攻防能力。随着军队保障空间的拓展，为提升测绘地理信息服务军队保障工作的有效性，测绘地理信息的工作范围也应该相应地进行拓展，根据军队保障的区域范围，有重点、有步骤地实施我国利益攸关区的全球测绘、海洋测绘和深空测绘，并增强网络地理信息安全防御以及国防基础设施、重要军事目标的地理信息安全维护等能力。

（二）军队保障内容拓展

2014年4月15日，习近平总书记在中央国家安全委员会第一次会议上首次提出总体国家安全观，对我国传统和非传统安全问题进行了全面归纳和总结，涉及政治安全、国土安全、军事安全、经济安全、文化安全、社会安全、科技安全、信息安全、生态安全、资源安全、核安全等内容。除政治、国土、军事等传统安全内容以外，经济、文化、社会、科技、信息、生态、资源、核等非传统安全内容的拓展，需要军队和地方多个部门联合维护。这些非传统安全内容均与测绘地理信息有着千丝万缕的联系。要提升保障各方面安全的能力，需要测绘地理信息的支持。这对于测绘地理信息部门在国土空间监测、生态监测、资源监测、自主科技创新、信息安全等方面的长期性、常态化工作提出了新的明确要求。

（三）国防和军队信息化建设

"信息作战、体系作战"已经成为现代战争的主要形态。以信息为主导的战争已经打破了传统机械化战争的原始形态。原始战场的感知正在被卫星、侦察机、遥感探测所取代；正面交战正被远程精确打击的非接触作战所取代；部队的近距离机动正被空中战略投送、地面高铁输送、海上巨舰立体护送所代替；指挥决策正在向自动决策和人工干预发展①。为此，我国不断推进军队信息化建设。2015 年 11 月召开的中央军委改革工作会议，对进一步推进国防和军队信息化建设提出了明确要求。

测绘地理信息是国防和军队信息化的基础性、支撑性力量。按照国防和军队改革部署，改革后将组建陆军领导机构、健全军兵种领导管理体制②。测绘地理信息部门应进一步加强与陆、海、空的沟通与联系，了解各军种信息化建设对测绘地理信息的需求，深入研究如何利用民用测绘卫星、航空遥感装备以及地理信息资源，为战场感知、远程精确打击、空中战略投送、地面高铁输送、海上巨舰立体护送、自动决策等提供强有力的保障服务。

二　谋划推动测绘地理信息创新发展

为更好地适应国防和军队建设的长期性需求，测绘地理信息工作的内容和服务模式应该相应地进行一些调整。

一是拓展测绘空间范围。过去测绘地理信息主要针对我国陆地国土空间，尽管还开展了海岛（礁）测绘、海岸线测绘等工作，但总体而言，与军队的新需求相比，还有很大的拓展空间。为丰富地理信息资源，提升测绘地理信息服务国防和军队建设的能力，应根据在全球、海洋、太空等空间维护国家安全的战略需要，加强全球测绘、海洋测绘以及深空测绘，有计划、有步骤地推进覆盖我国领土及其以外数千公里、重要国家利益相关区域、全球陆地；我国管辖的内水、领海、大陆架、专属经济区，第二岛链以外的西太平洋（尤其是属于我国主权和领土范围之内的东海和南海海域）、北印度洋（尤其是关系到我国重大战略利益的马六甲海峡和印度洋航线两条海上

---

① 纪明葵：《裁军是中国的自信》，中国网，http：//opinion. china. com. cn/opinion ＿ 0 ＿ 137100. html。

② 国防部：《军改将调整军委总部体制　组建陆军领导机构》，凤凰网，http：// zjmo. ifeng. com/finance/news？ ch = zd＿ bbk＿ sy&vt = 5&aid = 103449759&&mid = 8JnbVz&all =1&p = 2。

战略通道）以及领海以外的数千公里区域，公海、国际海底、极地等相关海域；深空等的测绘基础设施和地理信息资源建设，为军队在相关地区的一切活动和行动提供重要支撑。

二是拓展基础地理信息要素。传统的基本比例尺地形图是在主要出于军事需求、传统制图技术能力有限的条件和年代确定的。在当前经济社会发展和国家安全总体形势、计算机技术发生巨大变化的情况下，基础地理信息仍然具有服务于国防和军队的基本性能，但应不再囿于现有有限的七大要素。根据分析，现代国家安全不再仅限于传统军事安全，经济、文化、社会、科技、信息、生态、资源、核等非传统安全维护对国土、生态、资源等动态监测提出了新的长期性需求。因此，建议考虑将土地、矿产、能源、海洋等诸多要素纳入基础地理信息，这也符合新型基础测绘全面表达、全面服务的基本特征要求。

三是拓展测绘地理信息服务模式。过去民用测绘地理信息更多的是作为情报信息，未来测绘地理信息服务将不再局限于为军队提供基本比例尺地形图和基础地理信息数据，而是应该在整个国防和军队信息化建设中发挥作用，提升国家信息化建设整体水平和军队打赢信息化条件下局部战争的能力，成为构建与信息化战争相适应的力量体系、战场体系、保障体系等的重要依靠。一是促进武器装备信息化。为武器精确制导提供精确的地理信息和卫星导航定位服务。二是支撑信息通信指挥攻击系统（C4ISR）。发挥测绘地理信息装备和基础设施在战场侦察和勘测中的作用，收集、提供全球战场的地理信息情报。三是服务数字战场建设。采集战场地理信息，为战场可视化和战场态势感知提供关键的基础框架；打造基于测绘地理信息的数字战场，为训练兵演、谋划指挥、遂行作战提供重要支撑。

三　深化融合机制建设

建立稳定的融合机制，是实现军民部门之间沟通协调顺畅、融合运转有序的重要保障，是推动军民融合深度发展的关键。党的十八大以来，党中央高度重视军民融合机制建设问题，多次把完善工作机制放到突出位置。《中共中央关于全面深化改革若干重大问题的决定》明确提出在国家层面建立"统一领导、军地协调、需求对接、资源共享机制"的总体要求，首次站在国家层面进行总体制度设计，抓住了推动军民融合深度发展的"牛鼻子"①。从测绘地理信息领域军民融合的实际发展情况看，军民测绘部门仍需要在需求对接、资源共享、地方建设贯彻国防需求等机制建设上下功夫。

（一）健全需求对接和规划衔接机制

需求对接和规划衔接机制是在更高层次、更广范围、更深程度上把国防建设和军队建设融合起来的重要保证。通过加强军民之间的需求对接和规划衔接，能够实现整体布局上的统筹和战略上的协调，在顶层设计阶段有效减少重复建设和资源浪费。

在测绘领域，根据之前论述要推动民用基础设施和地理信息资源在全球战场的应用，应加强测绘地理信息基础设施建设、资源建设等方面的需求对接和统筹规划。通过统筹国家空间基准建设、军民航天遥感测绘卫星及相关基础设施建设、全球测绘和海洋测绘等，形成测绘领域军民需求兼顾、规划统筹格局。

（二）完善资源共享机制

军民资源共享涉及资源的重新配置，涉及部门利益，仅靠主观意愿和行政命令很难维系，必须建立稳定的资源共享机制，从而确保测绘领域技术、信息等要素的双向扩散、交流和高效利用。目前军民测绘地理信息资源共享的重点包括基础设施、地理信息以及科技人才等。

一是建立军民卫星影像数据共享及观测计划统筹协调机制。随着卫星遥感技术的进步，高分辨率测绘卫星已经能够满足军民两用的需求，因此应加强共享协调机制建设，通过加强卫星观测计划协调、建立卫星影像数据共享平台等，推进资源三号系列卫星、高分系列、天绘系列卫星等军民测绘卫星

---

① 王伟海：《坚定不移推动军民融合深度发展》，《前线》2014 年第 5 期，第 43～45 页。

及影像数据的共享共用。

二是加强北斗应用合作机制建设。北斗卫星导航系统作为军民两用的重要信息化基础设施，不仅在军队信息化建设和战场精确打击中具有重要作用，在经济社会发展领域也具有广阔的应用空间。要在北斗民用方面强化国家测绘地理信息行政主管部门的职能，进一步加强北斗系统测绘应用策略研究，尽快出台行业应用急需、共性和基础性的标准，在北斗民用方面发出应有的声音。

三是促进地理信息资源共享应用和标准衔接。要实现地理信息数据的全球必要覆盖和及时更新，同时做好主要作战方向和既设战场的测绘保障准备，必须依靠军民双方测绘力量。在平时，要建立军民测绘成果目录通报制度，双方及时通报地理信息资源建设和覆盖情况，为资源共享和下一步资源建设规划等奠定基础，同时应注重加强地方测绘主管部门对军队的测绘地理信息成果和相应技术支持及其后续维护更新，充分发挥地方地理信息资源优势。在战时，要联合实施战场实时测绘，做好遂行作战的测绘保障。此外，标准问题是阻碍军民地理信息资源共享的难点，应共同研究军民技术标准差异制约信息共享的难题，推进测绘地理信息标准通用化。

四是推动科技创新和人才培养资源共享。卫星导航定位、高分辨率遥感以及精确的地理信息数据对于战略方案的制订和部署、战场上的指挥控制、敌方目标的精确定位、武器的精确制导等至关重要，需要以地方测绘地理信息科技创新体系为基本依托，加强相关科技自主研发。依托地方人才培养体系，为军队输送结构合理、技术精湛的高素质测绘地理信息人才，促进国防和军队信息化建设。

（三）建立地方建设贯彻国防需求机制

党中央要求，军队要遵循国防经济规律和信息化条件下战斗力建设规律，自觉将国防和军队建设融入经济社会发展体系；地方要注重在经济建设中贯彻国防需求，自觉把经济布局调整同国防布局完善有机结合起来①。当

---

① 《习近平同志在十二届全国人大二次会议解放军代表团全体会议上的讲话》，2014 年 3 月。

前，地方测绘部门贯彻国防需求最重要的是要理解需求、找好切入点。地方建设贯彻国防需求的立足点，在于其事权在地方，由地方测绘地理信息部门独立开展。因此，根据新时期测绘地理信息工作的主要业务格局和监管职能，测绘领域地方建设贯彻国防需求主要体现在基础测绘、地理国情监测、市场管理、安全监管等。基础测绘方面，基础测绘规划计划除了要考虑经济社会发展的需求，还应兼顾国防需求，形成相应的基础测绘目标任务和重大工程，充分发挥基础测绘在保障国防建设中的作用。地理国情监测方面，要发挥全要素、动态、按需等优势，为多样化的国防建设和战场保障提供服务。市场管理方面，要充分发挥国家测绘地理信息部门的市场监管职能，推动建立军民共认的准入制度，搭建信息交流平台发布国防项目招投标、企业资质等信息，引导地方测绘力量参与国防测绘建设。安全监管方面，地理信息涉及很多重要敏感数据，地理信息安全与国家安全紧密相关。应加强地理信息特别是涉及国防安全的测绘基础设施以及与重要军事目标相关的地理信息安全监管，提高网络地理信息安全整体防护能力。

参考文献

国防部：《军改将调整军委总部体制　组建陆军领导机构》，凤凰网，http：//zjmo. ifeng. com/finance/news？ ch ＝ zd ＿ bbk ＿ sy&vt ＝ 5&aid ＝ 103449759&&mid ＝ 8JnbVz&all ＝1&p ＝2。

纪明葵：《裁军是中国的自信》中国网，http：//opinion. china. com. cn/opinion＿ 0＿ 137100. html。

王伟海：《坚定不移推动军民融合深度发展》，《前线》2014 年第 5 期。

《习近平同志在十二届全国人大二次会议解放军代表团全体会议上的讲话》，2014 年3 月。

《习近平总书记在十二届全国人大三次会议解放军代表团全体会议上的重要讲话》，2015 年 3 月 12 日。

周碧松：《战略边疆：高度关注海洋、太空和网络空间安全》，长征出版社，2014。

B.31

加强互联网地图监督管理
维护国家主权和安全

张文晖　许天泽*

摘　要：　本文阐述了加强互联网地图监管工作在我国国家整体安全观
背景下的重要意义，介绍了互联网地图监管工作的发展历程，
指出了当前互联网地图监管工作中存在的主要问题，提出了
进一步贯彻落实国家关于加强互联网地图监管要求的工作思
路，以及需要妥善处理好的几个关系。

关键词：　互联网地图　监管　国家安全

　　随着互联网技术的飞速发展，互联网地图的应用越来越广泛。互联网地
图作为地理信息的重要载体，具有鲜明的意识形态属性，是国家版图的重要
表现形式，事关国家主权、安全和利益。由于互联网具有受众面广、传播速
度快等特点，部分单位和个人随意通过互联网登载使用"问题地图"或上
传标注涉密地理信息，容易发生泄密风险，出现错误容易引起负面炒作，严
重损害国家利益和民族尊严，甚至给国家主权完整、国家政治安全、意识形
态安全、文化安全和网络信息安全带来危害，利用地图从事破坏活动的行为
亦有发生。进一步提高对互联网地图监管工作重要性的认识，发现和总结互
联网地图监管工作存在的问题和规律，提出监管工作新思路，维护国家主
权、安全和海洋利益具有重要意义。

---

* 张文晖，国家测绘地理信息局地图技术审查中心主任；许天泽，国家测绘地理信息局地图技
术审查中心，经济师，统计师。

一　坚持国家总体安全观，深化对互联网地图监管的认识

（一）作为测绘地理信息重要组成部分的互联网地图关乎国家安全

习近平总书记关于国家总体安全观的论述指出，要"构建集政治安全、国土安全、军事安全、经济安全、文化安全、社会安全、科技安全、信息安全、生态安全、资源安全、核安全等于一体的国家安全体系"。测绘地理信息是重要的国家信息资源，涉及政治、经济、国防等多个社会管理领域。互联网地图是测绘地理信息的重要组成部分，互联网地图与国家安全息息相关。

通过互联网传播的信息，具有受众面大、交互性强、传播速度快、影响范围广等特点。随着地理信息数字化与互联网传播技术的融合，互联网地图成为信息时代国家版图的主要表现形式之一。部分互联网地图服务单位和个人违法通过互联网地图登载、标注涉密地理信息，以地图为媒介在互联网上传播依法不应公开的政治信息、经济信息和社会管理信息，使得互联网用户通过收集、分析我国互联网地图上的公开内容，获取我国国家秘密，导致泄密事件时有发生。尽管一些信息的真实性无法确定，但是通过资料相互验证的方式，可以发现一些惊人的秘密，为国家带来极大的安全隐患。保障互联网地图和互联网地图承载和传播信息的安全、合法，杜绝通过互联网地图泄露国家秘密和不宜公开的信息，是维护测绘地理信息安全工作的重要内容之一。

（二）加强互联网地图监管是测绘地理信息部门维护国家安全的必要措施

加强互联网地图监管是法律法规赋予测绘地理信息行政主管部门的职责，具有严格的法定性。近年来，地图市场监管工作成效显著，互联网地图市场秩序明显好转。但是，随着互联网信息技术的快速发展，互联网地理信

息服务模式和内容日益丰富，部分单位、个人通过互联网登载使用"问题地图"、上传标注涉密地理信息，发生泄密风险以及地图内容表示出现错误引起负面炒作的情况仍有发生，这对互联网地图监管工作提出了更高的要求。加强互联网地图监管，是防范和杜绝利用互联网地图给国家主权完整、国家政治安全、意识形态安全、文化安全和网络信息安全带来危害的重要措施与必要手段。

二　互联网地图监管工作发展历程

互联网地图监管工作自 2005 年至今历经四个发展阶段，第一阶段（2005～2007 年）：早在 2005 年，国家测绘局等三部门发布了《关于加强网上地图管理的通知》，指出网上地图出现的一些影响恶劣的政治问题和严重的泄密问题。当时的互联网地图主要表现形式以登载静态地图图片为主，只有少量企业提供内容简单、功能单一的互联网地图服务。国家测绘局将互联网地图监督检查工作职责赋予了地图技术审查中心，地图技术审查中心开始了对互联网地图特点的研究和监管工作的探索，主要以人工检查的方式对重点关注网站登载的"问题地图"进行监管。

第二阶段（2008～2009 年）：2008 年，国家测绘地理信息局等八部门发布了《关于加强互联网地图和地理信息服务网站监管的意见》，要求各部门依法履行职责，加强互相配合，进一步规范互联网地图和地理信息服务网站活动。这一时期，基于互联网的地理信息服务发展迅速，出现了很多面向公众提供互联网地图服务的网站。互联网地图服务网站在主动发布地理信息、为公众提供地理信息位置服务的同时，也开放了标注兴趣点、上传地理信息数据等提供公众参与、分享地理信息的功能，用户不受约束地通过互联网地图发布各类地理信息，甚至包括大量涉及国家秘密的内容，给国家安全带来非常大的隐患，监管工作的对象逐步转变为对包括地图图片和互联网地图兴趣点两类内容的监管。

第三阶段（2010～2013 年）：2010 年，国家测绘地理信息局颁布了互联网地图服务资质标准，规定了包括专业范围、考核指标、考核内容和考核标准等在内的互联网地图服务准入条件，将互联网地图服务纳入了测绘资质管理范围，从事互联网地图服务的网站纷纷申请了相应的测绘资质，互联网地图资质管理、地图审核、地图内容表示等法规、规范也不断健全完善。互联网地图监管工作发展成为通过资质管理、行为管理、内容管理等多角度实施的监管，监管内容也从对静态地图图片和互联网地图兴趣点的监管发展到包括对实景地图、影像地图等更加丰富的地图形式进行监管的阶段。

第四阶段（2014 年至今）：2014 年，国家测绘地理信息局发布了《关于进一步加强互联网地图安全监管工作的通知》，明确"地图技术审查中心具体承担国家级互联网地图日常安全监控，并作为国家监控主节点承担与省级监控节点间信息共享、交流和技术支持工作"。地图技术审查中心按照国家测绘地理信息局的工作部署，基于互联网地图监管系统，建立了国家与省级上下联动、信息互通、协同处理的互联网地图监控工作机制。地图技术审查中心以维护国家主权、安全为目标，扎实开展对互联网地图的监控工作，逐步探索出较为完善的监控工作机制，按照合法、快速、准确的要求，查找、发现了大量损害了国家主权、危害国家安全的违法地图和地理信息服务网站，通过定期报告和专题报告等形式上报了大量线索。当前，互联网地图监管工作已经发展到以"互联网地图监管系统"为主，人工巡查为辅的阶段，已由只对静态地图图片的监管，发展到对互联网地图服务、登载静态地图图片、互联网地图兴趣点以及网上涉密地理信息交易等进行全面监管的阶段。截止到目前，监管系统监测到提供地图服务的网站 2.5 万多个，登载"问题地图"网站超过 2000 个。仅 2015 年，国家测绘地理信息局地图技术审查中心共判定互联网地图监管系统搜索到的 69557 条地理信息，发现"问题地图"图片 2046 个，违规兴趣点标注 3745 个。

三　互联网地图监管存在的问题

互联网地图服务的技术、形式不断进步，要求测绘地理信息行政主管部

门主导的互联网地图监管工作必须紧跟其发展脚步。测绘地理信息行政主管部门经过多年的实践，逐步探索出一些实用的工作方法，积累了工作经验，但是监管工作仍存在不足。

（一）监督网站履行主体责任措施有待完善

网站作为互联网信息制作、发布、传播的主体，应建立完善的内容管理保障制度，保证信息内容的合法、正确、有效。然而，在实践中，很多登载地图的网站对关于地图管理的法规缺乏认识，国家版图意识不强，导致"问题地图"屡有出现。对网站的监督管理也存在督促不到位的情况，缺乏监督网站履行主体责任的具体措施。

（二）监管工作综合业务能力有待提高

互联网地图监管系统上线运行后，发现"问题地图"的效率得到很大提升，但受技术条件制约，系统对"问题地图"发现的能力还不能完全满足监管需要，仍需在这方面有所突破。在监管工作中，对相关工作的系统性研究和对基础性资料的收集、整理有待加强，将监管经验提升、转化为监管标准化流程的工作有待开展。各地对发现的"问题地图"判断、检定能力不高，全面履行属地化管理职责的能力还有所欠缺。在程序上和技术上，对互联网"问题地图"的发现、判断、处置工作都不同程度存在经验不足的情况。

（三）监管工作基础性和前瞻性研究有待加强

互联网地图服务具有新技术层出不穷、服务形式日新月异的特点，在社会各领域中的应用日益普遍。及时学习、研究与互联网地图服务有关的新现象、新情况，了解互联网地图服务的技术创新、应用方式和传播规律，对监管部门来说尤为重要和迫切。对于互联网地图服务中的难点、热点问题，如何界定其性质，如何用现行法规进行规范与约束，以避免出现监管缺失，如何在今后的立法和标准制定过程中提前预设，都是摆在监管部门面前的重要课题。

（四）监管法律法规和标准有待健全完善

随着对互联网地图监管的探索与实践，相关的法规建设也在推进。当前，在互联网地图管理方面，已经形成了以《测绘法》《地图管理条例》等法律和行政法规为主，以《地图审核管理规定》等部门规章和国家测绘地理信息局颁布的规范性文件为辅的法律体系，为加强互联网地图监管与服务奠定了法制基础，提供了法律保障。由于互联网地图发展迅速，国家以规范性文件的形式相继提出了一些管理要求和管理措施，有些规定适用效果良好，有些规定存在一些滞后性和不适用的情况，需要修订与完善。例如，目前虽然有关于公开地图内容表示的规定，但专门适用于规范互联网地图内容表示的规范仍有待健全完善。

四 加强互联网地图监管工作的思路

加强互联网地图监管，是测绘地理信息行政主管部门的法定工作职责。国家测绘地理信息局提出了要不断完善互联网地图监管法规与规章、健全互联网地图监管工作机制、加强监管工作信息交流、加强互联网地图日常监管、强化互联网地图服务审校把关、推进互联网地图监控能力建设、开展公益性地图服务等方面的要求。

（一）切实转变互联网地图监管理念

对互联网地图服务单位的管理，若完全依靠监管必然产生滞后和对抗，容易积累矛盾，不利于从根本上解决问题。为实现互联网地图监管的健康发展，有必要推动互联网地图监管理念由"监管"向"治理"转变，建立现代化的互联网地图监管治理体系，互联网地图监管部门联合互联网地图用户、互联网地图服务行业组织、新闻媒体力量共同维护互联网地图服务秩序，形成行政主管部门与社会力量共同监管的多元治理格局。

（二）积极研究探索勇于创新实践

要适应互联网地图服务技术发展快、内容更新迅速的特点，积极探索互联网地图服务的规律和本质，实事求是，勇于实践，以监管创新应对互联网地图信息服务创新。在监管工作中，勇于开辟新方向、发现新问题、制定新机制、提出新举措、运用新技术增强监管能力。认真细致地对法律法规的要求进行研究，对提出的任务措施进行细化分解，切实做好工作细则的制定。

（三）发挥专业机构对监管工作的引领作用

互联网地图监管工作日益繁重，需要一个专门的机构承担相关具体工作，发挥执行和推动国家测绘地理信息局对全国互联网地图监管工作部署的作用。国家发展改革委和国家测绘地理信息局共同印发的《测绘地理信息事业"十三五"规划》提出，"建设国家互联网地理信息安全监管平台，形成由国家级互联网地图监管中心和省级互联网监管分节点组成、上下联动的监控网络"，充分说明加强专门从事互联网地图监管工作的国家级机构建设的重要性和必要性。国家测绘地理信息局《2016 年测绘地理信息工作要点》提出，组建互联网地图监管中心，互联网地图监管中心将为国家测绘地理信息局全面履行职责提供业务支撑和信息保障，对各省级监管分节点开展工作指导和技术服务。

组建互联网地图监管中心，是回应社会关注的举措。互联网地图内容表示关乎国家主权与安全，意义重大，日益得到党和政府以及人民群众的关注，包括政府部门在内的各社会活动参与主体，对合法的互联网地图服务需求旺盛，对健康的互联网地图服务环境期待普遍，为公众营造合法、安全的互联网地图网络环境，是测绘地理信息部门依法应当履行的社会责任。

组建互联网地图监管中心，是营造健康文化的需要。净化互联网地理信息服务环境，及时发现和消除互联网地理信息服务的违法现象，利用互联网开展国家版图意识宣传，既是精神文明建设的要求，又是测绘地理信息文化建设的重要保障。

五　加强互联网地图监管工作要处理好几个关系

互联网地图服务的发展日益展现着新与快的趋势，测绘地理信息行政主管部门必须通过监管创新应对互联网地图服务的技术创新，要认清社会管理转型发展的变化趋势，妥善处理好几个关系。

（一）努力提高认识，处理好鼓励支持与加强监管的关系

鼓励支持互联网地图服务单位发展，是《地图管理条例》规定的测绘地理信息行政主管部门必须履行的法定职责。鼓励支持互联网地图服务单位发展，根本目的是培育和壮大市场主体，服务于国家建设与经济社会发展。鼓励支持互联网地图服务单位发展与加强对互联网地图服务单位的监管是两个相辅相成的方面。互联网地理信息企业为了提高自身竞争力，会不断进行技术创新，测绘地理信息行政主管部门必须通过监管创新应对互联网地图服务的技术创新，确保互联网地图服务符合法律法规的要求。互联网地图安全直接关系到国家主权、安全，必须加强监管，没有监管就没有优化的产业发展环境，就没有基于国家主权、安全基础上健康协调的发展。鼓励支持互联网地图服务的发展与加强对互联网地图的监管，二者目标一致，具有既对立又统一的关系。

（二）切实简政放权，处理好加强监管与公共服务的关系

要以简政放权的思维，确定新形势下加强互联网地图监管的各项工作。要转变反复强调监管的政府万能思维，从简政放权入手，梳理束缚互联网地图服务单位发展的规章制度，既不能放任不管，又要努力减少对服务单位创新和发展的干预。在对互联网地图的监管中，强调互联网地图服务企业的主体责任意识，培养和发挥行业自律的功能。在互联网地图的监管关系中，监管者与被监管者不应是对立和对抗的关系，二者之间应当建立起共同一致的维护国家主权、安全的合作意识与合作关系。要认真分析互联网地图服务中

出现问题的原因，发现出现问题的规律，找出解决问题的办法。大部分情况下，互联网上出现"问题地图"的原因，都是由于登载地图的主体缺乏依法用图的意识，对现行法律法规的理解存在偏差所致，并非为谋取非法经济利益而为，基于这个情况，对互联网地图服务的监管既要坚持违法必究，又要坚持教育引导，切实寓监管于服务之中。

（三）发挥产业引领作用，处理好公共服务与市场作用的关系

通过调查发现，很多互联网地图服务和登载地图图片的网站对国家关于互联网地图服务的规章制度缺乏了解，对国家关于公开地图内容表示的有关规定不够熟悉。互联网地图的监督管理者应当以市场思维看待这个现象，以市场的思维推动这个问题的解决。引导包括新闻出版、广告设计、展览展示等地图服务和地图应用的需求者向具有地图编制资质的单位寻求市场化的服务，由地图编制单位向需求者提供专业化服务，既可以提高送审地图的质量，又对地图编制单位拓宽服务领域具有一定的作用。各级测绘地理信息行政主管部门要组织编制各种形式的中国地图、世界地图等公益性标准地图，并通过官方网站免费提供下载使用。要把应当由市场完成的服务交给市场完成，处理好公共服务与市场服务的关系，促进地理信息服务的健康发展。

（四）推进法规制定，处理好行政管理与法制建设的关系

近年来，互联网信息服务发展迅速，各相关专业部门都加快了在立法方面的工作。文化部出台了《互联网文化管理暂行规定》、国家工商总局出台了《互联网广告管理暂行办法》、新闻出版广电总局出台了《互联网出版管理暂行规定》。2016年，《地图管理条例》正式实施，并专章规定了互联网地图服务的内容，为下一步的立法工作提供了指引。要梳理现行规定，制定专门规定互联网地图管理的部门规章，完善互联网地图管理法规体系，在行政管理中积累立法素材，以法制建设的思维保障行政管理制度的施行，形成相互推动的良好关系。

六 结语

今后一段时间，互联网地图监管工作应当着力加强监管能力建设、完善监管机制、研发关键技术、增强发现能力、优化操作流程、充实管理信息等，以问题为导向，努力提升高度、扩展视野，把握重点、抓住热点，为测绘地理信息统一监督管理提供保障与服务，围绕保障测绘地理信息安全的中心工作，坚决维护国家主权、安全和利益。

参考文献

《测绘地理信息事业"十三五"规划》，国家发展改革委、国家测绘地理信息局，2016。

迟福林：《转型闯关十三五结构性改革历史挑战》，载《中国改革研究报告》，2016。

《地图管理条例释义》，中国法制出版社，2015。

《关于进一步加强互联网地图监管工作的意见》，国家测绘地理信息局，2015。

翟国君、黄谟涛：《我国海洋测绘发展历程》，《海洋测绘》2009年第29（4）期。

《中国测绘地理信息年鉴 2016》，测绘出版社，2016。

B.32
关于省级地基增强系统
创新服务的思考

陈文海*

摘　要：　卫星导航定位基准站是测绘基准的核心内容之一，是建立和
　　　　　　维持国家高精度、动态、地心、三维坐标框架的基础设施，
　　　　　　基准站网是现代化测绘基准体系的重要组成部分，也是支撑
　　　　　　我国地理信息产业和卫星导航产业发展的重要基础设施。本
　　　　　　文从湖北省北斗地基增强系统现状入手，浅析省级基准站系
　　　　　　统在应用推广上面临的竞争、社会化应用需解决的关键技术
　　　　　　和创新省级基准站服务方式等问题。

关键词：　北斗　地基增强　基准站　高精度定位

一　引言

　　卫星导航定位基准站（以下简称基准站）是测绘基准的核心内容之一，
是建立和维持国家高精度、动态、地心、三维坐标框架的基础设施。由基准
站、数据传输网络和数据中心等构成的连续运行卫星基准站系统
（Continuously Operating Reference Stations，CORS），是现代化测绘基准体系
的重要组成部分；不止于此，系统可向社会提供广域米级、分米级、厘米级

---

* 陈文海，湖北省测绘地理信息局局长、党组书记，经济师。

等多种精度的定位服务，已成为位置服务和卫星导航应用最主要和最依赖的技术手段，是支撑我国地理信息产业和卫星导航产业发展的重要基础设施①。

测绘地理信息部门建设的基准站数量规模巨大。从 20 世纪 90 年代至今，国家测绘地理信息局建设完成了全国均匀分布的 410 个国家级基准站，27 个省级测绘地理信息部门建设完成约 2000 个省级基准站，初步构建了国家级、省级卫星导航定位基准服务系统②。部分基准站已经完成或者计划进行支持北斗系统的升级改造，并积极推动北斗系统的应用和推广。

同时，在除地震、气象和军事等特殊应用之外的行业，如城乡规划、水利水文、交通航运等行业也已经建设或筹划建设类似的基准站系统。据不完全统计，截至 2015 年底，其他行业（专业）或区域基准站，共计约 2200 个。随着北斗系统应用及其产业的发展，国内基准站建设即将迎来新的高潮。无疑，这些根据不同目的建设的连续运行基准站系统都是十分必要的，对相关领域事业发展和科技进步将起到重要的作用。

社会各界对基准站重复建设的评论多种多样，有褒有贬。但是其中一个突出的问题摆在我们面前，即省级基准站服务不能满足国民经济各领域和社会民生对北斗卫星导航应用的强劲需求，基准站服务领域存在供需不匹配的问题。

本文从湖北省北斗地基增强系统现状入手，浅析省级基准站系统在应用推广上面临的竞争、社会化应用需解决的关键技术和创新省级基准站服务方式等问题。

---

① 刘经南、刘晖、邹蓉等：《建立全国 CORS 更新国家地心动态参考框架的几点思考》，《武汉大学学报》（信息科学版）2009 年第 34（11）期，第 1262～1265 页。陈俊勇：《构建全球导航卫星中国国家级连续运行站网》，《测绘通报》2009 年第 9 期，第 1～3 页。过静珺、王丽、张鹏：《国内外连续运行基准站网新进展和应用展望》，《全球定位系统》2008 年第 1 期，第 1～9 页。

② 张鹏：《我国 CORS 发展历程》，载《卫星导航定位与北斗系统应用》，测绘出版社，2015，第 33～38 页。

二 湖北省内基准站现状

（一）北斗地基增强系统稳定运行，"全省一张网"基本实现

湖北省北斗地基增强系统在原有连续运行卫星定位服务系统（HBCORS）基础上升级改造完成。系统建设由省测绘地理信息局牵头组织实施，省气象局和省地震局参与合作共建。包含 81 个基准站，其中 68 个基准站位于气象台站，11 个基准站位于地震台站。计划新增 10 个基准站，全部位于气象台站。

系统由省测绘工程院（省导航与位置服务中心）负责运行维护和运营服务，目前系统运行稳定。为省内测绘单位提供测绘基准服务，截至 2016 年 6 月，注册用户单位 413 家，共计用户终端 1853 个。

2016 年，随着中国第二代卫星导航系统重大专项——湖北省北斗卫星导航应用示范项目的全面实施，以北斗地基增强系统为基础，以北斗高精度定位为特色，搭建的北斗高精度位置服务平台，将通过精准农业、现代物流、民生关爱等五大领域的示范应用，拓展北斗应用尤其是高精度应用领域，积极探索"高端低用"的导航与位置服务商业模式，促进北斗高精度进入更广泛的大众领域。

（二）不同的部门单位建设了众多的基准站，部分已形成区域 CORS 应用

2015 年，根据全省基准站调查结果汇总和分析，基准站总数 232 个，平均每个县（市、区）2.25 个。建设单位涉及测绘地理信息、气象地震、国土资源、城市规划、交通航运等众多部门。基准站行业分布及数量见图 1。

其中武汉市连续运行卫星定位服务系统（WHCORS）已组网运行，提供社会服务；十堰、襄阳、荆州、黄冈等地国土部门基准站已组网运行，为国土业务提供服务；其他多个城市近期也有组网运行计划。

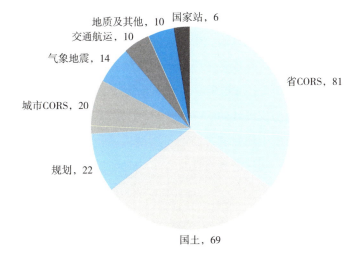

图1　湖北省内基准站行业分布及数量

（三）已经建成的基准站系统服务单一，应用层面较窄，并且存各类安全风险和质量隐患

除地震和气象专业基准站外，参与调查汇总的其他基准站在实际应用中，仅提供测绘基准和网络 RTK（实时动态定位）服务，用于大地测量、城市测量、GIS 数据采集和工程施工等常规业务，没有形成适用于交通监控、精准农业、机械控制等行业应用和社会化应用的高精度定位服务能力。即使是水利水文、地质地矿、交通航运等专业部门建设的基准站，也仅用于行业内工程测量数据采集，未实现行业内更广泛的应用。

部分基准站以及数据中心的数据传输渠道存在信息安全隐患。大部分区域 CORS 和单基站系统建设由仪器厂商完成技术设计和工程施工，没有经过严密的坐标框架和基准联测，造成各基准站的坐标框架不统一，以小范围获取的四参数或七参数维持大范围的坐标系统转换，在测绘成果成图质量方面存在较大隐患。

（四）近期主要的新增基准站建设计划及其应用方向

除省级基准站系统计划新增站点建设外，多个部门单位计划在省内建设

基准站。其中主要有：中国兵器工业集团公司承担国家北斗地基增强系统建设，计划近期完成湖北省内 100 个区域加密网基准站网络，向社会提供米级、分米级、厘米级和后处理毫米级的高精度位置服务；交通运输部计划在"十三五"期间建设长江干线北斗地基增强系统，满足海事、航道、三峡坝区管理等业务需求，初步设计的 75 个基准站中有 21 个位于湖北省内；省国土资源厅、省地质局用于地质灾害防治，大型桥梁、铁路、矿区等单位用于形变监测的基准站，按项目需要将在全省不均匀布设，总体规模较大。

三　湖北省北斗地基增强系统在应用推广上面临的竞争

（一）"中国精度"——我国首个星基高精度增强服务系统

"中国精度"是合众思壮于 2015 年 6 月发布的全球星基高精度增强服务系统，能使我国北斗用户在无须架设基站的情况下，在全球任一地点享受便捷的亚米级、分米级和厘米级三种不同精度层级的增强服务。"中国精度"通过 L 波段地球同步轨道通信卫星向全球播发差分数据，使更多地基增强网信号无法覆盖的区域，如海洋、沙漠、山区等也能够实现高精度定位服务。

经测试，"中国精度"在定位精度、相对精度和收敛时间等关键指标上优于国际同类服务系统，这也是中国首家具备世界级领先水平的星基广域增强系统，具有全部自主知识产权和全部控制权，打破了国际企业的技术垄断和封锁，保障了国家地理空间信息的安全性和自主权，弥补了我国卫星导航产业的可用性和完好性。

目前，"中国精度"相对于地基增强系统存在初始化时间较长（平均得 20 分钟左右）及精度较差（大于 4 厘米）等问题，但因其覆盖范围广，用户无须建设基准站或架设基站，无须数据通信费用等优势特性，势必会得到部分网络 RTK（实时动态定位）用户的青睐。随着其系统性能的逐步提升，在北斗高精度定位领域，有逐步普及应用的趋势。

（二）"千寻位置"——我国首个星基高精度增强服务系统

千寻位置网络有限公司由中国兵器工业集团公司和阿里巴巴集团共同出资设立，公司核心业务建立在"互联网＋位置（北斗）"的基础上，通过北斗地基增强系统全国一张网的整合与建设，基于卫星定位、云计算和大数据技术，构建位置服务开放云平台，提供米级至厘米级的高精准位置服务，以满足国家、行业、大众市场对精准位置服务的需求。

目前已完成全国近600个卫星导航基准站建设，其亚米级高精度定位——千寻跬步（Find m）已覆盖全国大部分地区；计划在2016年底建设完成1200个卫星导航基准站，实现全国经济发达的18个省市、二级以上城市和全国主要公路干道、河道的实时厘米级和后处理毫米级高精度位置服务。至8月份，其厘米级高精度定位——千寻知寸（Find cm）和静态毫米级高精度定位——千寻见微（Find mm）覆盖湖北省内武汉市、咸宁市、黄石市等11个城市。

同时，千寻位置与中海达、上海华测、司南导航等众多企业合作，在自动驾驶、智能驾培、车载设备、移动终端，以及精准农业、危房监测、防灾减灾、铁路桥梁监测等诸多领域不断提出具体解决方案，占据北斗高精度应用市场推广优势。

四 浅析北斗地基增强系统社会化
应用需解决的关键技术

（一）海量数据并发实时处理技术[①]

以北斗地基增强系统为基础搭建北斗高精度位置服务平台的建设目标

---

① 黄丁发、周乐韬、卢建康等：《GNSS卫星导航地基增强系统与位置云服务关键技术》，《西南交通大学学报》2016年第4（2）期，第388～395页。

是：可为百万规模用户提供所需精度的位置服务。

当终端数量达到一定规模后，容易造成系统拥塞。因此，一方面需要优化终端通信模型；另一方面需要服务端采取高效的负载均衡措施，实现分布式服务请求与处理，具备支撑百万级规模终端的服务能力，并具备可扩展性。

通过对系统网络结构、模块结构和数据流程的深入分析，进行负载均衡处理，对应用服务器和数据库作负载均衡处理，均衡策略如下：①在应用服务器层面采用硬件实施负载均衡，提高并发服务能力；②数据库的均衡采用RAC 软件集群能力达到。

北斗高精度位置服务平台，综合运用分布式系统、计算机集群等多种数据并发实时处理技术，为海量用户提供所需服务。

分布式系统是建立在网络之上的软件系统，其具有高度的内聚性和透明性。内聚性是指每一个数据库分布节点高度自治，有本地的数据库管理系统。透明性是指每一个数据库分布节点对用户的应用来说都是透明的，看不出是本地还是远程。

集群是一组协同工作的服务实体，用以提供比单一服务实体更具扩展性与可用性的服务平台。在客户端看来，一个集群就像是一个服务实体，但事实上集群由一组服务实体组成。实现集群务必要有以下两大技术。

集群地址——集群由多个服务实体组成，集群客户端通过访问集群的集群地址获取集群内部各服务实体的功能。具有单一集群地址是集群的一个基本特征。维护集群地址的设置被称为负载均衡器。负载均衡器内部负责管理各个服务实体的加入和退出，外部负责集群地址向内部服务实体地址的转换。

内部通信——为了能协同工作、实现负载均衡和错误恢复，集群各实体间必须时常通信，如负载均衡器对服务实体心跳测试信息、服务实体间任务执行上下文信息的通信。

具有同一个集群地址使得客户端能访问集群提供的计算服务，一个集群地址下隐藏了各个服务实体的内部地址，使得客户要求的计算服务能在各个服务实体之间分布。内部通信是集群能正常运转的基础，它使得集群具有均衡负载和错误恢复的能力。

北斗高精度位置服务平台，基于计算机集群技术，这种集群可以在接到请求时，检查接受请求较少、不繁忙的服务器，并把请求转到这些服务器上；并采用分布式系统基础架构，能够实现超大规模位置数据集可扩展的高效存储及处理。

（二）大范围基准站数据共享技术

建议在国家基准站主控中心建设全国基准站数据共享服务平台，实现大范围基准站数据共享。其中涉及以下几个方面的关键技术。

1. 基准站数据传输格式统一

由于接收机、天线的类型、型号都不尽相同，为了便于实时利用，进行基准站数据共享的前提是：统一基准站数据格式。建议统一使用 RINEX 格式（Receiver Independent Exchange Format/与接收机无关的交换格式）进行传输。

2. 大范围基准站数据共享方式

各省级控制中心与国家主控中心是通过专线连接起来，基准站数据共享的方式是：用户将基准站需求发送给国家主控中心数据共享服务平台，数据共享服务平台向各省控制中心发送数据共享指令，各省控制中心将需要共享的基准站数据转发到数据共享服务平台，平台再转发至需要使用数据的地方。数据共享方式见图 2。

（三）北斗高精度服务漫游技术

北斗高精度服务漫游技术的基础是：省级大规模基准站数据共享，各省共享属于对方的邻近基准站的数据，从而减少超长边，消除服务缝隙，避免服务重叠，实现跨网服务。

在大规模基准站数据共享的基础上，对于北斗高精度服务漫游采用根据所在区域自动切换的方法来实现。

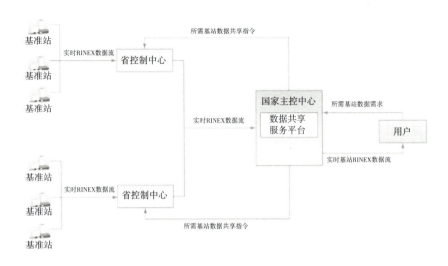

图2   大规模基准站数据共享方式

具体流程是：首先，进行各省邻近基准站数据的共享；其次，客户连接国家北斗高精度位置服务平台，并将位置信息发送给平台，平台根据其位置信息，选择所在省份的控制中心为其提供高精度位置服务。

（四）高精度位置服务信息安全解决方案及主要技术

高精度位置信息服务可划分为六个安全域：基准站接入安全域、数据网络互连安全域、数据中心（敏感区）安全域、服务对象接入安全域、服务网络互联安全域和地理信息服务安全域。安全域划分见图3。

其中，基准站与敏感区采用专线联通，网络传输增加商密网络加密机，网络边界部署边界防火墙、VPN网关、光纤单向传输设备。

敏感区按照存储信息的最高密级标明密级，按照国家保密信息系统的要求和规范部署安全设施。

敏感区与服务区严格物理隔离。敏感区将差分数据、电离层模型等受控但非涉密数据生成二维码，在数据加密摆渡设备进行加密转换后，通过拍照的方式在服务区解密。

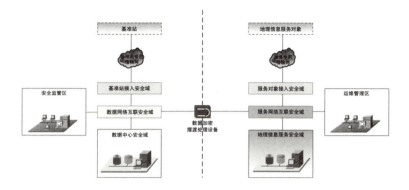

图3　安全域划分

五　网用分离，调整基准站系统服务格局，创新服务方式

随着事业单位分类改革的不断深化，保障基准站系统基础设施稳定运行及提供测绘基准服务是事业单位必须履行的职责，但在推广行业应用和社会化应用方面，在提供优质有效的北斗高精度定位服务，满足市场日益增长的需求方面，会遭遇体制机制的瓶颈。

一方面，受本职工作限制，地方CORS运行维护部门重心放在基准维护、基准服务方面，其他方面多为义务推广；另一方面，受人员编制所限，各省市地方CORS运行维护人员配备2~5人不等，而且仅有1~2名专业技术人员，仅能维持网络RTK的单一服务，用户量也局限在几百上千，技术储备、研发、创新等方面人才更加紧缺，仅靠这1~2名专业技术人员肩负规模化行业和社会化应用的任务是不可能完成的。

在这样的状态下，地基增强系统这一重要的基础设施虽然摆在非常重要的地位，但是政府部门不可能像千寻位置这样的企业投入成百上千名专业技术人员推广，造成政府基础设施投资的巨大浪费。

因此，必须调整基准站系统现有服务格局，实现"网用分离"。事业单

位切实履行基础设施维护、区域基准维持和基准服务的职责。引入企业整合基准站资源，进行市场化运营，聚焦市场需求，推广行业应用和社会化应用。

网用分离，有利于减少基准站设施的重复建设，提高政府投资效率，有利于事业单位盘活资产，优化资金使用，加快转型升级，有利于加快技术创新和产品研发，促进北斗高精度定位服务的广泛应用，促进企业发展，最终促进地理信息产业和北斗卫星导航发展。

参考文献

陈俊勇：《构建全球导航卫星中国国家级连续运行站网》，《测绘通报》2009 年第 9 期。

过静珺、王丽、张鹏：《国内外连续运行基准站网新进展和应用展望》，《全球定位系统》2008 年第 1 期。

黄丁发、周乐韬、卢建康等：《GNSS 卫星导航地基增强系统与位置云服务关键技术》，《西南交通大学学报》2016 年第 4（2）期。

刘经南、刘晖、邹蓉等：《建立全国 CORS 更新国家地心动态参考框架的几点思考》，《武汉大学学报》（信息科学版）2009 年第 34（11）期。

张鹏：《我国 CORS 发展历程》，载《卫星导航定位与北斗系统应用》，测绘出版社，2015。

B.33
测绘地理信息事业单位改革思考

摘　要：　本文围绕国家关于推进事业单位分类改革的具体要求，系统
总结和梳理了国家和省两级测绘地理信息事业单位改革的进
展，客观分析了测绘地理信息事业单位改革存在的问题和难
题，并主要从深入研究设计测绘地理信息事业单位深化改革
方案、按照信息化测绘体系构建要求和业务功能等多维度科
学布局公益生产服务类测绘地理信息事业单位、围绕全事业
链统筹推进测绘地理信息事业单位布局结构改革等三个方面
提出了进一步推进测绘地理信息事业单位改革的对策建议。

关键词：　测绘地理信息　事业单位　公益服务　改革

近年来，中央出台《中共中央、国务院关于分类推进事业单位改革的
指导意见》（中发〔2011〕5号），先后在十八大和十八届三中全会上明确
要求推进事业单位分类改革，同时包括供给侧结构性改革、国企改革以及经
济社会各领域深化改革等在内的多项重要改革工作，或多或少都涉及事业单
位改革的内容，其改革结果最终将直接影响到社会主义市场经济的发展活力
和动力。测绘地理信息事业发展面临着同样的事业单位改革发展问题，特别
是在经济新常态、全面深化改革等大背景下，需要加快研究影响和制约事业
单位改革发展的关键性问题。

---

* 熊伟，国家测绘地理信息局测绘发展研究中心，副研究员。国家测绘地理信息局2015年青年
学术和技术带头人科研计划资助。

一 我国测绘地理信息事业单位改革主要进展

自 2011 年以来，测绘地理信息部门贯彻落实中央关于推进事业单位改革的精神，积极谋划和推进测绘地理信息事业单位分类改革，在事业单位分类以及组织结构改革等方面取得重要进展。

（一）全国测绘地理信息事业单位改革发展现状

1. 总体现状

根据 2015 年对各省的调研情况和《测绘地理信息统计年报》，截止到 2015 年 12 月 31 日，全国测绘地理信息系统（省级及省以上测绘地理信息主管部门）共有 213 个测绘地理信息类事业单位（见表 1）。其中，国家测绘地理信息局直属事业单位 13 个，四个直属省局事业单位 42 个。省级测绘地理信息主管部门所属事业单位合计 200 个。

表 1 全国测绘地理信息系统事业单位数量情况

单位：个

国家测绘地理信息局所属单位	事业单位个数	地方单位	事业单位个数	地方单位	事业单位个数
陕西测绘地理信息局	14	北　京	1	广东	5
黑龙江测绘地理信息局	13	天　津	1	广西	9
四川测绘地理信息局	9	河　北	8	重庆	2
海南测绘地理信息局	6	山　西	11	贵州	5
国家测绘地理信息局重庆测绘院	1	内蒙古	5	云南	8
中国测绘科学研究院	1	辽　宁	8	西藏	1
国家基础地理信息中心	1	吉　林	11	甘肃	6
国家测绘地理信息局卫星测绘应用中心	1	上　海	1	青海	4
中国测绘宣传中心	1	江　苏	9	宁夏	4
国家测绘地理信息局管理信息中心	1	浙　江	6	新疆	6
国家测绘地理信息局地图技术审查中心	1	安　徽	9		
国家测绘地理信息局测绘发展研究中心	1	福　建	4		
国家测绘地理信息局职业技能鉴定指导中心	1	江　西	8		
国家测绘产品质量检验测试中心	1	山　东	3		

国家测绘地理信息局 所属单位	事业单位 个数	地方 单位	事业单位 个数	地方 单位	事业单位 个数
国家测绘地理信息局北戴河休养院	1	河　南	9		
国家测绘地理信息局机关服务中心	1	湖　北	8		
国家测绘地理信息局三亚测绘技术开发 服务培训中心	1	湖　南	6		
合计	55	总　计	158		

2. 分类改革有关情况

按照国家相关要求和统一部署，全国测绘地理信息事业单位基本完成分类。同时，根据职责任务、服务对象和资源配置等情况，几乎所有的测绘地理信息事业单位都划分为公益一类和公益二类两类。

（1）国家测绘地理信息事业单位分类改革情况。

根据 2014 年 12 月中编办的批复文件，55 个国家测绘地理信息事业单位中，6 个划分为公益一类，39 个划分为公益二类，4 个划分为生产经营类，6 个暂不分类（见表2）。其中，国家测绘地理信息局直属的 13 个事业单位中，4 个划分为公益一类，8 个划分为公益二类，1 个暂不分类。四个直属省局共 42 个事业单位中，2 个划分公益一类，31 个划分为公益二类，4 个划分为生产经营类，5 个暂不分类。

表 2　国家测绘地理信息局所属事业单位分类改革情况

分类标准	单位名称
公益一类（6 家）	中国测绘宣传中心、国家测绘地理信息局管理信息中心、国家测绘地理信息局地图技术审查中心、国家测绘地理信息局测绘发展研究中心、国家测绘地理信息局测绘标准化研究所、国家测绘地理信息局经济管理科学研究所
公益二类（39 家）	国家基础地理信息中心等 39 个单位为公益二类
生产经营类（4 家）	国家测绘地理信息局北戴河休养院、陕西测绘仪器计量监督检定中心、陕西测绘地理信息局测绘开发服务中心、黑龙江测绘计量仪器检定站
未划分（6 家）	国家测绘地理信息局机关服务中心、国家测绘地理信息局三亚测绘技术开发服务培训中心、文昌测绘职工培训基地、陕西测绘地理信息局后勤服务中心、黑龙江测绘地理信息局后勤管理中心

（2）省级测绘地理信息主管部门所属事业单位分类改革有关情况。

截止到 2016 年 5 月 1 日，全国已有 23 个省（自治区、直辖市）完成测绘地理信息事业单位分类，辽宁、吉林、上海、江苏、福建、贵州、青海等 7 个省（自治区、直辖市）尚未完全完成测绘地理信息事业单位分类，西藏地区尚未开展事业单位分类改革（测绘院从 2008 年以来一直是全额事业单位）。全国省级测绘地理信息主管部门所属的 200 家事业单位中，共有 94 家划分为公益一类，60 家划分为公益二类，云南省测绘科技咨询服务中心等 4 家划分为生产经营类；29 家已上报公益一类，吉林省测绘地理信息局机关服务中心、吉林省测绘职业资格管理中心、上海市测绘院、江苏省测绘产品质量监督检验站等 4 家已上报公益二类，暂未收到正式批复；此外，吉林省地图技术审核中心已上报执法类事业单位，山东省遥感技术应用中心一直都是全额事业单位，安徽省测绘局机关服务中心和新疆维吾尔自治区测绘局机关服务中心等 6 家单位不参加此次分类①。

3. 其他改革有关情况

在收入分配制度改革方面，2009 年 9 月 2 日，国务院常务会议决定，分别从 2009 年 10 月 1 日开始和 2010 年 1 月 1 日起，在公共卫生与基层医疗卫生事业单位和其他事业单位实施绩效工资②。此后，全国各省（区、市）相继印发了本地区其他事业单位绩效工资实施的指导性文件，明确了改革实施对象和范围、建立岗位绩效工资制度、年度绩效工资水平的确定、绩效工资的组成和分配、主要领导绩效工资的分配以及其他相关政策内容。在此背景下，各省（自治区、直辖市）测绘地理信息主管部门积极配合本地区相关部门推进所属事业单位收入分配制度改革，并取得重要进展。比如，根据皖政办〔2012〕7 号文件精神和安徽省直单位绩效工资总量平均水平（3.5 万元/人年），安徽测绘局所属的 5 家公益一类事业单位的年度绩效工资总额标准定为 3.6 万元/人年，3 家公益二类事业单位的年度绩效工资

---

① 此数据来源于笔者对各省的实地调研和电话调研。
② 《事业单位实行绩效工资》，网易 163，http：//money. 163. com/09/0903/02/5I8KR6JC00253B0H. html。

总额标准定为 7.2 万元/人年；5 家公益一类单位和 3 家公益二类单位按照全额事业单位年度绩效工资总额的 70% 即大约 2.45 万元/人年的标准发放基础性绩效工资，按照大约 1.15 万元/人年和 4.75 万元/人年的标准发放奖励性绩效工资。根据《关于印发省直其他事业单位绩效工资实施办法的通知》（浙人社发〔2011〕224 号），浙江省测绘与地理信息局所属 6 家公益一类事业单位的绩效工资水平基本都核定在 6 万 ~7.8 万元/人年[①]。

在财政投入机制改革方面，大多数事业单位在完成分类前后的财政投入并没有发生变化，同时很多划分为公益一类的事业单位人员经费财政投入保障比例相对较低，部分地区划分为公益二类的事业单位人员经费财政投入标准不明确。比如，安徽局于 2015 年完成局属事业单位分类，5 家公益一类的生产事业单位人员经费财政投入比例最高的是省第一测绘院的 71.2%；对于安徽局公益二类事业单位，省财政按照全额事业单位的人员经费 60% 的标准拨付人员经费。浙江局于 2010 年完成局属事业单位分类，六家单位全部划分为公益一类，之后各单位的财政保障比例都未达到过 100%。广东厅于 2010 年初完成厅属事业单位分类改革，3 家划分为公益一类测绘地理信息事业单位中有 2 家的人员经费财政保障比例近 4 年达到 100%[②]。

在人事制度改革方面，国家和地方测绘地理信息生产事业单位编外人员所占比重依然较大，在整个公益生产队伍中发挥着越来越重要的作用。比如，国家测绘地理信息生产事业单位中，编外人员几乎占实际在岗人员的一半，在编人数与编外人数的比例达到 1.8∶1[③]。另外，安徽、浙江、广东、深圳四地测绘地理信息类事业单位编外用工比例基本都达到一半（见表 3）。

---

① 徐永清、熊伟等：《安徽、浙江测绘地理信息事业单位改革专题调研》，《测绘地理信息发展动态》2016 年第 6 期。

② 熊伟等：《广东、深圳测绘地理信息事业单位改革专题调研》，《测绘地理信息发展动态》2016 年第 7 期。

③ 《测绘地理信息全面深化改革若干问题研究》，国家测绘地理信息局测绘发展研究中心，2016 年 7 月。

表3 安徽、浙江、广东、深圳测绘地理信息主管部门所属事业单位编外用工情况

单位：人，%

省份	单位名称	在编人数	编外人数	编外人员占该单位总人数比例
安徽	省第一测绘院	84	61	42.0
	省第二测绘院	88	51	36.7
	省第三测绘院	92	61	40.0
	省第四测绘院	84	75	47.2
	省基础测绘信息中心	45	38	45.8
	合计	393	286	42.1
浙江	省第一测绘院	164	171	51.0
	省第二测绘院	155	154	49.8
	省地理信息中心	58	82	58.6
	省测绘资料档案馆	35	11	24.0
	省测绘科学技术研究院	27	26	49.0
	省测绘质量监督检验站	27	23	46.0
	合计	466	467	50.0
广东	省地图院	61	61	50.0
	省国土资源测绘院	220	503	69.6
	省测绘产品质量监督检验中心	25	4	13.8
	省国土资源技术中心	132	51	27.9
	省国土资源档案馆	26	13	33.3
	合计	464	632	57.7
深圳	深圳市地籍测绘大队	60	70	53.9
	深圳市空间地理信息中心	58	200	77.5
	合计	118	270	69.6

（二）我国测绘地理信息事业单位布局结构改革进展

在此次事业单位分类改革的同时，国家和省级测绘地理信息主管部门根据科技进步及需求变化，积极推进测绘地理信息事业单位组织结构调整，全国测绘地理信息事业单位组织结构不断得到优化（有关情况见表4和表5）。部分同类同质事业单位得到整合，陕西测绘地理信息局物资供应站等少数事业单位被撤销。

表4　国家和省级测绘地理信息事业单位按功能特点划分的布局结构情况

	事项	数量(个)
国家测绘地理信息局	辅助行政类	4
	地理信息数据生产及应用服务类	27
	科研类	4
	质检、仪器类	7
	宣传教育培训类	7
	后勤保障类	4
	其他类	3
	合计	55(剔除类别重复情况)
省级测绘地理信息部门(不包括四直属局)	职业技能类	6
	地图审查类	2
	宣传教育培训类	4
	科研类	6
	市场管理类	2
	网络管理类	4
	基础设施保障类	7
	后勤保障类	6
	地理信息数据生产及应用服务类	120
	合计	158

表5　国家和省级生产服务类测绘地理信息事业单位的布局结构情况

	名称	数量(个)	备注
国家测绘地理信息局	大地测量外业队伍	3	国家基础地理信息中心等9个单位设立了地理国情监测方面的部门;四川局组建了专门的应急测绘保障中心等
	大地测量数据处理中心	1	
	地形测量队	7	
	航测遥感院	4	
	地理信息制图院	3	
	基础地理信息中心和资料档案馆	5	
	卫星测绘应用中心	1	
	测绘产品质量检验测试机构	5	
	合计	29	
省级测绘地理信息部门(不包括四直属局)	25个省(区、市)设立了CORS管理或服务部门		
	17个省(区、市)设立了地理国情监测管理或技术部门		
	15个省(区、市)设立了专门的应急测绘单位或部门		
	5个省(区、市)设立了专门的海洋测绘部门		
	部分省(区、市)设立了专门的不动产测绘、管线测绘等部门		
	合计	158	

二 测绘地理信息事业单位改革进程中
面临的问题和难题

当前，全国测绘地理信息事业单位改革已经取得了积极进展，但是总的来看，特别是结合科技进步、需求变化以及增强公益服务能力等方面的现实要求，测绘地理信息事业单位布局方面依然存在一些亟待解决的难题。

第一，测绘地理信息事业单位深化改革难度不断增加。测绘地理信息事业单位分类改革仅完成名义上的分类，其与财政投入不协调的问题将长期存在。大多数省（区、市）实行的新的收入分配制度影响了事业单位的发展活力，为公益队伍的发展带来隐患。事业单位编外人员比例依然过高，将成为今后影响事业单位改革发展稳定的难题。

第二，测绘地理信息事业单位组织结构相对不健全。地理国情监测、测绘应急保障、海洋测绘等方面的公益事业机构不健全，难以对相关业务体系建设及常态化运行形成全面有力的支撑。

第三，测绘地理信息事业单位组织结构尚存在不合理性。适应信息化测绘发展要求的生产组织体系尚未形成，测绘地理信息生产单位"同质化"现象依然较严重，尚存在少量不符合科学发展规律的事业单位等。

三 进一步推进测绘地理信息事业单位
改革的有关建议

推进测绘地理信息事业单位改革是测绘地理信息领域全面深化改革、供给侧结构性改革的重要内容。面向"十三五"时期测绘地理信息转型升级的迫切需要，必须竭力做好测绘地理信息事业单位改革的总体谋划和实践推进工作，力争改革后的事业单位布局能够切实适应和促进测绘地理信息生产力的发展。同时事业单位改革只有进行时，没有完成时，需要根据形势变化，满足不断变化的新的经济社会发展需求，及时对事业单位结构进行调整。

第一，建议深入研究设计测绘地理信息事业单位深化改革方案。首先，事业单位改革工作涉及面广、情况复杂、任务艰巨，关系事业单位的可持续发展和广大干部职工的切身利益。推进测绘地理信息事业单位改革工作，需要不断深化认识、转变发展观念、理顺改革思路。在新的历史时期，推进测绘地理信息事业单位改革，关键是按照供给侧结构性改革的要求，建立起能够支撑测绘地理信息公益业务高效运转的生产队伍，至于这一队伍的性质是事业单位还是国有企业或者民营企业，需要结合行业特征和现状以及国家和地方具体要求等来确定，或者说在不同的历史发展阶段会有不同的表现形态，根本目的还是要实现改革发展稳定的有机统一，形成适应时代发展需要和要求的测绘地理信息公益服务模式。其次，系统设计事业单位在"定性"上的改革方案，主要有以下三种思路。其一，将适合调整的公益一类事业单位及时改为公益二类，充分利用公益二类事业单位在绩效工资总额限制等方面的优势。其二，开展法定机构试点事业单位研究和设计，加强对新加坡、日本、中国香港等发达国家和地区法定机构建设方面的研究，密切跟踪深圳市法定机构试点事业单位建设进程，形成具体的可操作方案。其三，研究设计事业单位转制为国有企业的可行方案，逐步建立政府购买服务的稳定机制。最后，在中央、省、市县多个层面协同推进测绘地理信息事业单位改革，理清每个层面的现实情况和改革问题。比如，市县层面可能更多考虑建立健全基础测绘、地理国情监测和应急测绘等公益队伍，切实需要建立类似于消防、警察等性质的应急测绘保障队伍等，中央和省级层面需要整合优化现有的公益组织体系，解决好测绘地理信息领域的事企不分、政事不分等问题，营造公平公正、竞争有序的测绘地理信息市场环境，实现公益资源的高效配置和有效利用以及地理信息产业的更好发展，产生更大的经济和社会效益，促进事业的健康可持续快速发展。

第二，建议按照信息化测绘体系构建的要求和业务功能等多维度科学布局公益生产服务类测绘地理信息事业单位。其一，从地理信息数据获取、处理、管理、分析、应用集成和分发服务等生产服务环节以及各环节实现方式上的差异，对现有公益生产服务类事业单位进行系统调整，避免同一地区或同一部门所属各单位之间的功能和业务高度重叠。其二，重点围绕生态文明建设、"一带一路"建设、海洋强国建设、四化同步建设等新时期国家系列重大战略的实施，"互联网＋"、《中国制造2025》、"促进大数据发展"等行动计划，以及经济结构调整和转型升级的总体要求，加快推进测绘地理信息事业单位业务功能的升级，为经济社会发展提供全方位、多层次、高效率的测绘地理信息公益服务。其三，贯彻落实国家关于供给侧结构性改革的具体要求，针对现有测绘地理信息公益发展模式暴露的不适应发展需求、服务效率不高、价值释放不充分等供给侧结构性问题，坚持将"供给与需求相协调"的发展理念融入事业单位布局结构建设之中，着力打造适应新型基础测绘、地理国情监测、应急测绘、航空航天遥感测绘、全球地理信息资源开发等五大公益业务发展要求的事业单位。建议加快调整构建新型基础测绘体系中测绘基准、地理信息数据生产和服务单位布局结构，加快建立地理国情监测需求分析、监测成果统计分析和分发服务等公益队伍，推动有条件的沿海省份建立海洋测绘机构，不断完善国家应急测绘业务体系等。

第三，建议从全事业链的角度统筹推进测绘地理信息事业单位布局结构改革。在推进生产服务类测绘地理信息事业单位布局结构调整的同时，充分考虑测绘地理信息科研、统计管理、地图审查、发展研究、职业技能鉴定、宣传教育培训、后勤保障等类型事业单位布局结构调整，统筹解决事业单位数量上的"增减"问题，对布局结构不合理、设置相对分散、工作职责相同相近的予以整合，保证各单位间分工明确、避免职责交叉，使事业单位布局结构调整后的单位数量和队伍规模达到一种总体平衡，建成相对完备、充满活力和竞争力的事业单位组织体系。

参考文献

《测绘地理信息全面深化改革若干问题研究》，国家测绘地理信息局测绘发展研究中心，2016 年 7 月。

《事业单位实行绩效工资》，网易 163，http：//money.163.com/09/0903/02/5I8KR6JC 00253B0H.html。

熊伟等：《广东、深圳测绘地理信息事业单位改革专题调研》，《测绘地理信息发展 动态》2016 年第 7 期。

徐永清、熊伟等：《安徽、浙江测绘地理信息事业单位改革专题调研》，《测绘地理 信息发展动态》2016 年第 6 期。

B.34

推进新时期测绘地理信息国际化发展

姜晓虹　桂德竹　张世柏*

摘　要：　本文总结了近年我国测绘地理信息国际合作发展的现状，探讨了测绘地理信息国际化发展的战略机遇与现实需求，研究提出了当前和今后一个时期测绘地理信息国际化发展的重点方向和保障措施，以期为做好相关规划与设计提供参考。

关键词：　测绘地理信息　一带一路　国际化

　　我国已经进入了实现中华民族伟大复兴的关键阶段。中国与世界的关系在发生深刻变化，我国同国际社会的互联互动变得空前紧密，我国对世界的需求、对国际事务的参与在不断加深，世界对我国的需求、对我国的影响也在不断加深。各行各业规划改革和发展，都需要统筹考虑和综合运用国际国内两个市场、国际国内两种资源、国际国内两类规则。

　　在新形势下，党中央、国务院明确提出，推进新一轮高水平对外开放，着力实现合作共赢。面对国际经济合作和竞争格局的深刻变化，顺应国内经济提质增效升级的迫切需要，要坚定不移扩大对外开放，在开放中增强发展新动能、增添改革新动力、增创竞争新优势。要扎实推进"一带一路"建设，推动我国装备、技术、标准、服务和品牌走出去。

　　为贯彻落实党中央、国务院关于新形势下对外开放工作的要求，本文总

---

　　*　姜晓虹，国家测绘地理信息局科技与国际合作司，副司长；桂德竹，国家测绘地理信息局测绘发展研究中心，副研究员；张世柏，国家测绘地理信息局科技与国际合作司。

结了近年我国测绘地理信息国际合作发展的现状，探讨了测绘地理信息国际化发展的战略机遇与现实需求，研究提出了当前和今后一个时期测绘地理信息国际化发展的重点方向和保障措施，以期为做好相关规划与设计提供参考。

一 测绘地理信息国际合作发展现状

这些年来，测绘地理信息国际合作紧密结合事业发展实际，从"以外为主，被动合作"向"以我为主，主动合作"转变，从一般性交流和技术引进向全方位"引进来"与"走出去"相结合转变，从"以政府和科研机构为主"向"政府引导、多方共同参与"转变，开创出新的局面。

（一）交流合作广泛深入

改革开放以来，我国测绘地理信息国际合作已从单方面技术"引进来"，扩展到科技、标准、产品、服务"走出去""引进来"的全方位双向合作。国际科技合作日趋紧密。在中欧、中美、中英、中澳、中德、中芬等科技合作框架下，以及在科技部、国家自然科学基金委支持下，开展了国际科技合作项目近 30 项，重点围绕现代空间大地测量应用、高精度导航定位、数字摄影测量、卫星测图关键技术及应用、卫星地面几何检校、合成孔径雷达遥感、生态环境遥感监测、地理信息公共服务等领域。发起 30 米分辨率全球地表覆盖数据验证国际科学计划，已有 40 个国家和国际组织报名参加。标准国际化取得突破。首次主导完成了地理信息国际标准《地理信息影像与格网数据的内容模型及编码规则第一部分：内容模型》编制，开展了 4 项国际标准项目提案申请立项，我国专家参加测绘地理信息国际标准制（修）订项目不断深入，在国际标准化组织地理信息技术委员会中的话语权和影响力逐步提升。装备产品丰富多样。近百家测绘地理信息企业参与国际竞争，其中一些已经成为技术装备出口的龙头企业。公共服务平台"天地图"发布了英文版，能够提供覆盖全球的信息服务，周边国家信息尤其丰富。以老挝为试点的数字湄公河地理空间框架建设示范项目，在澜沧江—湄公河合作首次领导人会议上，作为该合作早期收获项目向大湄公河次区域各国推广。国际服务日益增多。资源三号卫星全球有效覆盖范围 7000 多万平方千米，其中亚洲、大洋洲和南美洲有效覆盖达到 62% 以上，应用覆盖到全球 30 多个国家，开展了湄公河、加勒比地区等多个卫星测绘国际应用服务。推动北斗卫星导航系统在泰国、老挝、缅甸等亚太地区 30 多个国家实现应用。立项实施了全球地理信息资源开发项目，优先研制了中亚、南亚、东盟等"一带一路"重点区域的高分辨率地理信息数据，向全球发布并提供服务。随着中资企业在海外投资建设项目的日益增多，大量有实力的工程测绘企业走出国门，承揽国际测绘业务。

（二）国际地位日益彰显

我国测绘地理信息已经活跃在世界各个舞台，发出"中国声音"，展现"中国实力"。测绘地理信息成就获得国际肯定，国家测绘地理信息局荣获世界杰出国家测绘地理信息管理部门大奖，成为第一个获得此项殊荣的发展中国家测绘地理信息部门。中国作为联合国全球地理信息管理协调机制的发起国之一，推动成立了联合国全球地理信息管理专家委员会，并当选共同主席。与联合国全球地理信息管理亚太、欧洲、美洲、非洲、中东区域委员会建立良好关系，在亚太地区和全球测绘地理信息界发挥重要引领作用。中国政府在联合国建立技术合作信托基金，实施发展中国家地理信息管理能力开发项目。自主研制了 30 米分辨率全球地表覆盖数据产品，并由中国政府捐赠给联合国，成为中国向国际社会提供的第一个全球性地理信息高科技产品。成功在华举办了第 20 届国际地图制图大会、第 21 届国际摄影测量与遥感大会、联合国第 3 次全球地理信息管理高层论坛等重要国际会议。

（三）合作平台更加丰富

国际合作平台是对外开放、开展合作的重要窗口和依托，是实现国际交流的重要桥梁和纽带，是开展务实合作的重要抓手和支撑。通过建立以国际项目管理办公室、国际组织秘书处、国际联合研究中心、国际技术分析中心、国际专业期刊等不同层次、不同形式的国际合作平台，我国测绘地理信息与国际实现无缝连接，发挥国际协同优势。成立了国家测绘地理信息局联合国项目管理办公室，与联合国共同实施发展中国家地理信息管理能力开发项目，推动全球地理信息管理能力建设。承担国际摄影测量与遥感学会秘书处、联合国全球地理信息管理亚太区域委员会秘书处工作，为政府间及非政府间国际组织提供业务支撑，展现负责任大国形象。建立了测绘地理信息国际联合研究中心和卫星测绘技术与应用国际联合研究中心，依托新疆组建了中亚地理信息工程技术研究中心，建成了目前亚洲唯一的国际卫星导航定位服务数据分析中心，成为深化我国与世界各国在测绘领域合作的新起点，对深度参与大型国际科技合作项目、推动测绘地理信息科技进步具有重要意义。创办《影像与数据融合》国际专业期刊，为全球的测绘地理信息科研工作者搭建了学术交流和信息共享的平台。这些国际合作平台为推动基础研究和应用研究领域的科技创新与交流合作，促进测绘强国建设发挥了重要作用。

（四）对外援助稳步推进

加强了测绘地理信息领域的南南合作，对外援助工作有声有色推进，为我国测绘地理信息技术、标准、产品、服务和品牌"走出去"提供了广阔舞台。加入对外援助部际协调机制，开启对外援助新篇章。在2016年对外援助部际协调机制领导小组成员单位全体会议上，国家测绘地理信息局正式加入对外援助部际协调机制，为测绘地理信息领域更加积极地参与对外援助工作、更好地服务于国家外交战略提供了平台。援助巴基斯坦建立新一代国家测绘基准，助力中巴经济走廊建设。在中国商务部和巴基斯坦经济部的共同支持下，援助巴基斯坦建立新一代国家测绘基准项目即将立项启动。该国家测绘基准建成后，不仅能提高巴基斯坦测绘基准现代化水平和服务水平，满足其国内经济社会国防建设需要，也能为中巴经济走廊大型基础设施建设的规划、设计和实施提供急需的基础地理信息成果服务。开展老挝北斗卫星综合服务系统建设，促进周边国家共同发展。老挝

北斗卫星综合服务系统首个基站在老挝正式落地。系统建成后，将为老挝提供高精度卫星导航、定位、授时服务，服务于老挝城乡建设、灾害应急、导航监测等。

（五）人才培养成效显著

通过国际交流与合作，培养了一批懂技术、会管理、具有国际视野，与国际接轨的复合型测绘地理信息人才，为我国测绘地理信息全面登上国际舞台创造了条件。持续向国际组织推送人才，选派支持专家到国际组织竞选担任职务，参与国际事务。有40余位测绘地理信息专家学者在联合国、地球观测组织等政府间国际组织，以及国际摄影测量与遥感学会、国际地图制图协会、国际测量师联合会等非政府间国际组织中担任职务。派出全国测绘地理信息系统30多人到联合国机构及其他国际组织挂职工作，到欧美院校进修学习。以国家外国专家局引智项目为依托，吸引和支持国外高校或科研机构的知名学者和青年专家近30人次来华工作。通过与联合国合作实施发展中国家地理信息管理能力开发项目，为广大发展中国家地理信息管理和技术人才培养作出了突出贡献，在国际上获得高度赞扬。

这些年来，全方位、宽领域和多层次的测绘地理信息国际合作格局逐步形成，合作范围更加宽广，合作形式更加多样，合作成效更加务实，合作水平显著提高，国际合作为测绘地理信息事业的跨越发展提供了有力支撑。同时，测绘地理信息国际化发展还存在一些不足。一是国际核心竞争力不强。西方发达国家在技术、装备、人才、标准、管理等方面处于领先地位，我国测绘地理信息技术标准、优势特点等方面需要得到国际认可。二是全球地理信息资源的战略储备不足。境外地理信息资源缺乏，尤其缺乏热点地区、重点地区、边境地区等我国重点关注地区的高精度地理信息资源。三是政策环境有待进一步优化。缺乏统筹规划和政策引导。企业"走出去"自发行为多，缺乏协调自律，存在相互压价、恶性竞争的现象。四是国际合作的抓手还不多。国际合作平台不够完善，国际合作机制不够健全，国际合作内容和形式需要进一步丰富和拓展，国际化人才明显不足。

二 测绘地理信息国际化发展的机遇与需求

我国"走出去"和"一带一路"战略的实施，联合国《2030年可持续发展议程》的启动，深化测绘地理信息改革创新，建设测绘强国，为新时期测绘地理信息国际化发展提供了战略机遇和现实需求。

（一）服务国家重大战略与外交大局的迫切需要

十八大以来，党中央、国务院主动应对经济发展新常态、国家总体安全新布局、国家"走出去"新形势，积极构建新型国家外交格局，加快各行业、各领域"走出去"步伐。"一带一路"是中国新一轮开放和走出去的战略重点，作为我国今后相当长时期全面对外开放和经济合作的总规划，涉及65个国家，44亿人口，时空域上具有范围广、周期长、领域宽等特点，其推进实施也面临着环境、资源、能源、灾害等一系列问题的挑战。测绘地理信息"走出去"是国家"走出去"的基础性工作，"一带一路"建设中测绘地理信息行业需要先行。加强测绘地理信息国际化发展，构建基于对地观测技术的"数字丝路"，快速客观地为国家规划与建设"一带一路"提供空间数据、环境信息与决策支持，能有效促进我国与沿线国家的全方位合作。

（二）参与全球治理并提升国际地位的重要手段

2015年10月，中央首次提出"共商共建共享的全球治理理念"，要求积极参与全球治理，主动承担国际责任，不断增强在国际上说话办事的实力，并指出参与全球治理的五个重点领域和方向，加大对网络、极地、深海、外空等新兴领域规则制定的参与，以及对生态建设等领域的合作机制和项目支持。测绘地理信息贯彻落实中央部署，积极参与国际事务。中国作为联合国全球地理信息管理协调机制的发起国之一，推动成立了联合国全球地理信息管理专家委员会，在亚太地区和全球测绘地理信息界发挥重要引领作用。2016年是联合国《2030年可持续发展议程》的开局之年，我们要全面

提升全球地理信息资源获取和服务能力，发挥测绘地理信息在应对全球气候变化、环境污染、资源能源、粮食安全、公共卫生、应急救灾等日益突出的全球性问题中的重要作用，在全球治理中更多地体现中国价值和中国力量。

（三）构建测绘地理信息"五大业务"的重要支撑

按照供给侧结构性改革要求和适应经济社会发展对测绘地理信息多元化的需求，《测绘地理信息事业"十三五"规划》积极调整测绘地理信息业务布局，明确提出构建由新型基础测绘、地理国情监测、应急测绘、航空航天遥感测绘、全球地理信息资源建设"五大业务"协同发展的公益性测绘地理信息服务体系，这体现了测绘地理信息事业转型发展的要求和方向。测绘地理信息国际合作要积极服务于规划提到的"五大业务"体系。新型基础测绘以全球、海洋以及重点地区为常态化工作对象，在覆盖范围上要实现全球覆盖和海陆兼顾，推进陆海一体的现代测绘基准体系建设，深入推进北斗卫星导航系统应用，实施海洋地理信息资源开发利用。常态化地理国情监测要及时掌握内部地理国情和外部地理世情，统筹做好地理国情世情监测。应急测绘要整合国际关系、宏观态势、周边地缘环境等信息资料，开展地理空间分析，为国际大通道建设、全球应急救援、海外能源资源合作以及全球变化研究与治理等提供有力服务。全球地理信息资源开发要加快形成全球多尺度地理信息数据快速采集与处理能力，逐步拓展全球地理信息资源的覆盖和更新范围，形成全球地理信息综合服务能力。航空航天遥感测绘要重点推进境外卫星接收台站建设，提高国产卫星测绘应用国际化服务能力和应用效益。这些重点工作的开展，都需要国际合作提供坚实的保障和支撑。

（四）增强核心竞争力、建设测绘强国的重要举措

党的十八大提出实施创新驱动发展战略、建设创新型国家，强调创新是提高社会生产力和综合国力的战略支撑。当前，我国测绘地理信息处于全球价值链的中低端，一些关键核心技术受制于人，核心竞争力仍有待提升。虽然我国已经成为一个具有相当实力的测绘地理信息大国，一些重要领域跻身

世界先进行列，某些领域正由"跟跑者"向"并行者""领跑者"转变，特别是在卫星测绘遥感和北斗导航系统应用、全球地理信息资源开发、国家地理信息公共服务平台建设等方面。但是短板也相当明显，表现在科技创新能力不足，产业发展成熟度和国际竞争力不强，技术装备、标准和服务国际化程度不高，等等。如何由"弱"变"强"、由"大"变"强"，需要加强开放与合作，引进消化吸收再创新，显著提高核心装备控制力、稳步提升先进技术创新力、大幅提升信息资源保障力、大力加强产业核心竞争力、不断扩大人才和标准影响力以及行业管理综合能力。在奋力追赶中缩小与世界领先国家的差距，开拓新兴经济体市场，深度融入全球地理信息产业链、价值链，在测绘地理信息国际舞台上彰显大国实力。

三 测绘地理信息国际化发展的重点方向

新时期新挑战，新目标新要求。测绘地理信息国际化发展要与加快实施"走出去"战略，促进"一带一路"建设，推动国际产能合作等战略大局紧密结合，加强顶层设计和战略谋划，创新思路，完善举措，统筹国内与国外、建设与应用、技术与产业协调发展，形成合力，建立政府引导、民间参与、机构互动的国际合作架构，以及全方位、多层次、宽领域的国际合作格局，促进我国测绘地理信息全球保障服务能力水平以及国际影响力不断提升。

为此，在今后一个时期，我们要着力构建以"全球大地基准参考框架体系""全球卫星测绘应用体系""全球地理信息数据资源体系""全球地理信息网络服务体系""全球地理信息产业支撑体系""全球地理信息技术与知识体系"为主要内容的"六大全球化体系"。

（一）推进全球大地基准参考框架体系建设

让中国的北斗成为世界的北斗。基于北斗卫星导航系统，联合"一带一路"沿线国家，共同建立覆盖亚、太、欧的大地测量基准，并逐步扩展

至全球。建立统一的全球大地基准以及维持该基准的全球卫星定位连续参考站网，开展基于北斗的全球地球形变监测。完善边境地区卫星导航定位基准站网，建立跨区域的大地基准与位置服务网络。通过 PPP 等多种模式推进北斗连续运行基准站和导航定位服务系统建设，并通过市场运作、对外援助、科技合作等方式优先在亚洲地区进行推广。

（二）加快全球卫星测绘应用体系建设

将应用作为推进国际合作的重要抓手。加快测绘卫星数据中心的全球布局。重点推进金砖国家、非洲、拉美地区等境外卫星接收台站建设，形成卫星数据全球接收与服务能力。加快建立全球化的卫星测绘数据和产品销售与技术服务网络，包括建设测绘卫星数据目录及服务体系、测绘卫星数据国际化开发服务平台等。加强测绘卫星体系建设。加快构建种类齐全、功能互补、尺度完整的测绘卫星对地观测体系，加强测绘卫星星座和应用系统建设。促进形成国际遥感卫星数据统一体系，实现数据一致化、标准化。

（三）丰富全球地理信息数据资源体系

加快重点地区地理信息数据资源开发，促进全球地理信息共享与合作。基于我国自主的全球地理信息资源开发成果，积极向相关国际组织与研究机构开展境外数据验证、资源补充等国际合作。建立以我国为主要支撑、覆盖面广、影响力大的全球地理信息共享国际合作网络。与"一带一路"沿线国家、非洲和拉美重点国家开展合作，面向生态环境监测、农林业务管理、交通路网建设、公共卫生安全、防灾减灾与应急响应、资源能源调查等地理信息应用合作研发。

（四）加快全球地理信息网络服务体系建设

全面提升国际化网络服务能力，推进国际化网络共享。推进面向区域及全球提供地理信息网络服务。以国家地理信息公共服务平台"天地图"为基础，建立境外分布式数据中心和服务中心，进一步聚合相关国家和地区经济社会和环境信息，支持更多语言，提升全球化服务能力。继续推进国家间、区域间、机构间地理信息网络共享。联合相关国家和国际组织，推进基于面向服务体系架构的公共地理信息标准、共享规则的定义与试验。

（五）完善全球化地理信息产业支撑体系

通过加强区域地理信息产业合作、支持产业链重点环节国际合作、加强产业"走出去"和"引进来"管理服务等措施，为企业参与国际合作提供坚强支撑。探索"南南合作"新模式，通过技术培训、示范应用、联合研发、科研捐赠等形式，向发展中国家推广测绘地理信息市场化发展。积极拓展东盟及南亚国家地理信息服务市场。支持面向中亚、西亚、东北亚、东盟的北斗产业化应用。持续开拓非洲、南美、东南亚等新兴经济体的地理信息市场。鼓励社会资本参与测绘地理信息基础设施建设与运营服务。支持企业与相关国家开展合作，积极接纳发达国家的地理信息产业外包业务，带动产品和服务出口，并组建产业联盟。支持企业适时开展境外投资业务，收购技术和品牌，努力打造特色品牌，逐步向测绘国际高端市场渗透。加强外国组织或个人来华测绘和建立测绘企业的相关活动管理。加强同我国驻外使领馆等机构的联系，提高风险预警和应对突发事件的能力，保护"走出去"测绘地理信息企业的合法权益，维护我国测绘地理信息企业的良好形象和共同利益。

（六）建设全球地理信息技术与知识体系

通过技术、标准、人才、服务、平台等方面多措并举，打造完整、高端、先进的国际技术与知识体系。不断完善不同层次不同形式的国际合作平台。新建一批国际联合研发中心、国际技术转移中心、国际交流培训中心和国际科技合作创新联盟。支持地方和部门推进与周边国家和地区的服务平台建设。继续支持相关科研与示范。围绕全球热点和技术前沿开展国际合作，适时发起我国主导的测绘地理信息国际大科学计划。以巴基斯坦、老挝、斐济等为试点，实施"一带一路"沿线国家测绘地理信息国际合作示范项目。

促进我国测绘地理信息标准国际化。加强在国际标准制定中的参与力度，力争在"十三五"期间主导编制完成至少4项国际标准。鼓励企业、社会组织和产业技术联盟积极参与国际测绘地理信息标准化工作。推动与主要合作国之间的标准互认。实现新技术标准与国际标准接轨。将更多具有自主知识产权的技术和产品以标准化手段推向国际，努力提高我国在地理信息国际标准制订中的话语权。加强技术应用和知识服务。服务国家"一带一路"等重大战略和工程实施中的基础设施建设，提供测绘、监测与评估等服务。服务澜沧江—湄公河等西南、东北、西北重要跨境河流沿线合作开发。服务油气和矿产等开发和环境保护，为资源勘探、开采、运输和监管等全过程提供测绘地理信息服务和生态环境影响监测服务。服务灾害应急救援，提供全球地理信息资源、技术、装备服务。

四 测绘地理信息国际化发展保障措施

当前，我们要按照先易后难、循序渐进的原则，扎实推进测绘地理信息国际化发展，重点采取以下保障措施。

（一）加强组织领导

要充分认识测绘地理信息国际化发展对支撑国家重大战略实施、推动事业和产业发展的重大意义。各级测绘地理信息部门要切实重视国际合作，成立相关管理机构和国际合作中心，争取加入各级政府对外合作协调机制，结合自身需求和发展重点，制定国际合作规划和行动。

（二）完善政策环境

要深入研究新形势为测绘地理信息国际化发展带来的新挑战、国家外交方针和政策，努力提高对外工作的能力和水平。要加强与外交、发展改革、财政、科技、商务等部门的沟通，争取加大对测绘地理信息"六大全球化体系"建设的支持力度和我国产品服务在援外大型工程项目中优先使用。

要研究制订涉及测绘资质、成果共享、信用评价、科技成果转化等鼓励测绘地理信息"走出去"的保障措施。要通过技术、项目等方面的支持,积极推出和扶持自主创新产品。要加快研究细化外国组织或个人来华测绘管理办法。争取设立测绘地理信息"走出去"专项促进资金,支持测绘地理信息企事业单位争取国际合作项目、开拓国际市场、进行科技创新和成果转化。

(三)健全工作机制

加强与有关国家测绘地理信息管理部门和学术团体的联系。争取重要测绘地理信息国际组织在我国落户或设立分支机构,支持我国专家在国际组织和机构任职。充分发挥在相关国际组织中的主导作用,发起、实施重大国际合作计划项目。根据边境地区及"一带一路"沿线地区自然环境、经济基础、技术水平等特点,有针对性地调动地方力量,形成合力。继续发挥相关学会、协会、产业联盟的作用,定期举办测绘地理信息技术应用推广、培训和交流活动。引导和支持地理信息企业建立产业联盟,强强联合、优势互补,团结协作,避免在国际市场上孤军奋战、不当竞争。通过资金配套、项目示范等方式鼓励测绘地理信息企事业单位、科研机构、高等院校加大国际合作投入。

(四)注重人才培养

通过争取国家相关专项支持,培养具有国际视野、通晓测绘地理信息技术、熟知国际商务规则、熟悉其他国家国情的管理人才、科技人才、经营人才。适应新时期新要求,定期开展教育培训,采取多种措施,提高参与国际合作人员的知识水平、业务素质和综合能力。

测绘地理信息国际化发展任重而道远。我们要立足国内,放眼世界,聚焦"一带一路",扎实工作,推动我国测绘地理信息国际竞争力和影响力全面提升,全球化测绘地理信息保障服务能力大幅增强,促进测绘地理信息事业和产业转型升级。

法律声明

　　"皮书系列"（含蓝皮书、绿皮书、黄皮书）之品牌由社会科学文献出版社最早使用并持续至今，现已被中国图书市场所熟知。"皮书系列"的LOGO（ ）与"经济蓝皮书""社会蓝皮书"均已在中华人民共和国国家工商行政管理总局商标局登记注册。"皮书系列"图书的注册商标专用权及封面设计、版式设计的著作权均为社会科学文献出版社所有。未经社会科学文献出版社书面授权许可，任何使用与"皮书系列"图书注册商标、封面设计、版式设计相同或者近似的文字、图形或其组合的行为均系侵权行为。

　　经作者授权，本书的专有出版权及信息网络传播权为社会科学文献出版社享有。未经社会科学文献出版社书面授权许可，任何就本书内容的复制、发行或以数字形式进行网络传播的行为均系侵权行为。

　　社会科学文献出版社将通过法律途径追究上述侵权行为的法律责任，维护自身合法权益。

　　欢迎社会各界人士对侵犯社会科学文献出版社上述权利的侵权行为进行举报。电话：010－59367121，电子邮箱：fawubu@ssap.cn。

社会科学文献出版社

权威报告·热点资讯·特色资源

皮书数据库
ANNUAL REPORT(YEARBOOK)
DATABASE

当代中国与世界发展高端智库平台

S 子库介绍
ub-Database Introduction

中国经济发展数据库

涵盖宏观经济、农业经济、工业经济、产业经济、财政金融、交通旅游商业贸易、劳动经济、企业经济、房地产经济、城市经济、区域经济等领域，为用户实时了解经济运行态势、把握经济发展规律、洞察经济趋势、做出经济决策提供参考和依据。

中国社会发展数据库

全面整合国内外有关中国社会发展的统计数据、深度分析报告、专家解读和热点资讯构建而成的专业学术数据库。涉及宗教、社会、人口、政治、外交、法律、文化、教育、体育、文学艺术、医药卫生、资源环境等多个领域。

中国行业发展数据库

以中国国民经济行业分类为依据，跟踪分析国民经济各行业市场运行状况和政策导向，提供行业发展最前沿的资讯，为用户投资、从业及各项经济决策提供理论基础和实践指导。内容涵盖农业，能源与矿产业，交通运输业，制造业，金融业，房地产业，租赁和商务服务业，科学研究，环境和公共设施管理，居民服务业，教育，卫生和社会保障，文化、体育和娱乐业等 100 余个行业。

中国区域发展数据库

以特定区域内的经济、社会、文化、法治、资源环境等领域的现状与发展情况进行分析和预测。涵盖中部、西部、东北、西北等地区，长三角、珠三角、黄三角、京津冀、环渤海、合肥经济圈、长株潭城市群、关中天水经济区、海峡经济区等区域经济体和城市圈，北京、上海、浙江、河南、陕西等 34 个省份及中国台湾地区。

中国文化传媒数据库

包括文化事业、文化产业、宗教、群众文化、图书馆事业、博物馆事业、档案事业、语言文字、文学、历史地理、新闻传播、广播电视、出版业、艺术、电影、娱乐等多个子库。

世界经济与国际政治数据库

以皮书系列中涉及世界经济与国际政治的研究成果为基础，全面整合国内外有关世界经济与国际政治的统计数据、深度分析报告、专家解读和热点资讯构建而成的专业学术数据库。包括世界经济、世界政治、世界文化、国际社会、国际关系、国际组织、区域发展、国别发展等多个子库。